CHIP PORTER/TONY STONE IMAGES

BEBENDE ERDE

Herausgegeben von der
Buchredaktion der
National Geographic Society
Washington, D.C.

GOES-8/NASA

INHALT

DAVID OLSEN/WEATHERSTOCK

ASAHI SHIMBUN

WARREN FAIDLEY/WEATHERSTOCK

STEVE McCURRY

GEORGE WILHELM/L.A.TIMES

hört, ist gewiß ebenfalls ein Faktor; ein weiterer ist das Vordringen der Vorstädte in Waldgebiete und das Pflanzen nichtheimischer Baumarten, wie beispielsweise des Eukalyptus. Diese gegen Trockenheit resistenten Bäume, in Australien heimisch, enthalten ein Öl, das extrem leicht entzündlich ist.

Nach globalen Maßstäben wächst die Bevölkerung der USA nicht rasch, aber wenn man die Verbreitung der Menschen betrachtet, nehmen die USA die Spitzenstellung ein. Gute Straßen, billiger Treibstoff und hohe Einkommen, das alles führt zum Vordringen der »Vorstadtfront« in Landschaften, die häufig den Naturgewalten ungeschützt ausgesetzt sind.

Manche verheerenden Brände werden von Brandstiftern gelegt, aber die Mehrzahl wird durch den natürlichen Brandauslöser verursacht: von Blitzen. In vielen Regionen ist ein verheerender Waldbrand ein natürlicher Prozeß, der die Landschaft verjüngt und das Gedeihen von Flora und Fauna ermöglicht. In Australien verwüsten Feuerstürme, die durch die Kronen der Eukalyptusbäume jagen, häufig ganze Regionen. Als es 1978 im Hunter Valley zu einem solchen Feuer kam, fürchteten sich die

Die Extreme der Natur: Feuer jagt über das Land, während dicke Eisschichten die Landschaft bedecken und Straßen, Leitungen und Äste mit Glanz überziehen. Angefacht von den Santa-Ana-Winden aus der Wüste (linke Seite), wüteten Brände über Teilen Südkaliforniens und verschlangen Siedlungen und zerstörten mehr als tausend Häuser. Im Winter können Schnee und Eis das Autofahren erschweren und Stromleitungen und Bäume brechen oder umstürzen.

GARY BRAASCH/TONY STONE IMAGES

Augenzeugen, als es über einen Hügelkamm fegte und wie eine glühende Lawine aus Flammen und Rauch in die Weingärten des Tieflandes stürzte. Das Feuer verdunkelte die Sonne und erfüllte die Luft mit einem giftigen gelben Dunst, der die Rebstöcke welken ließ, noch bevor sie verbrannten.

Die Gewalt eines verheerenden Brandes ist mit dem eines Tornados zu vergleichen: Die Schnelligkeit und plötzlichen Richtungsänderungen werden für die Opfer zur Falle und lassen ihnen keine Chance zu fliehen.

Bebende Erde erinnert eindrucksvoll an die kapriziösen Kräfte und Prozesse des Planeten, die Herausforderungen durch die Natur und die verschiedenen und oft vergeblichen Antworten der Menschheit. Unser Alltagsleben ist von der latenten Möglichkeit überschattet, daß eine unerwartete Naturkatastrophe unser Leben für immer verändern könnte. Das ist schon oft geschehen und wird wieder vorkommen.

H. J. de Blij und Richard S. Williams, Jr.

BARBARA FILET/TONY STONE IMAGES

UNSER LEBENDIGER PLANET
SEINE NATURGEWALTEN

von Richard Lipkin

EINFÜHRUNG

Im tiefschwarzen Universum, weit von Milliarden anderer leuchtender Sonnen entfernt, strahlt ein durchschnittlicher Stern in einer unbestimmbaren Galaxie warmes energiereiches Licht auf neun Planeten, die ihn im Weltraum umkreisen. Aus den Überresten einst benachbarter, jetzt aber explodierter Sterne entstanden die vier Gasriesen und fünf kleinen festen Himmelskörper, aus welchen unser Sonnensystem besteht, darunter auch jener, den wir die Erde nennen.

Seit sie vor mehr als 4,6 Milliarden Jahren verschmolz, hat sich die Erde ständig verändert. Da sie ein dynamischer Planet ist, kann es jederzeit zu einem gewaltigen geologischen Umbruch kommen – einer starken Bewegung der Erdkruste in einem Erdbeben oder einem explosionsartigen Vulkanausbruch. Und unterdessen gleichen die langsameren Bewegungen der tektonischen Platten über zehn oder zwanzig Millionen Jahre hinweg das Verhältnis von Kontinenten und Meeren wieder aus.

»Die Erde lebt und stirbt, erschafft und zerstört ihre Oberfläche ständig neu«, stellte der Nachrichtenmoderator Walter Cronkite fest, als er über die Großartigkeit der Erde sprach. »Sie ist ein in Bewegung befindlicher lebendiger Körper – und in ihrer Vitalität furchteinflößend.«

»Verglichen mit der gewaltigen Energie, die die Erde freisetzt, ist die Menschheit unbedeutend«, bemerkte Cronkite weiter. »Wir haben keine Atombombe mit der Sprengkraft eines Mount St. Helens entwickelt; trotz all unserer Chemikalien und Maschinen sind wir angesichts der sich bewegenden Erde nur hilflose Zwerge.«

Etwa nach zwei Dritteln des Zeitraums der knapp 15 Milliarden Jahre alten Geschichte des Universums entstanden unser Sonnensystem und alle seine bis heute bekannten Bestandteile aus einer dichten Wolke aus Wasserstoff und Staub – komprimiert, so glauben viele Wissenschaftler heute – durch die Druckwelle eines in der Nähe explodierenden Sterns, beziehungsweise einer Supernova, die das Sonnensystem gleichzeitig mit schwereren Elementen versah. Aus einer gewaltigen herumwirbelnden Scheibe aus Gas und Partikeln verschmolzen die Sonne und ihre Planeten allmählich.

Langsam begann sich auf der Erde die halbgeschmolzene Masse der angehäuften winzigen Planetoiden in Gestein unterschiedlicher Dichte zu trennen. Da die Erde umkreisendes Gesteinsmaterial in den neu entstandenen Planeten einschlug, erhitzten Gravitationskräfte und innere radioaktive Prozesse das Erdinnere auf fast 1100 °C auf. Metalle wie Eisen und Nickel sanken und bildeten einen festen inneren Kern, umgeben von einem zähflüssigen äußeren Kern, während aus weniger dichten Silikaten der Mantel und die Kruste entstanden.

Neu entstandene Vulkane stießen Wasserdampf und andere Gase sowie Aerosole, Lava und Tephra (feste Gesteinsfragmente) aus. Konvektionsströme im zähflüssigen Gestein brachten Magma vom Inneren des Erdmantels in die Kruste; wo dieses an die Oberfläche gelangte, floß Lava aus und kühlte langsam ab. Aus der erkaltenden Lava stiegen Wasserdampf und andere Gase auf, darunter Kohlendioxid und Stickstoff, die eine Ur-Atmosphäre bildeten, da die Gase durch die Anziehungskraft in Erdnähe gehalten wurden. Der Wasserdampf kondensierte, und es begann zu regnen. Flüsse und Ströme füllten sich, sie erodierten das Land und flossen dann in die Ur-Ozeane. Schließlich besaß der dritte Planet der Sonne einige hundert Millionen Jahre nach seiner Verschmelzung aus dem Sonnennebel Ozeane, Land und eine Atmosphäre.

Vor über dreieinhalb Milliarden Jahren entstanden in dieser sauerstoffarmen, ultraviolettreichen Umgebung die frühesten Lebensformen, einfache Einzeller ohne Zellkern, Prokaryota genannt. Irgendwie bildeten sich, ausgelöst durch Blitze und gefördert durch das ultraviolette Licht, so meinen Wissenschaftler, Aminosäuren. Sie entstanden wahrscheinlich auf Gestein nahe von Gezeitentümpeln und gingen Verbindungen ein. In den vor dem starken Licht geschützten Gezeitentümpeln brachten sie komplexe Mole-

NASA

Harrison H. Schmitt, ein Geologe und Astronaut, machte 1972 diese Aufnahme, als die Apollo-17-Kapsel in 40 000 Kilometer Höhe die Erde umkreiste. Wirbelnde Wolken überziehen einen Teil der schnee- und eisbedeckten Antarktis sowie Teile Afrikas und Asiens, während die leuchtend blauen Ozeane die Bereiche zwischen den Kontinenten füllen. Jenseits des Roten Meeres erstreckt sich eine große Wüste über der Arabischen Halbinsel. Ständig bedecken Wolken etwa die Hälfte der Erdoberfläche und reflektieren einen Teil der Sonnenenergie in den Weltraum zurück, während sie zugleich die atmosphärische Wärme in Erdnähe halten.

VORHERIGE SEITEN: Ein Blitz in der Nähe des nordkalifornischen Lava Beds National Monument.

küle hervor, die in der Lage waren, sich selbst zu replizieren.

Während die frühesten Zellen in den Ozeanen lebten und Nährstoffe absorbierten, lernten spätere Organismen, das Sonnenlicht einzufangen. Durch einen Prozeß, Photosynthese genannt, waren diese Organismen in der Lage, ihre eigenen Nährstoffe zu bilden. Blaugrüne Algen, die wir heute als Zyanbakterien bezeichnen, bildeten »stromatolithische« Kolonien und gaben als Nebenprodukt Sauerstoff ab. Doch was folgte, veränderte den Verlauf der Evolutionsbiologie des Planeten: Auf Sauerstoff basierende Lebensformen entwickelten sich und verbreiteten sich rasch, zunächst in den Ozeanen – später auch an Land.

Um den beachtlichen Reichtum an Organismen hervorzubringen, die im Laufe der Zeit in einer Vielfalt an Formen, Farben und Größen auftraten, mußten sich auf der Erde grundlegende Veränderungen vollziehen. Grünpflanzen verbreiteten sich langsam auf dem Land und führten zu einer deutlichen Erhöhung der Sauerstoffkonzentration in der Erdatmosphäre. Sauerstoffatome verbanden sich und bildeten im Laufe der Zeit eine schützende Ozonschicht in der oberen Atmosphäre, wodurch die Erdoberfläche und die sich auf ihr entwickelnden Lebewesen vor den schädlichen Auswirkungen der ultravioletten Sonnenstrahlen geschützt wurden.

NASA/COMSTOCK

Umgeben von einer sauerstoffreichen Atmosphäre und nährstoffreichen Ozeanen erfanden Lebewesen Möglichkeiten, den Sauerstoff zu nutzen, um Energie aus Nährstoffen zu gewinnen und eröffneten damit neue Wege für die Entstehung einer Vielzahl neuer Organismen wie Fische, Amphibien, Reptilien, Vögel und Säugetiere. Die sogenannte Geosphäre – dazu gehören die Atmosphäre (Gashülle), die Lithosphäre (die feste Gesteinskruste und obere Schicht des Mantels), die Hydrosphäre (das Wasser in Flüssen, Seen und Meeren) und die Kryosphäre (Wasser in Form gefrorenen Meerwassers, Gletschern, Schnee und gefrorenem Boden) – bildet die natürliche Umgebung der fünf großen blühenden Lebensbereiche des Planeten (die Biosphäre).

Die Erde besteht vom dichtesten Teil des Erdkerns bis zur dünnsten Schicht der obersten Atmosphäre aus Schichten. Die untere Troposphäre, die über den Tropen eine Höhe von 19 Kilometer und über der Arktis fast zehn Kilometer hat, ist der Bereich der Atmosphäre, in dem

Astronauten an Bord der Raumfähre **Atlantis** *sehen in der Morgendämmerung auf die Erdatmosphäre herab, einer Gashülle, die von der Erdoberfläche bis in den Weltraum reicht. Sich auftürmende Gewitterwolken erstrecken sich über den Horizont, ihre flache höchste Erhebung zeigt die oberste Grenze der Troposphäre an – dem untersten Bereich der Atmosphäre, in dem sich das Wetter vorwiegend abspielt.*

sich das Wettergeschehen abspielt. Sie geht allmählich in die weniger dichte und höhere Stratosphäre, die Mesosphäre, Thermosphäre und Exosphäre über, die sich im Weltall verliert.

Was die feste Erde betrifft, das Innere des Planeten besitzt einen inneren Kern aus festem Nickel und Eisen und einen äußeren Kern aus flüssigem Nickel und Eisen, umschlossen von einem dicken zähflüssigen Mantel und einer dünnen Erdkruste. Diese Kruste besteht aus 16 großen Krustenplatten, die an manchen Stellen im tiefsten Ozean nur fünf Kilometer dick sind, aber unter den kontinentalen Gebirgsketten mehr als 48 Kilometer stark sein können.

Die sich ständig verschiebenden 16 großen Platten stoßen aneinander und ließen Bergketten entstehen oder wurden nach unten gedrückt und bildeten Tiefseegräben – vom hoch aufragenden, 8 872 Meter hohen Mount Everest im Himalaja, dem höchsten Gipfel der Erde, bis zum Marianengraben, dessen tiefster Punkt 11 034 Meter unter der Oberfläche des Pazifischen Ozeans liegt.

Vieles von der Erde bleibt für die Menschen unsichtbar. Dennoch sind wir durch den Einsatz unseres Verstandes und unserer Werkzeuge tief ins Erdinnere vorgestoßen und weit ins Weltall gekommen. Allein im 20. Jahrhundert und vor allem in den letzten 50 Jahren hat die Menschheit große Fortschritte gemacht, das Geheimnis des Ursprungs der Erde und ihres inneren Aufbaus zu ergründen. Wir haben die Erdkruste und den tiefsten Meeresboden mit seismologischen Instrumenten, Tastsonaren und anderen darstellenden Techniken erforscht – wie auch mit Bohrgeräten zur Entnahme von Gestein und Sedimentkernen. Wir beginnen, mehr über den einzigartigen Planeten zu wissen, den wir alle als unsere Heimat bezeichnen.

»Bis in die jüngste Zeit hinein hatten wir Menschen die Perspektive einer winzigen Eintagsfliege, die in einem riesigen Mammutbaum herumflattert«, schrieb der Geologe Robert D. Ballard.

»Die Eintagsfliege, deren Erwachsenenleben in Stunden gezählt wird, erkennt nicht, daß der 2000 Jahre alte Baum lebt. Denn das Insekt hat darin sein ganzes Leben verbracht, ohne daß sich der Baum je bewegt hätte.

Wir, die wir auf der seit Milliarden Jahren existierenden Erde herumhasten, neigen dazu, ebenso zu denken, nämlich daß unser steiniger Globus kein eigenes Leben besitzt. Aber er besitzt es, und um die Aktivität der Erdkruste begreifen zu können, müssen wir die Zeit begreifen – lange, sehr lange Zeitspannen.«

VERWERFUNGEN UND VULKANE

Am 4. Februar 1976 kurz nach 3 Uhr erfüllte ein geheimnisvoller Lärm der Tiere den Regenwald Guatemalas. Dann, um 3.02 Uhr, begann bei Gualán, dem Epizentrum eines gewaltigen Erdbebens, der Boden zu zittern. Das 30 Sekunden dauernde Beben durchzog das Tal des Río Motagua, entlang einer 40 Millionen Jahre alten und 240 Kilometer langen Horizontalverschiebung, und war von Costa Rica bis Mexiko zu spüren. In der von Ost nach West verlaufenden Verwerfung wurde eine Spalte aufgerissen, und die Nordseite wurde etwa 1,5 Meter nach Westen verschoben.

Ganze Berghänge gingen als Erdrutsche ab, und blühende Dörfer wurden zu Schuttgräbern, als die Adobehäuser einstürzten und schwere Balken und herabregnende Trümmer die Bewohner unter sich begruben. Nach Schätzungen starben mehr als 23 000 Menschen, 77 000 wurden verletzt und mindestens eine Million Menschen wurde obdachlos.

Die Natur erscheint blindwütig, wenn sie ihre gewaltigen Energiemengen freisetzt und alles zertrümmert und zermalmt, was ihr im Wege ist. Die Oberfläche des Planeten erscheint gewöhnlich so stabil, daß ein Bergsteiger kaum glauben kann, daß die hoch aufragenden Gipfel das Ergebnis langsamer, andauernder Kollisionen der kontinentalen mit den ozeanischen Platten sind. Durch Erdbeben und Vulkanausbrüche erinnert uns die Erde daran, daß sie Menschenleben vernichten und Bauwerke zerstören kann.

Welchen Sinn kann irgend jemand in dem verheerenden Erdbeben sehen, das Guatemala 1976 heimsuchte, oder in dem Beben von der Stärke 8,1 das 1985 Mexiko erschütterte? Etwa 320 Kilometer westlich von Mexico City wurde eine Platte des Meeresbodens, die Cocos-Platte genannt wird, unter die nordamerikanische Platte gedrückt und sandte 1000mal stärkere seismische Wellen aus als die Hiroshima-Bombe, die mit einer Geschwindigkeit von 40 000 Stundenkilometern auf die City mit ihren 18 Millionen Einwohnern zurasten. So gewaltig war die durch das Beben freigesetzte Energie, daß etwa 7 000 Gebäude zerstört oder beschädigt und schätzungsweise 9 500 Menschen getötet wurden. Sogar noch in Texas erzitterten die Wolkenkratzer.

Viele Wissenschaftler hoffen, Erdbeben und Vulkanausbrüche eines Tages zuverlässig voraussagen zu können. Sie bezweifeln jedoch, daß diese Ereignisse jemals beherrscht werden können, eine Einschätzung, die die Ängste der Bewohner Japans oder der Menschen, die entlang der Westküste der Vereinigten Staaten leben, wo Erdbeben in jüngster Zeit viele Opfer forderten, nur verstärken können. Sie wird auch die Dorfbewohner im Schatten von Vulkanen, wie beispielsweise des Nevado del Ruiz in Kolumbien, beunruhigen, der 1985 durch eine Eisschicht hindurch ausbrach und 23 000 Menschen unter heißen Schlammströmen begrub.

Viele dieser Tragödien haben die gleiche geologische Ursache: Sie ereigneten sich im sogenannten »Ring aus Feuer«, einer 47 720 Kilometer langen Zone, die das Pazifische Becken umschließt und an den Rändern riesiger tektonischer Platten liegt. Wo Platten, auf welchen sich der Meeresboden befindet, unter die kontinentalen Platten abtauchen, wird durch Reibung und die dadurch entstehende Hitze Gestein entlang der Ränder geschmolzen. Das geschmolzene Gestein, beziehungsweise Magma, steigt dann an die Erdoberfläche und bringt Vulkane zum Ausbruch. Die sich ständig weiterbewegenden Platten verursachen auch extrem starke Erdbeben.

Solche Kräfte führten 1991 zur explosiven Eruption des Pinatubo auf den Philippinen. Nach 600jähriger Ruhe schleuderte der Vulkan dann 8 192 000 000 Kubikmeter Tephra in die Atmosphäre und spie Asche, Gase und Aerosole in die Stratosphäre. Fast 1 000 Menschen kamen durch diesen Ausbruch und die darauf folgenden Schlammlawinen und Seuchen ums Leben. Wären nicht Hunderttausende von Menschen evakuiert worden, hätte die Zahl der Opfer so katastrophal sein können wie jene im Jahre 79 n.Chr., als der Vesuv die römischen Städte Pompeij und Herculaneum begrub. Zu den verheerendsten Eruptionen zählen außerdem jene

Unter Schlamm und Geröll begraben, kämpft sich ein Überlebender frei, nachdem am 13. November 1985 eine Schlammlawine Armero in Kolumbien überflutete, als der Nevado del Ruiz ausbrach und Schnee und Eis auf seinem Gipfel schmolz. Der lahar, *beziehungsweise Schlammstrom, der die Hänge des Vulkans hinunterfloß und sich in das Tal des Flusses Lagunilla ergoß, war so verheerend, daß etwa 20 000 Talbewohner starben – im Schlaf unter heißem Schlamm begraben.*

JAY DICKMAN

des Tambora in Indonesien im Jahre 1815, die 92 000 Menschenleben forderte; 12 000 starben unmittelbar, 80 000 verhungerten, weil die Ernten und Vorräte vernichtet wurden. Im Jahre 1883 ertränkte der Krakatau in der Sundastraße 36 000 Menschen bei mehreren Flutwellen. Der Vulkan Pelée auf Martinique forderte 1902 30 000 Opfer, als er eine *nuée ardente*, das heißt einen pyroklastischen Strom über die Stadt St. Pierre ergoß.

Heute leben 500 Millionen Menschen in gefährlicher Nähe von etwa 550 aktiven Vulkanen. Vermutlich haben sie sich mit den Gefahren, welchen sie ausgesetzt sind, auseinandergesetzt und sich damit abgefunden.

GEWALTIGE STÜRME

Der 18. Mai 1995, das wußten die Sturmwarner, konnte ein interessanter Tag werden. Warme, feuchte, unbeständige Luft bewegte sich nach Norden über den mittleren Westen der Vereinigten Staaten hinweg. Winde in tiefen Schichten der Atmosphäre trieben mit hoher Geschwindigkeit vom Golf von Mexiko nordwärts auf eine starke Kaltfront zu, die sich von Michigan über Illinois und Missouri bis zu einem stärker werdenden Tiefdrucksystem im Südwesten von Kansas erstreckte. Die Kaltfront stieß mit der energiereichen Luft vom Golf zusammen und ließ Wolkentürme in die Atmosphäre aufsteigen.

An diesem Tag töteten 86 Tornados in vier Staaten vier Menschen und verletzten 161. Die Tornado-Orgie begann in Kentucky, wo vor 7.45 Uhr drei Tornados Häuser umrissen, Autos von der Straße fegten und Bäume umstürzten. Noch weitere Tornados sollten den Staat verwüsten. Um die Mittagszeit rissen 13 Wirbelstürme in Illinois Häuser und Geschäfte nieder. In Alabama trugen mehr als 90 Häuser, Wohnwagen und Geschäfte enorme Sturmschäden davon. Und in Tennessee wurden Häuser durch fünf Wirbelstürme zerstört.

Noch nie wurden seit Beginn der Aufzeichnungen in einem Mai so viele Tornados gezählt. Nach Aussage des Meteorologen Daniel W. McCarthy vom Sturmwarnungszentrum in Norman, Oklahoma, und von Frederick P. Ostby, ehemals Direktor des nationalen Zentrums zur Vorhersage starker Stürme in Kansas City, Missouri, (in Sturmwarnungszentrum umbenannt und nach Norman verlegt) wurden in diesem Monat 391 Tornados – täglich mehr als 12 – gezählt. Die Wirbelstürme suchten 36 Staaten heim, sogar Oregon, Idaho, Kalifornien und Washington D.C., in dem seit 1943 kein Tornado gemeldet worden war. Aber diese Zahl ist auch ein Zeichen für die Fortschritte bei der Sturmwarnung und der Sicherheit. Obwohl im Mai 1995 16 Menschen ums Leben kamen, lag die Zahl der Opfer weit unter dem traurigen Rekord von 163 Toten vom Mai 1952.

Das Jahr 1995 erwies sich in ganz Nordamerika und draußen auf dem Atlantik als günstiges Jahr für Stürme. Mehr Riesenstürme – 19 tropische, von welchen sich 11 zu Hurrikans entwickelten – brauten sich über dem Atlantik zusammen als in irgendeinem anderen Jahr seit 1933.

Im Oktober ertranken in Guatemala durch Überschwemmungen, die vom Hurrikan Opal verursacht wurden, 31 Menschen, in Mexiko 19. Dann forderte der Sturm in Alabama, Georgia und North Carolina acht Tote, wo er mit 180 Stundenkilometern dahinraste und Bäume umknickte; in Florida wurde ein Mensch von einem Tornado getötet. Ein Monat zuvor tobte der Hurrikan Luis über den Inseln über dem Wind, über Guadeloupe und Dominica mit Winden von 220 Stundenkilometern und überschwemmte dann Teile von Puerto Rico und Neufundland, wo der Ozeandampfer *Queen Elizabeth* 230 Meter hohe Wellen meldete. Im August ließen Windböen des Hurrikans Erin von 160 Stundenkilometern ein Casinoschiff sinken, das 145 Kilometer östlich von Florida kreuzte, und drei Besatzungsmitglieder kamen ums Leben.

Starke Winde rufen oft das zerstörerischste Toben der Natur hervor. Durch Tornados, Hurrikans, Unwetter oder Wolkenbrüche fanden viele Menschenleben ein rasches und wahlloses Ende, manchmal als direkte Folge tobender Winde, häufiger jedoch aufgrund herunterstürzender Trümmer oder sturmbedingter Überschwemmungen. Zwar hebt sich 1995 als sturmreiches Jahr hervor, doch es ist nur eines von vielen, in denen Hurrikans die Vereinigten Staaten, insbesondere entlang der Südostküste, verwüsteten.

Am 24. August 1992 wälzte der Hurrikan Andrew im Süden Floridas in einer 40 Kilometer breiten Schneise Häuser nieder. Der Hurrikan tötete 43 Menschen, zerstörte 80 000 Häuser, beschädigte 55 000 und machte 160 000 Menschen obdachlos. Die meisten Menschen können sich den Horror des Hurrikans Camilla von 1969 und des Florida-Keys-Sturms von 1935 nur vorstellen, die 256 beziehungsweise 408 Menschen töteten, oder des Hurrikans, der im Jahre 1900 das Gebiet

ANNIE GRIFFITHS BELT

In Corpus Christi, Texas, beobachten Männer während der Ankunft von Hurrikan Allen im August 1980 vom Ufer aus, wie Wind, Regen und Wellen ein Segelboot hin und her schleudern. Nachdem dieser Riesensturm, dessen höchste Windgeschwindigkeiten 300 Stundenkilometer erreichten, durch die Karibik gefegt war und dort 250 Menschen getötet hatte, überquerte er den Golf von Mexiko und schüttete 40 Zentimeter Regen über der Küste von Texas aus.

von Galveston heimsuchte und dabei 8000 Opfer forderte.

Im Juli 1994, als das tropische Tief Alberto über Georgia, Alabama und Florida lag, ahnten nur wenige Meteorologen, daß dadurch 30 Menschen sterben würden, die meisten durch plötzliche Überschwemmungen. Im September 1989 tobte der Hurrikan Hugo über der Südostküste der USA und hinterließ einen Schaden von 4,2 Milliarden Dollar; er war der erste Sturm, der Schäden von über einer Milliarde verursachte. 1992 traf der Hurrikan Iniki, der schlimmste Sturm auf Hawaii seit einem Jahrhundert, Kauai mit voller Wucht mit Winden von bis zu 280 Stundenkilometern. Aber 1994 tobte der Hurrikan Emilia mit einer Windgeschwindigkeit von 260 Stundenkilometern südlich der Hawaii-Inseln, ohne Schäden anzurichten.

Im Laufe unseres Jahrhunderts haben 31 tropische Stürme jeweils 25 oder mehr US-Bürger getötet. Doch seit 1972, als der Hurrikan Agnes 122 Menschen den Tod brachte, hat kein Sturm mehr als 95 Opfer gefordert. Sorgfältige Überwachung durch die National Oceanic and Atmospheric Administration sowie des nationalen Wetterdienstes haben zu verhindern geholfen, daß die Küstenbewohner unvorbereitet getroffen wurden.

Die moderne Wettervorhersage hat vor allem den tödlichsten Aspekt von Stürmen ausgeschaltet: das Überraschungselement.

DIE FESTE ERDE

Die Landoberfläche der Erde liegt trügerisch ruhig da. Zwar scheinen Berge und Ebenen unbewegt zu sein, doch ihr Ruhezustand ist reine Illusion – ein Kunstprodukt der Zeit, die nach menschlichen Maßstäben gemessen wird. Diese scheinbare Stabilität widerspricht vollkommen den geologischen Gewalten, die von gelegentlich den Erdboden erschütternden oder Vulkanausbrüche herbeiführenden Tiefenkräften in Bewegung gesetzt werden und auf einen Schlag Städte und Menschenleben vernichten. Dieselben Kräfte gestalten über Jahrmillionen hinweg die Erdoberfläche um, verbreitern Täler, bilden Vulkane und vergrößern Kontinente Zentimeter um Zentimeter. Könnten die Menschen die lange Erdgeschichte mit der Perspektive der geologischen Zeit betrachten, dann würden sie einen dynamischen Planeten sehen, der unglaubliche Kräfte der Schaffung und Zerstörung bereithält. Und wenn sie in die Erde hineinsehen könnten, dann würden sie vielleicht begreifen, warum ihre Oberfläche alles andere als ruhig ist.

Im Zentrum der Erde befindet sich ein dichter Kern von etwa sieben Kilometer Durchmesser – mehr als der Hälfte des Erddurchmessers. Wissenschaftler glauben, daß der innerste Bereich des Kerns, der innere Kern genannt, eine Temperatur von etwa 5000 °C hat, das ist die gleiche Hitze, die auf der Oberfläche der Sonne herrscht. Trotz dieser großen Hitze verfestigen Druckverhältnisse von schätzungsweise 3,6 Millionen Atmosphären den 2,4 Kilometer starken inneren Kern. Die Forscher gehen davon aus, daß der Kern größtenteils aus hexagonalen Eisenkristallen, die in Richtung der Rotationsachse der Erde ausgerichtet sind, besteht. Sie meinen außerdem, daß ihr Durchmesser zunimmt, weil sich der tiefere Bereich des äußeren – flüssigen – Kerns langsam verfestigt.

Der äußere Kern hat eine Temperatur von etwa 4400 °C und besteht großteils aus Eisen und Nickel, die wie Wasser in wilden Strömen fließen. In diesem Bereich lassen die Erdrotation und der Prozeß der Konvektion spiralförmige flüssige Säulen entstehen, die parallel zur Rotationsachse verlaufen. Interessanterweise erzeugen die Spiralsäulen – wie sich drehende Elektromagneten – Elektrizität und schaffen das Magnetfeld der Erde. Die Wissenschaftler vermuten, daß der feste innere Kern das Magnetfeld verankert.

Eingeschlossen zwischen dem dicken Kern und der dünnen äußersten Schicht des Planeten befindet sich der extrem heiße Mantel. Wie der Kern besteht er aus zwei Bereichen: dem inneren und äußeren Mantel. An der Grenze zwischen dem äußeren Kern und dem Mantel treffen Eisen und Nickel auf geschmolzenes Gestein. Dieser Übergangsbereich, so glauben viele Wissenschaftler, mißt von praktisch null bis zu hundert Kilometer. Über dieser Grenzschicht liegt der innere Mantel, eine 2,2 Kilometer dicke Schicht aus festem, heißen Gestein.

Die nächste Schicht ist der äußere Mantel, der etwa 650 Kilometer dick ist. Da diese Schicht der Erdoberfläche näher ist, ist sie vergleichsweise kühler und fester als der innere Mantel. Die obersten etwa 60 Kilometer des äußeren Mantels bestehen wie die äußerste Schicht des Planeten aus festen, sich verschiebenden Platten, darunter den 16 großen und einigen kleineren tektonischen Platten. Die äußerste Schicht der Erde, Erdkruste genannt, ist in manchen Bereichen des Meeresbodens nur etwa acht, in kontinentalen Regionen mit hohen Bergen immerhin bis zu 48 Kilometer dick.

Im Erdmantel steigen große Mengen extrem heißen Magmas auf und verdrängen Massen kälteren Gesteins, das ins Erdinnere sinkt, sich erwärmt, schmilzt und schließlich in einem Erneuerungsprozeß, der schätzungsweise 80 Prozent der von der Erde ausgestrahlten Wärme freisetzt, wieder aufsteigt. Dieser fortdauernde Zyklus schafft sogenannte Konvektionszellen. Ihr Bewegungsmuster im Erdmantel ist jedoch weiterhin ungeklärt. Manche Wissenschaftler meinen, daß der Konvektionsprozeß in den Bereichen des äußeren und inneren Mantels getrennt verläuft. Wenn dies der Fall ist, dann

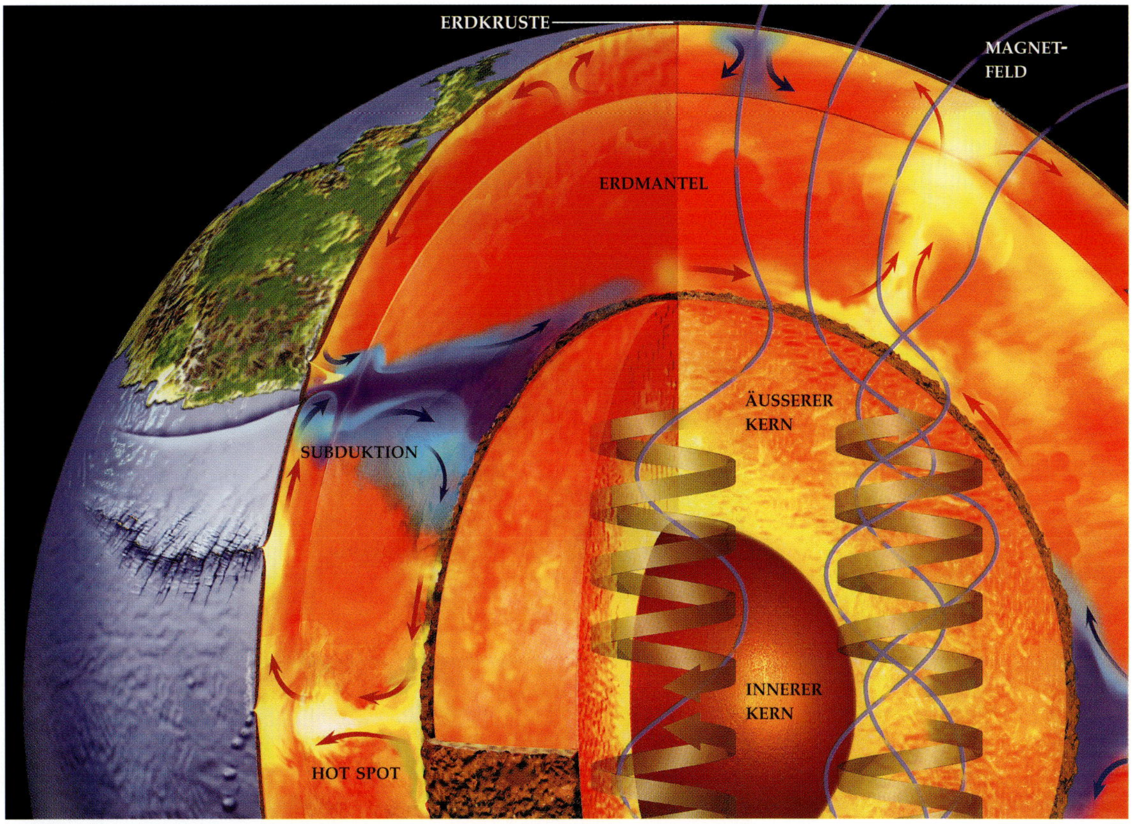

CHUCK CARTER & ALLEN CARROLL

Die Erde besteht aus konzentrischen Schichten. Ein äußerer Kern aus flüssigem Eisen und Nickel, etwa 2 200 Kilometer dick, umschließt einen festen inneren Kern, der großteils aus Eisen besteht und einen Durchmesser von etwa 2 400 Kilometer hat. An der Grenze zwischen äußerem Kern und Mantel trifft geschmolzenes Gestein auf Kernmetall, das den dichten, 22,5 Kilometer dicken inneren Mantel aufsteigen läßt. Ein 640 Kilometer dicker äußerer Mantel liegt unter der Erdkruste.

DER SICH DREHENDE ERDKERN:

■ Der innerste Kern der Erde dreht sich möglicherweise schneller als der Rest des Planeten und gewinnt alle 400 Jahre immerhin eine zusätzliche Umdrehung, wie jüngste Untersuchungen von Geowissenschaftlern des Lamont-Doherty-Erdobservatoriums der Columbia University ergaben. Die Forscher machten diese faszinierende Entdeckung, als sie die Geschwindigkeit seismischer Wellen maßen, die durch den Erdkern ziehen.

■ Die Forscher wissen, daß seismische Wellen, wenn sie entlang der von den Eisenkristallen des Kerns bevorzugten Achse ausgesandt werden, schneller sind, als wenn sie sich in einem Winkel zu den Achsen der Eisenkristalle bewegen. Als sie die »Reisezeit« seismischer Wellen von Beben auf den Südsandwich-Inseln südlich der südamerikanischen Spitze bis zu einer Meßstation in College, Alaska, untersuchten, stellten die Forscher Unterschiede fest. Wellen, die den inneren Kern umgingen, bewegten sich 1967 ebenso schnell fort wie 1995, während Wellen, die durch den Kern verliefen, 1995 0,3 Sekunden schneller waren als 1967.

■ Diese geringe Zeitdifferenz veranlaßte die Wissenschaftler zu dem Schluß, daß der innere Kern sich in Richtung Südsandwich-Inseln und Alaska ausgerichtet hat – und zwar um etwa 1,1 Grad pro Jahr. Sich auf diese und andere Beobachtungen stützend, errechnete das Team die Rotationsrate des inneren Erdkerns.

■ Geophysiker hoffen, daß sie künftig besser »sehen« können, was sich magnetisch im Kern des Planeten abspielt, und so ihre Kenntnisse über das geheimnisvolle, verblüffende Magnetfeld erweitern können.

findet wenig oder gar kein Materialaustausch statt. Andere Forscher gehen davon aus, daß Ströme beide Bereiche des Mantels durchziehen und eine Region mit der anderen schleifenförmig verbinden. Neue Studien scheinen beide Theorien zu belegen.

Die im Mantel aufsteigenden Konvektionszellen sind eine ständige Quelle geschmolzenen Gesteins, das in die darüber liegende Kruste aufsteigt und die Magmakammern unter Vulkanen füllt. In Gebieten wie dem »Ring aus Feuer«, wo vulkanische Inseln und kontinentale Bergketten Subduktionszonen anzeigen, steigt der Druck in den Kammern und führt zu explosiven Vulkaneruptionen, die gewaltige Asche- und Gaswolken in den Himmel schleudern.

In Bereichen, wo sich tektonische Platten über besonders heiße Stellen aufsteigender Magma (Hot Spots) schieben, können sich lange Vulkanketten bilden, die Lava auf den Meeresboden ergießen und eine neue vulkanische Insel nach der anderen bilden. Im Laufe der Zeit bewegen sich die älteren Vulkane der Kette von dem Hot Spot fort und verlöschen allmählich. Dann werden sie durch Witterung und Erosion langsam abgetragen und fallen schließlich unter den Meeresspiegel.

Wenn eine tektonische Platte, die eine relativ leichte kontinentale Kruste trägt – wie beispielsweise die nordamerikanische Platte –, mit einer Platte mit festerer und schwererer Ozeankruste – wie der pazifischen Platte – kollidiert, wird der Rand der ozeanischen Platte nach unten gedrückt und schiebt sich dann unter die kontinentale Platte, wodurch sowohl Erdbeben als auch Vulkanausbrüche ausgelöst werden.

Nach der Entstehung der Erde vor fast 4,7 Milliarden Jahren haben die Schwerkraft, Tonnen eingeschlagener Meteoriten und die innere Radioaktivität die um die Sonne kreisende Gesteinsmasse erwärmt. Im Laufe der folgenden Jahrmillionen stiegen die Temperaturen, und das in der Gesteinsmasse enthaltene Eisen und Nickel begann flüssig zu werden und löste damit die Trennung von Kern und Mantel aus. Als Eisen und Nickel schmolzen, sanken sie schließlich ins Erdzentrum und wurden durch die Schwerkraft komprimiert, wodurch die innere Temperatur um etwa 2000 °C anstieg, und schließlich teilte sich das Erdinnere in die drei wichtigsten Schichten auf: Kern, Mantel und Kruste.

Die steinige Erdkruste besteht größtenteils aus Granit- und Basaltgestein, während der dickflüssige Mantel vorwiegend Peridot enthält. Auf den Kontinenten herrscht Granitgestein vor, während ein Großteil des Meeresbodens und des Mittelozeanischen Rückens aus Basalten bestehen; diese bedecken auch weite Teile der Kontinente wie beispielsweise die Dekkan-Hochebene in Indien. Radioaktive Elemente, darunter Uran, Thorium und Kalium, die heute vorwiegend auf der Erdkruste konzentriert sind, waren in der frühen Erdgeschichte überall zu finden. Diese Elemente produzierten eine ständig akkumulierende Hitze und trugen zur Steigerung der inneren Temperaturen bei.

PAUL J. TACKLEY, UCLA

Die größte Wärmequelle unseres Planeten ist – abgesehen von der Sonne – sein Inneres, das jährlich hundert Milliarden Milliarden Energiekalorien an die Oberfläche abgibt – das sind jede Sekunde 1,5 Mikrokalorien pro Quadratzentimeter Erdoberfläche. Tatsächlich wird vom Inneren der Erde so viel Energie ausgestrahlt, daß

Supercomputer zeigen, wo geschmolzenes Gestein (rot) aufsteigt und kaltes Gestein (blau) in den Mantel absinkt. Beim blauen dreidimensionalen Bild (links) tauchen ozeanische Platten in den Mantel ab, wo sie absorbiert werden. Beim roten Bild nähert sich extrem heißes Gestein in pilzförmigen Anhäufungen der Oberfläche. Eine seismische Tomographie des Pazifikraums (unten) lokalisiert kalte Platten, die vor langer Zeit gesunken sind, sowie heißes Gestein, das vom inneren Mantel aufsteigt.

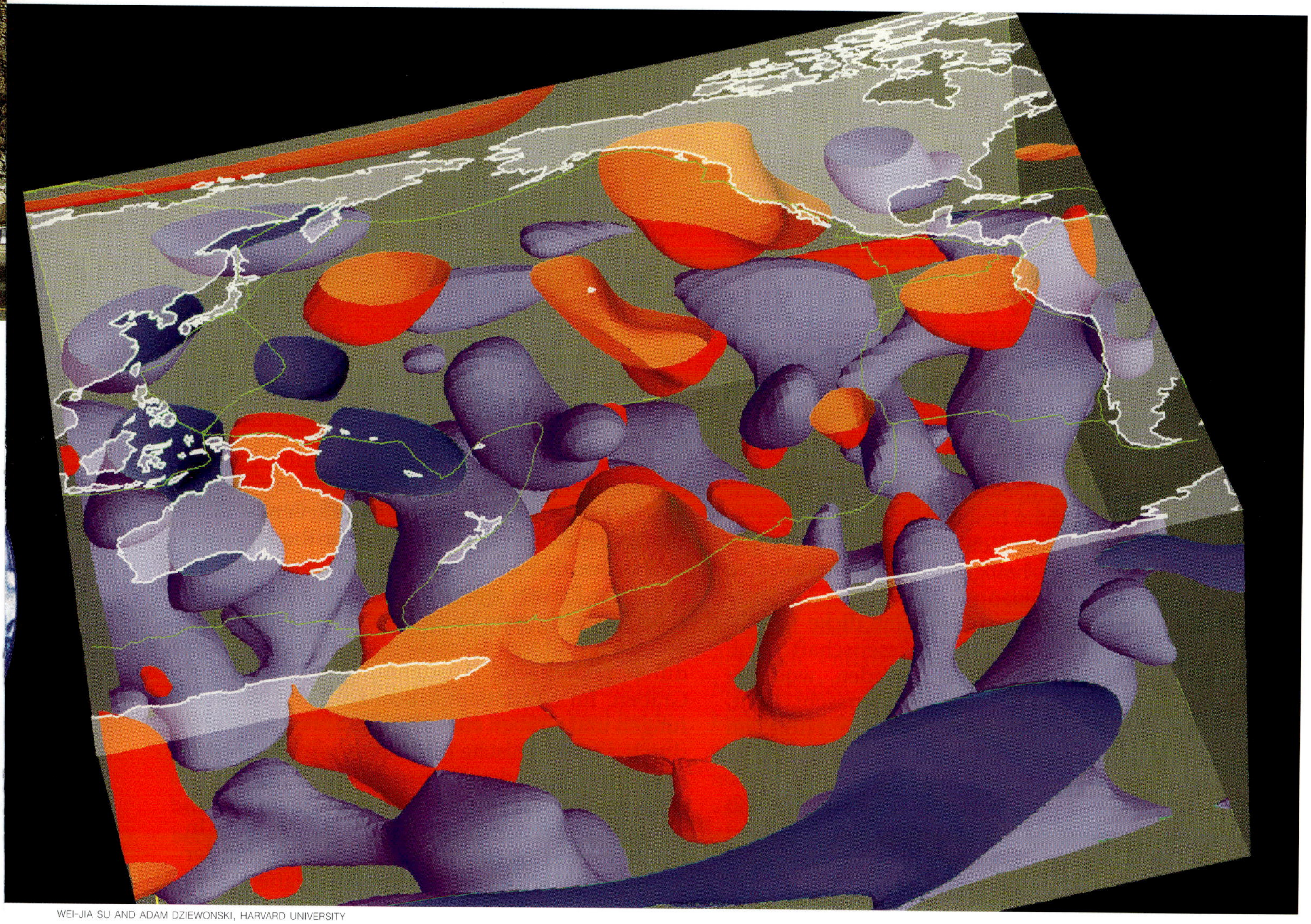

WEI-JIA SU AND ADAM DZIEWONSKI, HARVARD UNIVERSITY

der Energiebedarf der Menschen dreimal gedeckt werden könnte. Ein Großteil der Energie, die an die Landoberfläche gelangt, strahlt jedoch in den Weltraum ab.

Forscher, die Bohrlöcher bis zu acht Kilometer tief in die Erdkruste getrieben haben, fanden heraus, daß die Gesteinstemperatur pro Kilometer um 30 °C zunimmt. Selbst auf dem tiefsten Meeresboden bleibt das vom Tiefenwasser gekühlte Gestein knapp über dem Gefrierpunkt.

Die Hitze des Erdinneren stellt sicher, daß ihre Oberfläche aktiv – und bewohnbar – bleibt.

DIE ERDKRUSTE

Die formenden Kräfte der Natur gestalten die Oberfläche des Planeten unaufhörlich, beständig und manchmal dramatisch um, schaffen neue Landformen und verändern die alten. Wind, Wasser und Gletschereis sind die bevorzugten Werkzeuge der Natur, und sie sind täglich im Einsatz, um den fortdauernden Prozeß von Verwitterung und Erosion voranzutreiben. Die Verwitterung ist die langsame physikalische und chemische Auflösung festen Gesteins durch Wasser, Eis, Säuren, Pflanzen und Temperaturschwankungen. Als Erosion bezeichnet man die verschiedenen Prozesse, die mechanisch Erde, Gestein und anderes geologisches Material beispielsweise durch fließendes Wasser, Wind, Eis, Wellen und Strömungen forttransportieren. Auch sanft dahinplätscherndes Wasser kann einen exponierten Felsen allmählich abschleifen und die Fragmente davontragen.

Eis hat sich über den nordamerikanischen und eurasischen Kontinenten in Form von Gletschereis periodisch ausgebreitet, ist wieder geschmolzen und hat alte Landschaften verändert und neue geschaffen. Allein in den letzten zwei Millionen Jahren hat die Erde mehrere Eiszeiten erlebt.

Vor etwa 18 000 Jahren, auf der Höhe der letzten Eiszeit, haben sich große Eisschichten über Nordeuropa und großen Teilen Kanadas und Nordamerikas ausgebreitet und vielleicht ein Drittel der Landoberfläche der Erde bedeckt. Von Kanada stömte das Laurentide Eisschild nach Süden, erodierte das Land und ließ riesige Ablagerungen von Ackerland und Endmoränen zurück. Im Laufe der Zeit füllte Gletscherschmelzwasser die vom Eis geschaffenen Vertiefungen, und es entstanden in ganz Nordamerika, von den Rocky Mountains bis New England, zahlreiche Seen. Im Westen des Staates New York erodierten Ströme im Laurentide Eisschild U-förmige Becken und Mulden, die, als sie sich mit Wasser füllten, die bekannten Fingerseen bildeten. Die von den Gletschern zurückgelegten Strecken sind am Gestein zu erkennen: tiefe Schrammen im Grundgestein – die Riefung - zeigen die Richtung

PAUL CHESLEY

Der 4 807 Meter hohe Mont Blanc ragt hoch über dem Dorf Le Mont im Tal von Chamonix auf. Das zerklüftete Aussehen des Bergmassivs ist Zeichen seines jungen Alters und der Kraft der Gletscher, die in den Alpen, den Anden und im Himalaja über Jahrtausende markante Spitzen und tiefe Täler geschaffen haben. So grandios sind die Ausblicke auf den Mont Blanc, daß der französische Romancier Victor Hugo den Berg als »weißen Hirten stürmischer Berge« bezeichnete.

der Eisströmung an. Einige der spektakulärsten Landschaften der Erde verdanken ihre Existenz der Erosionsarbeit des Eises. Dazu gehören die Teton Range von Wyoming und Kaliforniens Yosemite Valley, das Matterhorn, das die Grenze zwischen der Schweiz und Italien ziert, und Patagonien in Südamerika.

Das Erdklima erwärmte sich, die großen Eisschichten schmolzen weitgehend und ließen gewaltige Ablagerungen von Sand, Lehm, Kiesel und Geröll zurück. Diese Schuttmassen – oder Moränen – verstopften manchmal Täler oder bildeten lange Hügelzüge und zwangen Flüsse, Seen zu werden. Sie wurden zu Halbinseln wie Cape Cod, Massachusetts, oder bildeten Inseln wie Long Island, New York. Die Eisschicht transportierte Felsblöcke von der Größe von Häusern, und wenn das Eis schmolz, wurden die Blöcke abgelagert und blieben liegen. Weil sie in ihrer Zusammensetzung anders sind als die Oberfläche, auf der sie liegen, werden diese Gesteinsbrocken erratische Blöcke genannt.

Der Columbia-Gletscher, ein Talgletscher in den kanadischen Rocky Mountains, führte zu dauerhaften, vom Eis geschaffenen Landschaftsveränderungen. Aus schalenförmigen Bergmulden, auch Kare genannt, herabfließende Tal- und Berggletscher erodierten allmählich Kerbtäler zu Sohlentälern. Wenn sich mehrere Berggletscher abwärts bewegen, können sie zwischen den Sohlentälern scharfe Einschnitte oder zerklüftete, messerscharfe Kämme, Grate genannt, bilden. Eisströme, die in einer Eisschicht dahinfließen, können neben dem Gletscher Täler mit steilen Abhängen auswaschen Wenn die Eisschicht schmilzt und Meerwasser in sie hineinfließt, werden diese Senken zu Fjorden. Heute bedecken Gletscher noch etwa ein Zehntel der Erdoberfläche. Dazu gehören die dicken Eisschichten der Antarktis und Grönlands, die von der letzten Eiszeit geblieben sind, sowie das Eis, das die Polarinseln und die hohen Berggipfel, selbst am Äquator, bedeckt.

Das Wirken der Natur ist jedoch nicht immer gewaltsam. Manchmal ist es sanfter – in Form von Wind und Wasser –, aber in der Gestaltung der Landschaft nicht weniger wirksam. Kein Felsen kann der täglichen Einwirkung der Witterung lange standhalten. Über Äonen haben Regen und der endlose Zyklus von Gefrieren und Tauen die einst hohen Gipfel der nordamerikanischen Appalachen erodiert, die furchteinflößenden Schluchten des Grand Canyon gegraben und die Felstürme des Bryce Canyon in Utah geformt. Ausgesetzte Oberflächen werden abgetragen, scharfe Ränder abgeschliffen und Felsen zerbröckelt, wie zum Beispiel die herrlichen Sandsteinklippen im Canyonlands Nationalpark in Utah oder die steilen Berge und Tafellandschaften im Monument Valley im Süden Utahs und Nordarizonas beweisen.

Wasser dringt zwischen Mineralkörnchen ein und füllt Felsspalten, die tiefer und breiter werden, wenn das Wasser gefriert, sich ausdehnt und sie wie ein Keil spaltet und vergrößert. Selbst die Wurzeln eines Baumes, die in einer Furche wachsen, können den Fels spalten. Säurelösungen aus Regen und biologischen Rückständen entziehen festem Gestein seine Mineralien. Die Auswaschung von Sandsteinformationen durch Wasser bildet große Netze unterirdischer Höhlen wie beispielsweise das riesige Labyrinth der Mammoth Caves in Kentucky oder der Carlsbad Höhlen in New Mexiko. In Arizona hat Wasser spektakuläre Schluchten ausgewaschen.

Die Kombination aus Verwitterung und Erosion würde im Laufe der Zeit alle Landschaftsformen einebnen und eine nichtssagende Fläche hinterlassen, wenn sich die Erdplatten nicht verschieben würden. Selbst auf der Erdoberfläche hinterlassen Verwitterung und Erosion ihre Spuren mit neu geschaffener Erde dadurch, daß Tiere ihre Höhlen graben, Kadaver verwesen, Baumwurzeln wachsen, sich Grundgestein auflöst und Säuren, die durch atmosphärische Prozesse entstanden sind, einsickern. Eisenhaltiges Gestein kann beispielsweise rosten und durch den natürlichen Oxidierungsprozeß einfach zerfallen.

ROBERT E. BARBER

Turret Arch, eine von 300 solcher bogenartigen Felsformationen im Arches National Park in Utah, entstand durch die unterschiedliche Verwitterung des Sandsteins. Wasser, das auf eine tieferliegende und weichere Gesteinsschicht sickert, löst sie nach und nach auf und schwemmt sie weg, wodurch sich eine höhlenartige Öffnung ergibt. Mit der Zeit werden solche Öffnungen immer größer. Die Erosion durch Wasser und Wind rundet die scharfen Kanten ab, und schließlich formt sich die Wölbung eines Torbogens.

Wenn Gestein durch Verwitterung zersetzt wird, können die Fragmente fortbewegt werden. Diese Wanderung oder Erosion wird von Wind, Wasser und Eis unterstützt, die Sedimente, von Blöcken und Kiesel bis hin zu Sand, Schlick und Lehm, von ihrem ursprünglichen Ort zu ihrer neuen Ablagerungsstelle transportieren. Wasser spielt bei der Erosion und Beförderung von Sedimenten eine entscheidende Rolle. Schlammwasser, die losgelöste Erde und aufgelöste Mineralien mit sich führen, sind Zeichen andauernder Erosionsprozesse. Springfluten, verursacht durch schlagartig einsetzende starke Regenfälle, können das Land überspülen und große Mengen von Schlamm, Lehm und anderen Sedimenten forttransportieren und diese Partikel in anderen Gegenden schließlich ablagern. Der San-Juan-Fluß in Utah führt in der Regel so viel mineralisches Sediment mit sich, daß sein Wasser eine lachsrote Farbe annimmt.

Wasser, das Berghänge hinabströmt, kann Kiesel, Sand und Lehm mitführen und diese zu einer anderen Stelle in einem Tal oder einer Ebene tragen. Solche Ablagerungen verteilen sich meist in einem fächerförmigen Bett, dem alluvialen Fächer. Gebirge sind nicht homogen. Wasser kann bei weichem oder hartem Gestein zu unterschiedlicher Erosion führen und zum Beispiel Öffnungen in den Fels graben, die langsam zu Bogen vergrößert werden. Etwa 300 natürliche Bogen finden sich im Arches National Park in Utah.

Wo sedimenthaltige Rinnsale das Land durchziehen, können sie zu Bachläufen zusammenfließen, die sich schließlich in Tälern zu Flußläufen erweitern. Wasser, das in einem Fluß dahinfließt, gelangt schließlich in ein größeres Gewässer. Bei diesem Zusammenfluß, der Flußmündung, bilden große Ablagerungen von Gestein, Sand und Lehm das Delta, eine Landform, die sich über Jahrhunderte als für die Landwirtschaft besonders fruchtbarer Boden erwiesen hat.

Wenn Flüsse über die Ufer treten, können sie ihre Auen mit Sedimenten bedecken und somit das Farmland verbessern. Die Menschen, die entlang des ägyptischen Nilufers leben, nutzen zum Beispiel schon lange die regelmäßigen Überschwemmungen zur Verbesserung der landwirtschaftlichen Erträge.

Schließlich gelangen alle von Flüssen fortgetragenen Sedimente ins Meer. Zwar dauert es Tausende von Jahren bis ein bestimmtes Fels- oder Erdpartikel von den Bergen ins Meer transportiert wird, doch die Flüsse der Welt lagern jedes Jahr Millionen Tonnen von Sedimenten im Meer ab.

SCHNELLE LANDSCHAFTSVERÄNDERUNG

Manchmal schlägt die Natur blitzartig zu. Innerhalb von Minuten kann eine Landschaft von einem angenehmen Ort zu einem Inferno oder Grab verwandelt werden. Vulkanische Tätigkeit und Erdbeben lösen häufig Lawinen und Erdrutsche aus, manche unbedeutend, andere tödlich. Im schlimmsten Fall können sich Tonnen von Gestein, Schnee oder Schlamm plötzlich über bewohnte Gebiete ergießen.

Am 13. November 1985, knapp eine Stunde vor Mitternacht, kam es in Kolumbien zu einer leichteren Eruption eines Vulkans, die Teile seiner Eiskappe schmolz.

Ein Schlammstrom, ein *lahar*, wälzte sich die Hänge des Nevado del Ruiz hinab und über die schlafenden Bewohner von Armero, einem 48 Kilometer östlich gelegenen landwirtschaftlichen Zentrum. Andere tiefgelegene Städte wurden ebenfalls verschüttet. In manchen Orten wurden die Opfer unter fast 3,5 Meter hohem Schlamm begraben. Etwa 20 000 Einwohner Armeros starben. 1 000 Menschen, die in Chinchina am Westhang des Nevado del Ruiz lebten, kamen ums Leben.

Vulkane stoßen Lava, Tephra, Gase und Aerosole aus. Außerdem können sie *lahars*, Schlammlawinen und Aschewolken (*nuées ardentes*) aus glühender Asche auslösen. Ausströmende Lava kann das Land überziehen oder einzelne Inseln wie Hawaii oder Island bilden.

Explosive Eruptionen dagegen können ganze Städte unter Lava und Asche begraben wie beim Ausbruch des Vesuvs im Jahre 79 n. Chr., als Pompeji, Stabiae und Herculaneum zerstört wurden.

Zehn Prozent der aktiven Vulkane der Erde befinden sich in Japan, und viele Bewohner vertrauen dort auf Barrieren, die sie vor den unvermeidlichen Schlammlawinen schützen sollen. An den Hängen des Usu auf Hokkaido können zum Beispiel die durch natürliche Dränagen gebauten Bremsdämme wie auch Betonwände, die die Seiten von Hangrinnen auskleiden, Schlammströme verlangsamen und lenken.

REUTERS/CORBIS-BETTMANN

Jahrzehntelang stand das Haus des Schauspielers Charles Laughton auf den Klippen von Malibu, Kalifornien (links). Dann wurde es im Januar 1994 durch ein Erdbeben zerstört. Starke Regenfälle folgten, und ein Erdrutsch riß einen Teil des Hauses fort. Regen kann den Erdboden sättigen und Felsen an Abhängen und Straßeneinschnitten lösen, so daß sie plötzlich als Erdrutsch herabstürzen. In Oregon zerstörte ein Felsrutsch auf dem Highway 101 ein Auto (unten).

GARY BRAASCH/TONY STONE IMAGES

Wie *lahars* haben auch Lawinen – ob aus Gestein und Erde oder aus Schnee und Eis – Städte zerstört und Landschaften verändert. 1964 riß ein Erdbeben in Alaska im Gebiet des Turnagain Arms von Anchorage riesige Erdspalten auf; viele Häuser rutschten in die Bucht. In den peruanischen Anden begrub 1970 eine gewaltige Lawine die Stadt Yungay unter Gestein und Eis und ließ 18 000 Tote zurück. Im Westen der USA gehen jährlich etwa 100 000 Schneelawinen von den Bergen ab.

Schneebretter sind schneller als Skifahrer; manche stürzen mit mehr als 320 Kilometern pro Stunde hinab. Erdrutsche sind in der Regel Folge von starken Regenfällen, wenn Grund aus Erde, Kies oder Lehm, der Felsblöcke und Gestein trägt, mit Wasser gesättigt ist. Wenn an einem Berg Felsen locker werden, können sie aufgrund der Schwerkraft oder ihres Eigengewichts zu Tal stürzen.

Schneelawinen sind meist Ergebnis überladener Schneefelder durch die Anhäufung instabiler Schnee- und Eisschichten nach abwechselnden Frost- und Tauperioden. Die leichten Vibrationen durch Skifahrer oder einem Erdbeben können sie auslösen oder eine Kettenreaktion in Gang setzen. Dann beginnen Schnee- und Eisschichten abzurutschen, nehmen an Geschwindigkeit zu und reißen weiteren Schnee mit, bis eine gewaltige Lawine entsteht.

Einmal in Bewegung, kann ein Schneebrett große Felsblöcke in kleinere Stücke zerbrechen und diese durch die Luft schleudern. Eine ausgewachsene Lawine kann eine Million Tonnen Schnee ins Tal hinabstürzen. Schneebretter kommen so häufig vor und stellen eine so tödliche Gefahr dar, insbesondere in steilen Bergregionen wie den Alpen oder Rocky Mountains, daß Skipatrouillen und Lawinenkontrollen manchmal Sprengstoff einsetzen, um sie auszulösen und damit ihren Abgang kontrollieren zu können. Die Bewohner von Andermatt in der Schweiz haben oberhalb ihres Dorfes schützende Nadelhölzer angepflanzt, während die Bewohner Wengens zaunartige Stahlbarrieren errichteten, um den Schnee zurückzuhalten.

SCHNELLE LANDSCHAFTSVERÄNDERUNG / DER FELSSTURZ VON YOSEMITE

ROBERT A. EPLETT/CALIFORNIA GOVERNOR'S OFFICE OF EMERGENCY SERVICES

Am 10. Juli 1996, als Wanderer um 18.52 Uhr im kalifornischen Yosemite Valley die Abendsonne genossen, dröhnte plötzlich das Krachen gewaltiger Steinplatten durch das Tal, die einen Abhang hinunterdonnerten und ins Tal hinabstürzten.

Von ihrem hohen Sitz, 780 Meter über Happy Isles, einer Gegend mit einem Naturzentrum und einem Campingplatz daneben, fielen zwei Teile einer fast 150 Meter großen Platte eines sich zwischen Washburn und Glacier Points spannenden Granitbogens in die Tiefe. Die Platten rutschten 150 Meter einen steilen Hang hinunter, stürzten dann im freien Fall 510 Meter tief auf einen Geröllstrom und knallten mit über 50 Stundenkilometern auf die Erde – wie ein auf den Boden klatschendes Buch – meinte Gerald Wieczorek von der amerikanischen Geological Survey.

Der von 68 000 Tonnen zerschmetterten Gesteins ausgelöste Luftstoß zertrümmerte Hunderte Kiefern und Eichen, schmiß sie einfach »wie Kegel« um und verstreute sie in Bächen und entlang der beliebten Wanderwege »Mist« und »John Muir«, berichtete Maureen West von der *Phoenix Gazette*. Der Yosemite-Historiker Jim Snyder schreibt, daß viele Leute meinten, die abgeholzte Gegend sähe aus wie »nach dem Ausbruch des Mount St. Helens«.

Tragischerweise wurde der 20 Jahre alte Emiliano Morales von umstürzenden Bäumen erschlagen und mehrere Menschen wurden verletzt, zwei davon schwer, als die durch den Druck gefällten Bäume den Kiosk zerstörten

Im Yosemite Valley in Kalifornien (links) sucht ein Rettungshelfer mit seinem Hund nach Opfern, nachdem am 10. Juli 1996 der Einsturz eines Felsbogens einen Menschen getötet hatte. Ein Computermodell (unten) stellt den Felssturz dar, der bei einem Abgangspunkt (rot) begann, einen Hang hinunterrutschte (gelb), im freien Fall hinabstürzte (blau) und auf einem Geröllhang (weiß) aufschlug. Der Luftstoß fällte Bäume (grau) und wirbelte Staub kilometerweit auf (orange).

DAVID SHREVE, SR./CALIFORNIA GOVERNOR'S OFFICE OF EMERGENCY SERVICES

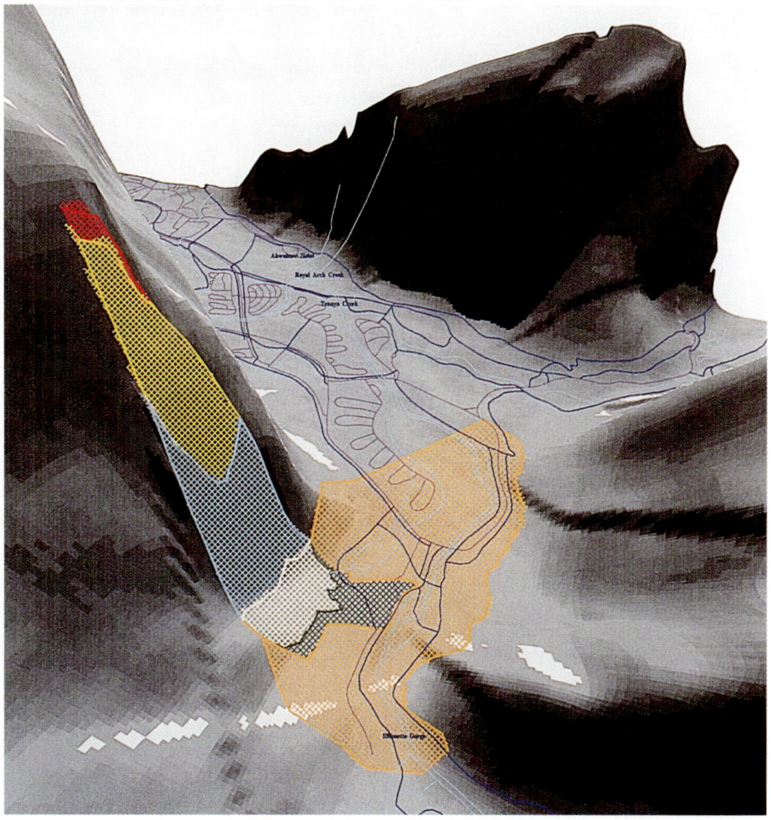

und Brücken, das Naturzentrum, Wanderwege, Wasserleitungen und Wegweiser beschädigten.

Der Luftstoß blies Tonnen von Granitstaub in die Luft, genug, um annähernd 200 Quadratkilometer zu bedecken, und die Wirkung des großen Felsbruchs wurde mit einer Stärke von 2,1 auf der Richterskala gemessen. »Es war wie bei einem Erdbeben und klang wie Kanonendonner«, berichtete Bill Leavengood, ein Besucher aus Florida. Ernie Milan, der bei den nahen Vernal Falls gerade joggte, befürchtete, ein Flugzeug sei abgestürzt. Dann kamen wirbelsturmartige Staubwolken – »eine brodelnde graue Wand«, sagte der Camper Roger Johnson –, die dahersauste und die ganze nähere Umgebung verhüllte und den Himmel verdunkelte. Mit heulenden Sirenen bahnten sich Rettungsfahrzeuge ihren Weg durch dichten Staub, der stundenlang über dem Felsbruch hing. »Es ist, als sei man in einem Staubsturm und sucht eine Nadel im Heuhaufen«, meinte John Brenner von der Feuerwehr von Sacramento.

Zwar kommt es in Yosemite oft zu Steinfällen, aber erst einmal zuvor führte ein Felssturz zu einem so gewaltigen, explosionsartigen Luftstoß. Am 26. März 1872 ließ ein Erdbeben im Yosemite vom Liberty Cap eine Felsplatte hinabstürzen und verursachte einen Luftstoß, der ein nahes Hotel angeblich fünf Zentimeter von seinem Fundament schob.

Die Klippe, von der der Felsbruch von 1996 abging, erhebt sich über der Höhe der letzten Vergletscherung des Yosemite Tales, die vor 17 000 bis 28 000 Jahren stattfand. Der abgestürzte Fels war über die letzten 750 000 Jahre verwittert.

Mehr als 400 registrierte »Hangbewegungs-Vorkommnisse« im Yosemite zeigen, daß es häufiger zu Felsrutschen und -brüchen kommt als zu Geröllabgängen oder -stürzen. Zwar sind Stürme und Erdbeben erwiesenermaßen häufig Auslöser von Felsrutschen, doch bei den meisten Felsstürzen im Yosemite sind keine direkten Auslöser bekannt. Obwohl auch die Schneeschmelze, der Wechsel von Gefrieren und Tauen und die Aktivitäten der Menschen Hänge destabilisieren, verursachen die durch Erdbeben bedingten Felsabgänge die größten Geröllmengen.

1980 lösten zum Beispiel Beben um die Mammoth Lakes, Kalifornien, mehr als 5 000 Felsrutsche und -stürze aus und zertrümmerten mehr als zehn Milliarden Kubikmeter Fels zu Blöcken, Kieseln oder sonstigen Gesteinsfragmenten – und zu Staub.

Zu den meisten Felsstürzen kommt es im Herbst und Frühling. Regenfälle sättigen die Klippen, Schnee schmilzt rasch, und schwankende Temperaturen führen zum abwechselnden, die Felsen angreifenden Gefrieren und Tauen. Der letzte Felssturz in Happy Isles ereignete sich allerdings im Juli, wie auch ein Felsrutsch am gleichen Ort am 2. August 1938.

KOLLIDIERENDE KONTINENTE

So eigenartig es scheint, Indien war einst ein Inselkontinent. Als Teil der Indisch-Australisch-Antarktischen Platte driftete es mit der geologisch erstaunlichen Geschwindigkeit von 1,8 bis 2,4 Metern pro Jahr nach Norden. Dann, vor etwa 50 Millionen Jahren, stießen zwei Kontinente zusammen: Die Indische Platte kollidierte mit der Eurasiatischen Platte.

Die heute an Land sichtbaren geologischen Beweise erzählen nur einen Teil der Geschichte. Vor mehr als 180 Millionen Jahren, als der frühere Subkontinent namens Pangäa auseinanderzubrechen begann, traten die Kontinente der Erde verschiedene Reisen um den Globus an. Etwa 10 bis 20 Millionen Jahre später hatte sich eine neue lithosphärische Plattenkonfiguration gebildet, ihr nördlicher Rand trug den Grund des Indischen Ozeans, den alten Subkontinent und einen von Sedimenten bedeckten Kontinentalsockel. Bei ihrer Wanderung nach Norden schob sich der äußere Rand der Indischen Platte unter die Eurasiatische Platte und rammte den indischen Kontinentalsockel in die Kontinentalmasse, die man heute Eurasien nennt.

Vulkanketten entstanden über der abtauchenden Platte, und Lava ergoß sich über das Land, während Granitintrusionen unter der sich hebenden Bergmasse hervorquollen. Der Kontinentalsockel Indiens schob sich unter die eurasische Platte. Die kollidierenden Landmassen schoben auch Teile des früheren Meeresbodens mit, der sie zuvor voneinander getrennt hatte, und drückten dann Gesteins- und Sedimentschichten gegen das Land, das heute Tibet heißt. Der Himalaja begann sich zu heben. Vor etwa 28 Millionen Jahren war die Landmasse Indiens schließlich Teil des asiatischen Kontinents, und die von dem neuen Bergmassiv erodierten Sedimente wurden gefaltet und bildeten die Vorberge des Himalaja.

Die gewaltige kontinentale Kollision setzt sich bis heute fort, wobei Indien 1984 Kilometer nach Asien hineinreicht und China und die Mongolei nach Osten drückt, Tibet nach Norden drängt und es 4800 Meter über den Meeresspiegel anhebt. Das Himalajagebirge nimmt an Höhe weiter zu, weil sich die indische Platte mit einer Geschwindigkeit von knapp fünf Zentimetern pro Jahr weiterbewegt und dadurch regelmäßig Erdbeben verursacht, um den Druck des Untertauchens zu lösen.

Vor etwa 65 Millionen Jahren, als sich die indische Platte nach Norden bewegte, eruptierte eine aufsteigende Magmasäule beziehungsweise ein Hot Spot durch die Kontinentalkruste. Lava ergoß sich in die Ebenen und häufte sage und schreibe 2340 Meter an – mehr als ein Viertel der Höhe des Himalaja – und bildete so das Hochland von Dekkan. Die Fortbewegung Indiens über den Hot Spot brachte eine Reihe von vulkanischen Meeresbergen auf dem Grund des Indischen Ozeans hervor. Die Insel Réunion mit ihrem aktiven 3069 Meter hohen Piton des Neiges liegt heute über diesem heißen Fleck (Hot Spot).

In Jahrmillionen wird Indien möglicherweise seine Wanderung nach Norden Richtung Eurasien hinein verlangsamen und allmählich haltmachen. Bis dahin werden die heutigen Platten ihre Form und Richtung, sich den fortdauernden Prozessen der Erde unterwerfend, verändert haben, die das Alte wieder aufnehmen und Neues hervorbringen. Wir können bereits langsame, aber stetige Veränderungen an den existierenden Kontinenten ausmachen, und was wir dabei sehen, liefert uns Hinweise über geologische Prozesse. Ostafrika hat bereits begonnen, sich vom Rest des Kontinents zu lösen, und könnte eines Tages mit Südostasien zusammenstoßen. Sollten diese beiden Landmassen kollidieren, wird dies neue Bergketten und Vulkane hervorbringen.

Es gibt noch immer kontinentale Kollisionen und Lavaeruptionen, und es wird sie weiter geben, solange die Erde besteht. Spalten und vulkanische Hot Spots am Meeresboden zeigen uns, daß das Erdinnere heiß bleibt. Die Hawaii-Inseln

ROBB KENDRICK

Sherpas kommen auf ihrem mühsamen Weg zum Everest, dem höchsten Gipfel der Erde, an Eisspitzen vorbei (oben). Die Zeichnung (rechts) zeigt, wie der nach Norden treibende indische Subkontinent unter die Eurasiatische Platte taucht, Erdbeben auslöst und zugleich Hochebenen und das Himalaja-Gebirge anhebt …

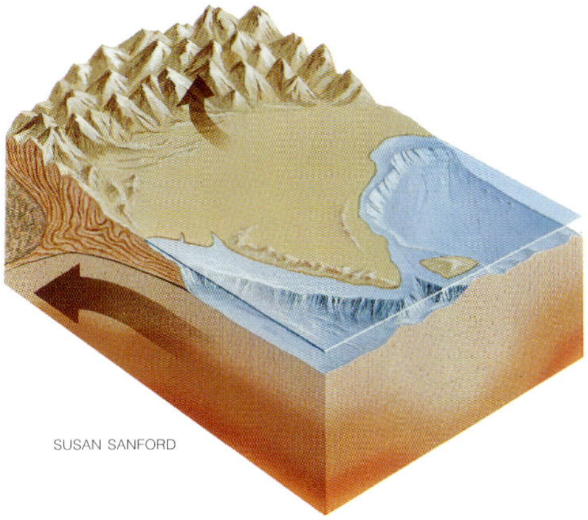

SUSAN SANFORD

und ihre erodierten Verwandten wie beispielsweise die Emperor-Seeberge des Hawaiirückens sind Zeugen der fortdauernden geologischen Prozesse. Nach 70 Millionen Jahren steht der nördlichste Vulkan der Inselkette kurz davor, in den Aléuten-Graben zu stürzen.

So setzt sich der Zyklus fort: Da die Platten driften, taucht alte Kruste ab, schmilzt und wird zu Magma, die später wieder zur Erdoberfläche aufsteigt und neue Vulkane bildet.

DAS WETTER

PHIL SCHERMEISTER

An einem klaren Tag können sowohl Touristen als auch die Bewohner San Franciscos von der Golden Gate Bridge die atemberaubende Weite der saphirblauen Bucht, die faszinierende Skyline der Stadt und die weiten Hügel des Marin County, Kalifornien, sehen. Aber solche Ausblicke sind selten. Meistens steigt dichter grauer Nebel auf und legt sich über das den Gezeiten unterworfene Wasser der Bucht. An manchen Tagen hüllt der Nebel die Brücke so vollständig ein, daß die ganze Stahlkonstruktion zu verschwinden scheint.

Dichter Nebel umgibt San Franciscos Golden Gate Bridge. In der gesamten Küstenregion Nordkaliforniens ziehen Nebel und Dunst von der Küste an Land, wo sich warme, feuchte, tiefliegende Brisen über den kalten Strömungen des Pazifiks rasch abkühlen. Solche Advektionsnebel entstehen in der Regel entlang der Pazifikküste und werden durch Tiefdruck ins Landesinnere gezogen.

Zwar ist eine solche Wolke herrlich ephemer, dennoch ruft sie eine gewaltige Illusion hervor. Ihre scheinbare Festigkeit ist allerdings in Wahrheit nur das vorübergehende Zusammentreffen von Trillionen von Wassertröpfchen.

Manche dieser Tröpfchen haben vielleicht als Meeresgischt begonnen, während sich andere einst auf einem eisbedeckten Berg, in einer Pfütze auf einem Gehsteig der City oder dem Atem eines Kindes befunden haben. So ist das Wesen des Wassers, das die Fähigkeit besitzt, zu verdunsten, aufzusteigen und dann zu Tau, Frost, Nebel, Regen, Schnee oder Wolken zu kondensieren. Von Westwinden getragen, macht sich Wasser auf weite Reisen rund um den Globus. In gewisser Weise erzählt das Wetter die Geschichte dieser Bewegungen.

Die Energie, die die Wettersysteme der Erde und die atmosphärische Zirkulation antreibt, geht von ihrem nächsten Stern aus. Die Sonne, die Hitze und Licht auf die schräggestellte, rotierende Erde strahlt, erwärmt die Erdoberfläche ungleichmäßig. Die daraus resultierenden Temperaturunterschiede bringen tropische Luftmassen dazu, sich zu erwärmen, auszudehnen und aufzusteigen, während polare Luftmassen abkühlen, sich zusammenziehen und sinken.

Die Hitze der Sonne verdunstet in den Meeren, Seen, Flüssen und auf der Landoberfläche der Erde täglich Trillionen Tonnen von Wasser, und die Energie wird dann in Wasserdampf gespeichert, bis sie bei der Kondensation freigesetzt wird. Warme, trockene Luft wirkt wie ein Schwamm, sie saugt Feuchtigkeit auf, bis sie gesättigt ist; die Abkühlung der gesättigten Luftmassen – mit dem Drücken eines nassen Schwammes zu vergleichen – läßt das von ihnen gehaltene Wasser fallen. Jeden Moment finden rund um den Globus etwa 2000 Gewitter statt. Ein mehrere Stunden dauerndes Gewitter erzeugt so viel Energie wie eine kleine Wasserstoffbombe, während ein Hurrikan jede Sekunde die entsprechende Menge an Energie freisetzt.

Da die Sonne das Land und die Meere erwärmt, verdunstet das Oberflächenwasser und steigt als Wasserdampf in die Troposphäre auf, manchmal in ungeheure Höhen. Dort kühlt es ab, kondensiert, bildet Wolken und fällt schließlich auf die Erdoberfläche zurück. In Äquatornähe werden gewaltige Luftmassen erwärmt, was sie veranlaßt, sich auszudehnen und sehr feuchte Luft in die Höhe und Richtung der Pole zu tragen. Trockene Luftmassen, die von den Polarregionen zum Äquator ziehen, werden durch die Corioliskraft, die eine Auswirkung der Rotation ist, abgelenkt. Wenn die Luftmassen unterschiedlicher Temperatur und Feuchtigkeit zusammenstoßen, führen sie zu den atmosphärischen Turbulenzen, die unser wechselhaftes Wetter bestimmen. Die Erdrotation beeinflußt außerdem die zwischen den Polen und den Tropen zirkulierenden Winde, die mäandernden Jetstreams und die Passatwinde, die zum Äquator ziehen. Sanft wehende Jetstreams schlingen sich in etwa 8 bis 16 Kilometern Höhe um die Erde wie hochfliegende Bänder. An einem normalen Tag bewegt sich der Jetstream über Nordamerika zum Beispiel ostwärts und markiert die etwaige Grenze zwischen kalten, trockenen und warmen, feuchten Luftmassen. Er liefert lenkende Strömungen für Tiefdruckgebiete, die entlang der Frontgrenzen zwischen den beiden Luftmassen höheren Drucks ziehen. Von herrschenden Westwinden getrieben, ziehen diese Luftmassenfronten und Tiefdruckgebiete über den Kontinent und bringen abwechselnd Perioden schönen und gewittrigen Wetters.

In der nördlichen Hemisphäre ziehen Winde in Hochdruckgebieten im Uhrzeigersinn, in Tiefdruckgebieten gegen den Uhrzeigersinn; auf der Südhalbkugel kreisen die Winde in umgekehrter Richtung. Über äquatorialen Gewässern stoßen die feuchten Passatwinde der einen Hemisphäre mit jenen der anderen in der zwischentropischen Konvergenzzone zusammen und führen zu breiten Streifen von Kumuluswolken und tropischen Stürmen wie Hurrikans. An Stellen, wo sich Luftmassen verschiedener Temperaturen und Feuchtigkeit vermischen, bildet sich eine »Front« und führt zu stürmischem Wetter. Wenn kalte, trockene Luft auf warme, feuchte Luft trifft, setzt sich in der Regel die Kaltfront durch; eine Warmfront entsteht, wenn sich warme, feuchte Luft über kalte, trockene legt.

Stürme, die sich über den Meeren bilden, lösen sich mit der Zeit auf oder werden in Wettersysteme aufgenommen. Entweder verlaufen sich diese Sturmsysteme über dem Meer oder werden, falls es sich um tropische Stürme handelt, durch warmen, aufsteigenden Meeresdunst verstärkt, der ihnen weiter Hitze und Feuchtigkeit zuführt.

Solche Systeme können sich zu unabhängigen Tropenstürmen, Hurrikans genannt, entwickeln, die anhaltende Winde von mehr als 120 Stundenkilometern aufweisen, bis sie über Land hinwegfegen, wo ihr Antrieb durch die wärmende Wasserzufuhr abbricht.

Als Teil des Wettergeschehens liefern Winde einen höchst wirksamen Mechanismus, um die Wärme gleichmäßig über den Globus zu verteilen. Die Sonne wärmt die Äquatorialzonen stärker als die Polarregionen, wo es während der Wintermonate lange Perioden der Dunkelheit gibt.

Die übermäßige Hitze in den Tropen wird von Winden in hohen Schichten abgebaut, die sie in höhere Breiten tragen. Wenn die warme Luft die mittleren Breiten erreicht, beginnt sie jedoch abzukühlen und ihre tropischen Charakteristika zu verlieren. Polarluft, die zu den mittleren Breiten zieht, wird erwärmt und verliert ihrerseits schließlich ihre polare Identität.

Weil die Erde ein wasserreicher Planet ist, sind Wolken oft selbst an scheinbar klaren Tagen vorhanden. Die aus kleinen Eiskristallen oder schwebenden Wassertröpfchen bestehenden Wolken gibt es in vielen Formen und Farben. Der englische Wissenschaftler Luke Howard ordnete die Wolken 1803 als erster in drei Kategorien ein: Zirrus, Kumulus und Stratus.

Die kräuseligen, dünnen Zirruswolken, die in etwa sechs Kilometer Höhe über dem Meeresspiegel dahinziehen und aus Eiskristallen bestehen, sind oft die Vorboten eines aus der Ferne nahenden Sturmes.

Bauschige weiße Kumuluswolken signalisieren schönes Wetter, im Gegensatz zu den grauen Kumulushaufenwolken, die häufig Sturm ankündigen. Kumuluswolken entstehen, wenn Aufwinde warmer und feuchter Luft sich knapp über 1,5 Kilometer über der Erdoberfläche langsam abkühlen. Zunächst bauschig und weiß, können sie sich zu kohlrabenschwarzen Kumulonimbuswolken aufhäufen, typisch für Gewitter, die Blitze, Hagel und Regengüsse bringen.

Die stabileren Stratuswolken bilden sich an der Grenze einer Warmfront und treten auf, wenn sich warme, gesättigte Luft über kalte Luftmassen schiebt. Stratuswolken bilden oft eine graue Schicht und bedecken den Himmel kilometerweit, insbesondere in den Polarregionen. Der aus ihnen herabfallende Niederschlag erfolgt meist in Form von Nieselregen oder leichtem Schneefall.

RICHARD LEWIS/WEATHERSTOCK

Schließlich fällt das Wasser aus der Atmosphäre, und ein Großteil davon landet direkt oder durch den Zufluß von Flüssen in den Meeren. Der auf Land fallende Niederschlag – obwohl manchmal lebensbedrohlich – erhält das Leben und spielt eine entscheidende Rolle

Eine dunkle Wolke liegt 1988 bedrohlich über Cleveland, Ohio. Diese relativ seltenen Wolken, Walzenwolken genannt, weil sie sich langsam um ihre Horizontalachse drehen können, bilden sich dort, wo kalte Luft sanft in trockenere, wärmere Luft vordringt. Dies geschieht meist in Böenfronten und an der Rückseite von Stürmen. Ganz anders als Gewitterwolken, ist eine Walzenwolke lang, schmal und schlauchförmig.

bei der Festlegung, welche Spezies überleben. Das Land wird vom Himmel ungleichmäßig mit Regen bedacht. In Mawsynram, in Assam, Indien – als der regenreichste Ort der Erde betrachtet –, liegt der jährliche Durchschnittsniederschlag bei 140 Metern, während im Gegensatz dazu in der chilenischen Atacama-Wüste die ausgetrocknete Stadt Arica einen kaum meßbaren Niederschlag von nur 0,5 Millimeter pro Jahr erhält.

WETTER / TOBENDE WINDE

Der Wind spielt beim Wettergeschehen auf der Erde die Hauptrolle. Weil die Sonne unseren rotierenden und geneigten Planeten ungleich erwärmt, bilden sich riesige Regionen mit hohem und tiefem Luftdruck, wenn sich große Luftmassen erwärmen, ausdehnen und aufsteigen, während andere abkühlen, sich zusammenziehen und sinken. Der Wind übernimmt die Funktion eines großen Stabilisators, wenn riesige Luftmassen von Hoch- zu Tiefdruckgebieten wandern, manchmal in Form einer sanften Brise, ein anderes Mal als zerstörerischer Orkan.

In der nördlichen und südlichen Hemisphäre beherrschen drei Arten von Windmustern die atmosphärischen Verhältnisse und beeinflussen das Wetter: die polaren Ostwinde, die gemäßigten Westwinde und die tropischen Passatwinde. Da am Äquator warme Luft aufsteigt und zu den Polen zieht, strömt kühlere Luft an ihre Stelle. Wenn die warme äquatoriale Luft etwa den 30. Breitengrad erreicht, beginnt sie sich abzukühlen und zu sinken, wobei ein Teil der Luft zum Äquator zurückströmt, während der Rest zu den Polen zieht. Etwa beim 60. Breitengrad kollidiert polare Luft mit der vom Äquator kommenden wärmeren Luft und hebt sie.

Winde neigen eher dazu, nach Westen und Osten statt nach Norden und Süden zu strömen, weil die Erdrotation und die daraus resultierende Corioliskraft die Winde nördlich vom Äquator nach rechts, auf der Südhalbkugel dagegen nach links ablenken. Wenn zum Beispiel Luft aus der nördlichen Hemisphäre nach Süden in die Tropen zieht, wird sie nach Westen abgelenkt, wodurch die nordöstlichen Passatwinde entstehen, die einst die Segelschiffe von Europa nach Nordamerika trieben. In der Zone, wo die hemisphärischen Passatwinde zusammenstoßen, werden sie meist abgeschwächt und beruhigen Wind und Wasser, so daß Kalmen entstehen, die Segelschiffe in Not bringen können.

Die saisonalen Schwankungen der Gegenden, in denen sich die Passatwinde treffen – auch intertropische Konvergenzzone (ITCZ) genannt –, schaffen die Voraussetzungen für periodisch sintflutartige Regenfälle. Wenn sich eine atmosphärische Störung, beziehungsweise östliche Strömung, über der Konvergenzzone bildet, folgen Regengüsse, die zu schweren Überschwemmungen von Inseln führen. Diese Störungen können sich zu tropischen Zyklonen weiterentwickeln. Die saisonalen Monsunregen, die den Landwirtschaftsgebieten Feuchtigkeit bringen, können Indien, Myanmar und Bangladesch überfluten. Zwischen August 1860 und Juli 1861 überschütteten Monsunregen zum Beispiel die Stadt Cherrapunji am Fuße des Himalaja mit einem Rekordniederschlag von 3,12 Metern.

Während die allgemeinen Windmuster das Wetter über den Kontinenten bestimmen und beeinflussen, ist die Wirkung anderer Winde auf regionale oder lokale Bereiche beschränkt. Solche Brisen können von Bergen herabziehen, durch Täler brausen, über Wüsten fegen und über Küsten hinwegrasen. Der warme, trockene Föhn zum Beispiel hängt in Mittel- und Nordeuropa an Berghängen. Der nordamerikanische Chinook, ebenfalls warm und trocken, zieht die Osthänge der Rocky Mountains hinab, bläst über die westlichen Prärien und führt zum raschen Ansteigen der Temperaturen.

Manche lokalen Winde können besonders brutal sein. Im Winter bringt der Buran in Zentralasien und Sibirien Schneestürme. Der Mistral peitscht im Winter und Frühjahr häufig über die französische Mittelmeerküste. In Texas stürmt der Nordwind, beziehungsweise *El Norte*, wie er in Mexiko und Zentralamerika genannt wird, und kühlt die Luft innerhalb von Stunden stark ab. In Uruguay und Argentinien fegt der kalte, trockene Pampero über das Grasland, beziehungsweise die Pampas.

Im Frühling bläst der Schirokko aus der Sahara, überquert das Mittelmeer und trifft mit sehr warmen, feuchten und staubigen Winden auf die südeuropäischen Halbinseln. Der heiße Brickfielder bläst heftig aus Zentralaustralien und wirbelt Tonnen trockener Erde von den Ziegeleien bei Sydney auf.

LOS ANGELES TIMES

Am 17. Februar 1988 fegten starke Santa-Ana-Stürme mit bis zu 130 Stundenkilometern über Südkalifornien. Nördlich von Los Angeles kippte der starke Wind einen Sattelschlepper an die Leitplanken des Foothill Freeway. Santa Anas können einen Tag, eine Woche oder länger andauern.

Im Laufe der Jahre haben die Santa-Ana-Winde, die von den Bergen und der Wüste über Südkalifornien hinwegfegen, kleine Buschfeuer zu gewaltigen Feuerstürmen angefacht. Die heißen Winde trocknen alles aus, was in ihrem Weg steht, und machen ganze Landschaften gewissermaßen zu Futter für Waldbrände. Unglücklicherweise wurden teure Strandhäuser und Villen an den Küsten zu verkohlten Denkmälern der feuergefährlichen Santa-Ana-Brisen.

Im Oktober 1991 verschlangen Flammen auf 6070 Quadratkilometern die nordkalifornischen Hügel in den Städten Oakland und Berkeley bei San Francisco. Warme, trockene Winde aus dem Norden fachten herannahende Feuer an und trieben sie nach Südosten durch bewohnte Gebiete. Als die Häuser Feuer fingen, flogen ihre brennenden Zedernschindeln wie Frisbee-Scheiben über Straßen und Autobahnen und zündeten benachbarte Häuser an. Am Ende zerstörte das Feuer etwa 3000 Häuser und Geschäfte und tötete 25 Menschen, ein hoher Tribut, insbesondere so kurz nach dem Loma-Prieta-Erdbeben von 1989 in eben dieser Bucht.

Knapp ein Jahr später, im August 1992, tobte eine Feuersbrunst im zentralkalifornischen Calaveras County auf fast 70 Quadratkilometern und zerstörte 170 Häuser.

Im Sommer 1994 verloren der Wenatchee National Forest und andere Teile des Chelan County im Zentrum des Staates Washington durch Brände 755,4 Quadratkilometer Wald, als Winde, die durch tiefe Schluchten jagten, Flammen über baumbestandene Hänge und Straßen hinweghoben und die Arbeit der Feuerwehrleute, die sich mühten, die Flammen einzudämmen, zunichte machten.

Die durch andauernde Winde von Warmluft ausgetrockneten Wälder sind besonders gefährdet, von Blitzen getroffen zu werden. Abgestorbene Bäume wirken wie Zunder, wenn sie vom Feuer der Natur entzündet werden.

1988 suchten zum Beispiel, nachdem ein Sommer mit heißen Winden und Dürre die Lodgepole-Kiefern zu wahren Streichhölzern gemacht hatte, verheerende Waldbrände den Yellowstone National Park heim, der sich von Wyoming bis Montana und Idaho erstreckt. Als Blitzschläge natürliche Waldbrände entzündeten, gelang es den Parkwächtern nicht, die Flammen unter Kontrolle zu bringen, die sich ungebremst ausbreiteten und auf Nachbargebiete übergriffen. In zwei Parks und nahen Wäldern brannten 5664,4 Quadratkilometer ab und 60 Häuser und historische Bauten wurden durch das Feuer beschädigt.

DAS KLIMA

Die Erde ist ein Planet der Extreme, mit Hitze und starken Regenfällen in den Tropen, Temperaturen unter dem Gefrierpunkt, Wind und Eis in den Polarregionen und einem außergewöhnlichen Spektrum mit einer ganzen Reihe von Möglichkeiten dazwischen. San Francisco und Peking liegen zum Beispiel in den mittleren Breiten. Beide Städte registrieren ähnliche Jahresdurchschnittstemperaturen und Niederschlagsmengen, aber ihre Jahreszeiten sind völlig verschieden. San Francisco hat trockene Sommer und feuchte Winter, während die chinesische Hauptstadt feuchte Sommer und trockene Winter hat. In San Francisco ist es im Winter nicht viel kälter als im Sommer. Peking dagegen hat heiße Sommer und kalte Winter.

Die durchschnittlichen Wetterverhältnisse einer Region über einen langen Zeitraum hinweg, sagen wir etwa 30 Jahre, definieren ihr allgemeines Klima. In ihrer nahezu 4,7 Milliarden Jahre alten Geschichte hat die Erde gewaltige Klimaveränderungen mitgemacht, und obwohl sie jetzt eine relativ warme Zeit erlebt, erinnert uns die Existenz von Eisschichten in der Antarktis und Grönland daran, daß der Planet weiterhin in einer partiellen Eiszeit bleibt.

Geologische Untersuchungen belegen, daß sich das allgemeine Klima und jenes einzelner Meere und Kontinente während der vergangenen Millionen Jahre wiederholt dramatisch verändert hat. Höhenzüge aus von Gletschern abgelagertem Fels und Geröll, Moränen genannt, zeigen, daß Eisschichten während der letzten Millionen Jahre zumindest zehnmal Teile der nördlichen und südlichen Hemisphäre bedeckten. Fossilienschalen ausgestorbener Meerestiere sind in der Sahara zutage gekommen, die darauf hinweisen, daß vor etwa 400 Millionen Jahren ein Meer die heutige Wüste bedeckte. Blattfossilien, die jenen tropischer Pflanzen von heute ähnlich sehen, wurden überall auf dem Globus gefunden und legen nahe, daß ähnliche Pflanzen einst weltweit gediehen. Noch heute paßt sich das Leben den klimatischen Veränderungen an. Der Konflikt zwischen sich verändernden Klimata und der Fähigkeit eines Organismus, sich anzupassen, hat eine unglaubliche Vielfalt an Lebensformen hervorgebracht. Das Klima beeinflußt alles, von der Wahl der Nahrung, dem Paarungsverhalten, bis hin zu den für das Überleben notwendigen Charakterzügen. Menschen müssen sich genauso wie Pflanzen und Tiere an die Klimaverhältnisse anpassen und für Wärme und Kälte geeignete Häuser bauen, Getreide anpflanzen, das den Wettergegebenheiten entspricht und Kulturen schaffen, die in bezug zu den natürlichen Zyklen stehen.

Wladimir Köppen, ein in Rußland geborener Meteorologe, der vorwiegend in Deutschland arbeitete, entwarf im Jahre 1900 ein Klassifikationssystem der klimatischen Regionen. Unter Nutzung von Temperatur- und Niederschlagsdaten schlug Köppen sechs klimatische Gruppen vor: tropisch, trocken, mild, kontinental, polar und Höhenklima. Diese Gruppen wurden in 14 Klimatypen unterteilt, dazu gehören auch naß und trocken, arid, semiarid und Tundra- und Eiskappenklima.

An Orten mit eindeutig feuchtem Klima, wie Hawaii und das äquatoriale Westafrika, regnet es jeden Nachmittag mit einem jährlichen Niederschlag von etwa 1,5 Metern, die die Länder durchnässen, deren durchschnittliche Monatstemperaturen selten von den üblichen 25 bis 28 °C abweichen. Diese Klimaverhältnisse herrschen bis etwa zum 10. Breitengrad nördlich und südlich des Äquators, einem Band, das ständig von der feuchtigkeitsreichen intertropischen Konvergenzzone (ITCZ) beeinflußt wird, wo die Passatwinde der Nord- und Südhalbkugel aufeinanderstoßen.

Diese Konvergenzzone wandert periodisch nördlich und südlich des Äquators und bedeckt Regionen außerhalb dieses Bandes nur zu bestimmten Jahreszeiten mit Regen. Diese feucht-trockenen Tropenklimata kennen drei Jahreszeiten – kühl und trocken, heiß und trocken und heiß und feucht.

Weil hier das Leben vom Regen abhängt, können trockene Jahre große Not hervorrufen.

Im Jahre 1990 fanden Wissenschaftler nur 480 Kilometer vom Südpol versteinerte Buchenblätter. Die zwei bis drei Millionen Jahre alten Fossilien, die in den transarktischen Bergen entdeckt wurden, lassen an der Theorie, daß die antarktische Eisschicht in den letzten 15 Millionen Jahren nie geschmolzen ist, zweifeln. Damit Buchen wachsen können, müssen die Temperaturen auf 10 °C steigen, was die Wissenschaftler vermuten läßt, daß das Klima des Kontinents während dieser Zeit stark schwankte.

PETER-NOEL WEBB/OHIO STATE UNIVERSITY

Die Städte Kalkutta, Indien, Havanna auf Kuba sowie die afrikanische Serengeti-Ebene liegen in dieser Klimazone.

In ariden und semiariden Klimata fällt wenig Niederschlag. In ariden Regionen beläuft sich der jährliche Gesamtniederschlag auf 10 bis 30 Zentimeter und in semiariden auf 30 bis 60 Zentimeter, und auf heiße Tage können kalte Nächte folgen. Arica, eine Stadt in der ariden Küstenregion der chilenischen Atacama-Wüste, einer der trockensten Orte der Welt, erhält einen jährlichen Niederschlag von 0,5 Millimeter. Die Stadt Azizia in Libyen wird oft stark aufgeheizt, am 13. September 1922 auf 58 °C, einem absoluten Rekord. Aufgrund ihrer Lage in bezug auf die wandernde Konvergenzzone und die Tiefdrucksysteme der mittleren Breiten sehen die afrikanische Sahara und die australischen Outbacks – in ariden Regionen der Subtropen – selten Regenwolken. In den USA und anderen Ländern, wo Bergregionen inmitten der Kontinente die Meeresfeuchtigkeit zurückhalten, können Gegenden wie zum Beispiel die großen Prärien trockenes Klima haben.

In den gemäßigten Regionen der Erde bringt kontinentales Klima, wie es zum Beispiel in Kanada und dem Norden Amerikas herrscht, jahreszeitliche Wechsel, die von kühlen Sommern, schneereichen Wintern und kurzen Wachstumsperioden gekennzeichnet sind – Folge der fortdauernden Kämpfe zwischen tropischen und polaren Luftmassen. Das Klima wird zudem durch den Breitengrad und die Lage auf einem Kontinent bestimmt. Während Städte wie Los Angeles und Jerusalem in den Genuß warmer, trockener Sommer und kurzer, regenreicher Winter nach Art des Mittelmeerklimas kommen, verschmachten Städte wie Savannah, Georgia, und Shanghai, China, unter heißen und feuchten Sommern und zittern im Winter bei Kälteperioden, wie sie für feuchtes Subtropenklima typisch sind. Diese Wetterverhältnisse stehen im Kontrast zu dem grauen Nieselregen von Seattle, Washington, und Wellington, Neuseeland, die an Westküsten liegen und mildere maritime Klimata haben.

Nur in der nördlichen Hemisphäre gibt es drei Arten von Kontinentalklimata. Sie reichen von warmen über kühlen bis zu subarktischen Sommern. Durch südwärts strömende arktische Winde können diese Regionen, darunter Neuengland in den USA und Teile Nordeuropas, im Winter unter extremer Kälte und Schneestürmen leiden, wie zum Beispiel unter jenem, der 1812 die aus Rußland fliehenden Truppen Napoleons dezimierte. Das Drama bitterkalter Winter, gewaltiger Schneestürme und Tornados bringt jedoch auch Schönheit mit sich. Die Menschen, die in diesen Klimata leben, können sich der herrlichsten Herbstfärbungen des Planeten erfreuen.

Die beiden polaren Klimata, der Tundra und der Eiskappe, herrschen an den kältesten Orten der Erde. Während die arktischen und antarktischen Regionen fast das ganze Jahr über gefroren bleiben, können die Tundragebiete kurze Sommer erleben, wo sich Vögel auf Feldern mit Insekten vollfressen können, die mit Wildblumen übersät sind. Eisige Winde und Gletscher können auch Regionen in Äquatornähe im Hochlandklima der Berge abkühlen, wie zum Beispiel auf Afrikas Kilimandscharo und in den südamerikanischen Anden.

KLIMA / DAS MITTELMEER

Angesichts der herausragenden Rolle des Mittelmeeres in der Geschichte der Menschheit überrascht es nicht, daß dieses »Meer in der Mitte des Landes«, wie sein lateinischer Name belegt, auch seinen Status als »Wiege der westlichen Zivilisation« verdient hat. Das Meer, das eine lange Vertiefung bedeckt, ist von der Straße von Gibraltar im Westen bis zum Golf von Iskenderum im Osten 3 680 Kilometer lang und mißt in Nordsüdrichtung im Durchschnitt 800 Kilometer.

Die dramatische Geschichte des Mittelmeeres ist jedoch kaum mit dem geologischen Drama zu vergleichen, das sich hier abspielte. Hier wurde ein Gebiet zum Meer; dieses verdunstete, hinterließ eine Wüste und wurde wieder überflutet. Und jede dieser Metamorphosen veränderte das Klima der Region und beeinflußte die jährliche Niederschlagsmenge in Europa und Afrika. Heute ist das Meer durch flache, schmale Meerengen mit dem Atlantik, dem Schwarzen Meer und dem Roten Meer verbunden. Aber diese Geographie zeigt nur einen relativ jungen Teil der geologischen Entwicklung.

Vor etwa 200 Millionen Jahren, als die große Landmasse Pangäa in einzelne Kontinentalplatten zerbrach, drifteten die Platten, die Afrika und Eurasien trugen, auseinander, und eine große Wassermenge, Teil des Tethys-Ozeans, nahm das Gebiet ein.

Dann, vor etwa sechs Millionen Jahren, bewegte sich die Afrikanische Platte nach Norden und kollidierte mit Europa, versperrte den Kanal zwischen dem Atlantik und den Tethys-Meeren und unterbrach damit die Wasserzufuhr aus dem Westen. Als die Platten konvergierten, wurde Tethys kleiner und hinterließ einen Rest,

Die knapp 13 Kilometer breite Straße von Gibraltar, auf dieser Aufnahme aus dem Weltraum gut zu erkennen, trennt Europa von Afrika. Gezeitenschübe aus dem Atlantik, unten links, strömen durch die Meerenge und lösen Wellenberge aus, die sich nach Osten durch das Mittelmeer ausbreiten.

aus dem sich das östliche Mittelmeer und das Schwarze Meer bildeten. Plattenbewegungen schufen außerdem eine Spalte für ein neues Meer im Westen, und als sich bei Marokko eine Meerenge öffnete, ergoß sich Meerwasser hinein und füllte die neue Landsenke.

Der vordere Rand der Afrikanischen Platte tauchte unter die Eurasiatische Platte, und die Kollision spaltete Teile Nordafrikas ab, schuf die Alpen und trennte die Inseln Korsika und Sardinien von Frankreich und Spanien ab. Entlang der Plattengrenzen bei Sizilien bildeten sich Vulkane. Noch heute kommt es zu Vulkanausbrüchen, und gelegentlich erschüttern Erdbeben die Region.

Entlang des östlichen Mittelmeerrückens, eine durch die Subduktion der Afrikanischen Platte entstandene Erhebung – bedeckt heute die Ägäis die untergegangene Spitze Kleinasiens. Da die afrikanische Platte an den Meeresgrund der Ägäis stößt, wird die Insel Kreta, die den vordersten Rand der Eurasiatischen Platte bildet, Richtung Libyen gezogen. Ihre Kollision wird irgendwann in Afrika eine neue Bergkette entstehen lassen.

Die Kollision der Afrikanischen mit der Eurasiatischen Platte, durch welche die Wasserzufuhr des Tethys abgeschnitten wurde, fiel mit anderen geologischen Ereignissen zusammen, die das Meer verdunsten und die tiefen Mittelmeerbecken zu Regionen riesiger Salzablagerungen werden ließen. »Die Ungeheuerlichkeit dieses Ereignisses, das man die ›Versalzungskrise von Messina‹ nennt, kennt in der Neuzeit nichts Vergleichbares«, sagt Richard H. Benson, ehemals Wissenschaftler am Nationalmuseum für Naturgeschichte. »Unterseeische Ökosysteme wurden zerstört, und Schichten von Salz und Gips – an manchen Stellen bis zu 1,5 Kilometer dick – wurden auf dem Grund abgelagert. Riesige, extrem salzhaltige Seen bildeten sich durch den Zufluß von europäischen und afrikanischen Flüssen in das tiefe Mittelmeerbecken, und neue Arten von Seebewohnern siedelten sich in diesen flachen Gewässern an.«

Vor zwei Jahrzehnten entdeckten Wissenschaftler die Bedeutung dieses Phänomens, als sie durch die Sedimente des Meeresgrundes bohrten, um Tiefenkernproben von Gestein und Fossilien zu entnehmen, und sie setzten seimische und Schallgeräte auf dem Meeresbett ein. Aufgrund der Dicke des Salzbettes glauben Benson und andere, daß Atlantikwasser trotz der teilweisen Blockierung der Zufuhr weiterhin einströmte und das Salz so in der Falle war. Die Salzablagerungen sind so dick, daß sich das Mittelmeer möglicherweise über 450 000 Jahre hinweg zyklisch gefüllt haben und verdunstet sein könnte, und damit sechs Prozent des gesamtes Meeressalzes abgehäuft haben könnte, so spekuliert Benson.

Im Bemühen, die Existenz von Tiefsee- und Planktonfossilien zu erklären, die in Sedimenten unter und über den großen Salzablagerungen gefunden wurden, stieß Bensons Forschergruppe als erste auf die Versalzungskrise von Messina. Verblüfft über Fossilien von Bewohnern flacher Seen in den Sedimenten Spätmessinas sowie dem Fehlen von Meeresfossilien im jüngsten Messina-Gestein, fügten die Forscher mehrere Ereignisse zusammen, die mit dem Verschwinden des Tethys-Ozeans zusammenpaßten.

Schließlich brach die Barriere, die den Atlantik von den einzelnen Becken von Tethys trennte, was zu einer raschen Überflutung führte, die messinianische Flut genannt, die das heutige Mittelmeer füllte. Das Ereignis, das den Atlantik veranlaßte, Wasser in das Mittelmeerbecken zu ergießen, ist weiterhin unbekannt, weil noch keine stichhaltigen geologischen Hinweise gefunden wurden. »Wir sind noch dabei, Erklärungen zu finden, wie sich diese Ereignisse abgespielt haben«, sagt Benson. »Ihre Bedeutung für unser Verständnis des sich heute abspielenden Naturgeschehens kann gar nicht hoch genug eingeschätzt werden.«

Um die genauen Daten dieser geologischen Ereignisse festzustellen, haben Paläobiologen andere Spezialisten um Hilfe gebeten. Die Wissenschaftler haben unter Heranziehung paläo-

Vor sechs Millionen Jahren, während der späten Miozänperiode, tauchte die Afrikanische Platte unter die Eurasiatische und versperrte vorübergehend den Zufluß des Atlantikwassers in das Mittelmeer, wodurch das Meeresbett in eine große Salzebene verwandelt wurde. Auf dieser künstlerischen Darstellung ziehen Urelefanten mit vier Stoßzähnen, Gomphotheres genannt, über das ausgetrocknete Becken Richtung Europa, wo sich ein Vulkan auf der Eurasiatischen Platte erhebt.

ROBERT E. HYNES

magnetischer Studien über die sich verschiebenden Nord- und Südpole – im Rhythmus mit der Erdumlaufbahn – den Beginn der Versalzungskrise von Messina auf vor 5,8 Millionen Jahren festgemacht, eine Zahl, die um 400 000 Jahre von den früheren geologischen Annahmen abweicht. Unter Verwendung der gleichen astronomischen Formationskunde, einer Datierungsmethode, die Perturbationen in der Erdumlaufbahn anhand zyklischer Ablagerungen in den Ozeanen untersucht, hat ein holländisches Geologenteam den Beginn des Pliozäns, das zeitlich mit der Überflutung des Mittelmeers zusammenfiel, auf vor 5,35 Millionen Jahren datiert.

DAS LEBEN IN GEFÄHRDETEN GEBIETEN

Das in einem der größten Deltas der Welt, wo die Flüsse Ganges, Jamuna, Padma und Meghna zusammenfließen, und am Ende der Bucht von Bengalen gelegene Bangladesch wird jährlich von Überschwemmungen und Sturmwellen heimgesucht. Während der letzten 40 Jahre haben fast 20 Zyklone das Land getroffen. Darunter waren sieben der neun tödlichsten Stürme dieses Jahrhunderts, die zusammen mehr als eine halbe Million Menschenleben forderten.

Am 29.–30. April 1991 fegten die 230 km/h schnellen Winde und eine sechs Meter hohe Sturmwelle über das dichtbevölkerte Delta und die Flußniederungen zwischen Chittagong und Cox's Bazaar, tötete 139 000 Menschen und machte zehn Millionen obdachlos. Die Tragödie ließ an 1970 denken, als ein Zyklon, der über demselben tiefliegenden Gebiet hereinbrach, 300 000 Bangladeschi tötete. Angesichts einer solchen Geschichte muß man sich fragen: Warum lebt man dort? Warum wohnt man in Gefahrenzonen?

Bangladesch gehört zu den dichtestbevölkerten Ländern der Erde – mit etwa 900 Einwohnern pro Quadratkilometer – eine Dichte, als ob man die Hälfte der Bevölkerung der Vereinigten Staaten in Wisconsin zusammenpferchen würde. Da es zu wenig Ackerland gibt, drängen sich viele der 110 Millionen Bewohner des Landes auf Inseln und unsicheren »Chars« – Schwemmland, das vielleicht Monate oder Jahre erhalten bleibt, bevor es wieder weggespült wird.

Diese Chars bieten – allerdings nur vorübergehend – fruchtbares Farmland zum Anpflanzen von Reis und Gemüse. Und nach jeder Katastrophe kehren die Bewohner zurück und bepflanzen sie erneut.

Manche Leute aus dem Westen spotten über dieses Verhalten, aber viele von ihnen lassen sich auf ein ähnliches Katastrophenroulette ein. Man denke nur an die Bewohner des Mississippi-Ufers, die im Sommer 1993 plötzlich durch ihre Häuser schwimmen mußten. Bis Ende des Sommers hatten 1 100 Uferdämme nachgegeben, und schätzungsweise 50 Menschen waren umgekommen.

In letzter Zeit haben Überschwemmungen auch in Europa großes Leid gebracht. Am 22. September 1992 pflügte eine 15 Meter hohe Wasserwand der angeschwollenen Ouvèze durch das südfranzösische Vaison-la-Romaine und ertränkte 38 Menschen. An Weihnachten 1993 wurde Westeuropa von Regen und der Schneeschmelze überschwemmt. Und im Januar 1995 setzte in Frankreich der Fluß Meuse die Stadt Redon unter Wasser und überflutete auch Teile der Niederlande.

In Südflorida haben Hurrikans seit Anfang dieses Jahrhunderts Tausende Opfer gefordert. Die Beunruhigung ist in Florida ebenso groß wie im Süden von Texas, das ebenfalls von Hurrikans, Tornados und Sturmwellen bedroht wird. Im Mittleren Westen der USA – der »Tornado Allee« – fordern jedes Jahr etwa 300 Tornados Menschenleben und verursachen Schäden. Und in den Nordstaaten bringen im Winter Schneestürme die Städte und Farmen in Bedrängnis.

Man denke nur an kalifornische Städte wie San Francisco und Los Angeles, wo reiche Leute gefährlich nahe am San-Andreas-Graben teure Häuser bauen. Verschiebungen entlang der 1 200 Kilometer langen Verwerfung, die im Laufe der Jahre Tausende Opfer gefordert haben, gefährden weiterhin Millionen Häuser und Menschen.

Wissenschaftler haben die Erdbebengefahr für die einzelnen Abschnitte berechnet, und obwohl die Zeitabstände groß sind, sind sie für die Planer hilfreich, die sich auf das unvermeidliche »große Beben« vorbereiten müssen.

Der San-Andreas-Graben ist nicht das einzige Problem. Ein komplexes Netzwerk sich verästelnder Verwerfungen geht vom San-Andreas-System aus, wie die Bewohner jüngst feststellen mußten.

Am 17. Januar 1994 tötete das Northridge-Beben von der Stärke 6,7 60 Menschen, zerstörte mehr als 3 000 Häuser, ließ zehn Brücken einstür-

Der Hurrikan Elena näherte sich am ersten Septemberwochenende 1985 vom Golf von Mexiko. In Alabama zerstörte der gewaltige Sturm über 80 Prozent der 800 Häuser von Dauphin Island und fegte 50 davon fort. Elena traf mit Winden von 200 Stundenkilometern auch auf Mississippi, Louisiana und Florida. Am Ende beliefen sich die Versicherungsschäden auf 543 Millionen Dollar. Die rasche Evakuierung von 1,5 Millionen Einwohnern half, die Zahl der Opfer des Sturmes gering zu halten.

PAUL CHESLEY

zen und machte drei Schnellstraßen unpassierbar. Wissenschaftler meinen, daß wahrscheinlich in den nächsten 30 Jahren stärkere Beben Los Angeles treffen werden.

Die japanische Bevölkerung ist nicht anders als die Kalifornier täglich geologischen Gefahren ausgesetzt, weil viele ihrer Häuser in einer der unbeständigsten Erdbebenzonen der Welt in der Nähe oder am Fuße von Vulkanen stehen.

Man muß nur an die Stadt Kobe denken, um die todbringenden Bewegungen entlang einer kleineren Verwerfung einschätzen zu können. Dort erschütterte am 17. Januar 1995 um 5.46 Uhr ein starkes Beben 20 Sekunden lang die sechstgrößte Stadt Japans, brachte Hochstraßen, Häuser und Geschäfte zum Einsturz, verzog Eisenbahngeleise, tötete 5 200 Menschen, verletzte 25 000 und machte 300 000 obdachlos. Dieses Ereignis brachte das Große-Kanto-Beben Japans von 1923 schmerzhaft in Erinnerung, das 143 000 Opfer forderte – von welchen 30 000 starben, als ein Feuersturm einen Park voller Menschen verschlang.

Im Juli 1993 ließ ein unterseeisches Beben vor Hokkaido, Japan, den Bewohnern nur Minuten zur Flucht vor einem Tsunami, der auf die Insel Okushiri rollte, mehr als 200 Menschen tötete, Häuser zerstörte und Boote an Land schleuderte. In Aonae wurde die Hälfte der 680 Häuser der Stadt dem Erdboden gleichgemacht, als Feuerstürme aufgrund gebrochener Gasleitungen ausbrachen.

Japans schwierige Geologie macht es sowohl für Vulkanausbrüche als auch für Erdbeben anfällig. 1991 brach zum Beispiel der Berg Unzen aus und spie glühendrote Gesteinsströme die Berghänge hinunter. Ein Strom tötete 43 Menschen. Am Fuß des Sakurajima werden Dörfer gelegentlich von Tephra bombardiert. In Shimabara haben starke Regenfälle nahe Stadtviertel zerstört und mit Schlammströmen bedeckt.

Man denke an die Menschen, die in der Nähe von Hawaiis Kilauea wohnen. Der eruptierende Vulkan hat seit 1982 zwei Quadratkilometer Land hinzugefügt. Die Lavaströme des Kilauea haben zwar die Insel vergrößert, aber das Dorf Kalapana verschlungen, von dem wenig geblieben ist als Lavareste. Das ist der Preis für die Besiedlung eines der aktivsten Hot Spots der Erde, der die lange Kette der Hawaii-Inseln entstehen ließ und über Jahrmillionen aufgehäuft hat.

Im Staat Washington blicken die Hausbesitzer oft sorgenvoll in Richtung der Cascade Range. Vor etwa 500 Jahren haben Erdrutsche von Mount Rainier, einem schlafenden Vulkan, Schlammlawinen über das Tiefland von Puget Sound ergossen, darunter ein Teil des Gebietes, auf dem die heutige Stadt Tacoma liegt. Mehr als ein Dutzend nahe, möglicherweise gefährliche Vulkane sind noch aktiv, darunter auch Mount Baker und Mount St. Helens, dessen Druckwelle 1980 57 Menschen tötete und auf 30 Kilometern Bäume umknickte.

Harmlos aussehende Gipfel können nach Jahrhunderten der Ruhe plötzlich zu aktiven Vulkanen werden und auf einen Schlag Menschenleben zerstören.

Am 15. Juli 1991 explodierte der Pinatubo auf den Philippinen, zertrümmerte etwa 300 Meter Gestein und stieß Wolken aus Tephra, Wasserdampf und Aerosolen von Schwefelsäuren 16 Kilometer in den Himmel. Fast tausend Menschen kamen durch die Eruption oder ihre Folgen ums Leben, und die Zahl der Opfer läge weit höher, hätten Wissenschaftler die Eruption nicht vorhergesagt, was die Evakuierung Tausender ermöglichte. Doch die Menschen, die in der Nähe wohnen, werden noch immer von *lahars* bedroht, den Schlammströmen, die Felder, Straßen und Häuser bedecken können.

Der majestätische Cotopaxi in Ecuador, einer der höchsten aktiven Vulkane der Welt, ist gegenwärtig ruhig, aber die Wissenschaftler meinen, daß die durch eine kleine Eruption freigesetzte Hitze genügend Gletschereis und Schnee schmelzen könnte, um Schlammströme, das heißt *lahars*, in die Ebenen darunter zu ergießen. Im November 1985 ereignete sich im Nevado del Ruiz in Kolumbien eine schwächere Eruption, ergoß eine 40 Meter hohe Schlammlawine durch die Täler des Flusses Lagunilla und begrub 20 000 schlafende Bewohner von Armero, einem landwirtschaftlichen Zentrum.

Ein weiterer Alptraum ereignete sich am 31. Mai 1970, als ein Erdbeben in Peru die Westseite des Nevado Huascaran, einem 13 Kilometer von der Stadt Yungay entfernten Berg, wegsprengte. Innerhalb von drei Minuten hatte eine Geröllawine etwa 18 000 Bewohner Yungays unter Gestein begraben.

Das Dorf Zafferana auf Sizilien liegt im bedrohlichen Schatten des Ätna, der 1991 wieder aktiv wurde und 473 Tage lang glühende Lava die Hänge hinunter ergoß. Beim Versuch, Zafferana zu retten, setzten italienische Truppen an dem Berg Sprengstoff ein, um den Lavastrom aus seinem natürlichen Bett umzuleiten. Die US-Marines halfen, indem sie Betondämme an Ort und Stelle brachten, um den Fluß durch das Bett zu blockieren. Schließlich wurde die Lava in ein frisch ausgehobenes Bett umgeleitet und das natürliche wurde blockiert.

Fast jede Region in Meernähe kann einer scheinbar willkürlichen Wasserwand ausgesetzt werden, Tsunami genannt, die durch ein unterseeisches Beben, eine Eruption oder einen Erdrutsch ausgelöst werden kann. Nach Aussage der National Oceanic and Atmospheric Administration töteten Tsunamis allein 1991 und 1992 mehr als 2 000 Menschen entlang der Küsten Nicaraguas, Indonesiens und Japans. 1960 löste ein Beben in Chile einen Tsunami über den Pazifik aus, der von Chile bis Hawaii und Japan Menschenleben forderte und Schäden verursachte.

Eine der schlimmsten Katastrophen der Geschichte ereignete sich, als der Krakatau in der Sundastraße explosionsartig ausbrach und eine Schallwelle hervorrief, die noch in 4 800 Kilometer Entfernung zu hören war, und bis zu 37,5 Meter hohe Tsunamis verursachte. Die Wellen rissen 165 Küstenorte fort und töteten 36 000 Menschen.

Warum wohnen Menschen in gefährdeten Gegenden und leben mit der Gefahr möglicher Katastrophen? Jeder hat seine Gründe – natürliche Ressourcen, Geschäfte, Landwirtschaft, Landbesitz oder die Familiengeschichte, um nur einige

Die Bewohner von Kagoshima, einer blühenden japanischen Hafenstadt, die über eine schmale Bucht auf einen ruhelosen Riesen blicken, werden regelmäßig von der Asche des Sakurajima bedeckt, einem der aktivsten Vulkane der Welt. Die 7500 Menschen, die am Fuße des Vulkans leben, bereiten sich durch jährliche Übungen auf Eruptionen vor. Die einheimischen Schüler müssen häufig Helme tragen, um sich vor herabfallenden Steinen zu schützen.

ROGER RESSMEYER/CORBIS

zu nennen. So manche bleiben dort, weil ihre Familien es über Generationen so gehalten haben und sie an dieser Tradition festhalten wollen.

Und es gibt einen weiteren, schwer faßbaren Grund: Einige der gefährdetsten Gegenden der Erde sind außergewöhnlich schön. Die Menschen haben lange nach diesen wunderbaren Orten gesucht, haben sie besiedelt und großen Stolz für ihr herrliches Vaterland entwickelt. Darüber hinaus ist kein Wohnort risikofrei. Jeder Ort stellt irgendeine Art von Gefahr dar und fordert letztlich seinen Preis. So ist das Leben, und in gewisser Weise ist Leben ohne Risiko kein wirkliches Leben.

MIT KATASTROPHEN LEBEN

Menschen sind zäh, manchmal erstaunlich zäh. Wenn eine plötzliche Naturkatastrophe hereinbricht, rappeln sich die Überlebenden irgendwie wieder auf und machen weiter.

Die Bewohner sehr gefährdeter Gebiete akzeptieren die Tatsache, daß sie sich für ein risikoreiches Leben entschieden haben und verdrängen dadurch manchmal die allgegenwärtige Sorge und Angst. Viele Kalifornier warten beispielsweise wohlwissend auf »the big one«, ein Beben von der Stärke 8,2 oder mehr, das nach Aussagen von Geologen die Region um Los

Als der Fluß Cœur d'Alene im Norden Idahos im Februar 1996 2,4 Meter über die Flutmarke anstieg, wurden viele Häuser und Geschäfte beschädigt oder zerstört. Unten spricht Ed Conley, ein Mitarbeiter der Federal Emergency Management Agency, der die Lage inspiziert und betroffene Familien über Hilfsprogramme informiert, mit zwei Jungen.

ANDREA BOOHER/FEMA

Angeles in den nächsten Jahren treffen wird. Das Problem ist, viele Wissenschaftler gehen davon aus, daß es bald kommt, aber niemand weiß genau, was »bald« bedeutet.

Wo die nordamerikanische und die pazifische Platte bei Kalifornien konvergieren, baut sich entlang der San-Andreas-Verwerfung beständig Druck auf und entlädt sich in plötzlichen Verschiebungen – wie bei einem Backstein, der von einer Sprungfeder über einen Teppich gezogen wird.

Bildlich betrachtet, baut sich die Sprungkraft auf, und schließlich springt der Backstein nach vorn, bleibt stehen und wartet erneut, bis die ständig zunehmende Kraft die Reibung überwindet, die ihn an Ort und Stelle hält. Diese horizontale »Gleit-Rutsch-Bewegung« charakterisiert viele Verwerfungen und läßt die in ihrer Nähe wohnenden Menschen zwischen solchen plötzlichen Erdbewegungen in ängstlicher Unruhe abwarten.

Im Januar 1994, gleich nach dem Beben bei Northridge, Kalifornien, von der Stärke 6,7, zogen es viele Überlebende vor, im Freien zu kampieren, statt in ihren beschädigten Häusern zu schlafen. Wochenlang wurden sie von Nachbeben in Atem gehalten. Obwohl das kalifornische Loma-Prieta-Beben im Oktober 1989 eine Stärke von sieben besaß, verursachte dieses stärkere Beben geringere Schäden. Dieser Unterschied läßt sich durch die Lage erklären. Das Beben von Northridge nahe Los Angeles konzentrierte seine Energie unter einer sehr dicht besiedelten, auf weichem Sedimentgestein erbauten Wirtschaftsregion, die weit stärker bebte, als das dichtere, festere Gestein des Loma-Prieta-Epizentrums.

Das Loma-Prieta-Beben beschädigte etwa 1000 Häuser und eine der wichtigsten Schnellstraßen. Das Northridge-Beben beschädigte oder zerstörte mehr als 3000 Häuser, zehn Autobahnbrücken und drei Schnellstraßen. Der Vergleich dieser Beben mit dem angekündigten »großen Beben« beunruhigt die Kalifornier und macht sie ratlos, wie sie sich vorbereiten sollen.

Ein weiteres Beispiel dessen, was die Folge von Bewegungen entlang der pazifisch-nordamerikanischen Plattenränder sein kann, erfuhr man am 27. März 1964 in Alaska. Das Karfreitagsbeben mit einer Stärke von 9,2 – eines der stärksten je registrierten – zerbrach die Pazifikplatte. Verwerfungen hoben den Meeresgrund 11,5 Meter an und lösten einen Tsunami Richtung Anchorage aus.

Das Beben und der Tsunami forderten 131 Tote und verursachten Schäden in Höhe von 750 Millionen Dollar.

Da sie einsehen, daß jeder in die Vorbeugung investierte Dollar bei Schadensregulierungen wahrscheinlich rasch dem Wert von tausend oder einer Million Dollar entsprechen kann, interessieren sich die Leute in besonders gefährdeten Orten zunehmend für Früherkennungs- und Warnsysteme.

Um Tsunamis auszumachen, bevor sie landeinwärts rollen, wurde nach einem Beben in Alaska 1946, das Wellen auslöste, in welchen 159 Menschen umkamen und die große Schäden in Hilo, Hawaii, anrichteten, das Pazifik Tsunami-Warnzentrum eingerichtet. Am Rand des Pazifiks verstreute Beobachtungsstationen senden seismische Informationen und Meldungen über Wasserstände an das Zentrum, das von der National Oceanic and Atmospheric Administration (NOAA) geleitet wird. Es kann Küstenbewohner eine Stunde, bevor ein Tsunami das Land erreicht, warnen.

In Alaska sendet ein zweites Warnzentrum regionale Warnungen für Küstenbewohner von Alaska bis Südkalifornien aus. Japan, Rußland, Französisch Polynesien und Chile haben ebenfalls Warnsysteme eingerichtet. Gegenwärtig testet die NOAA ein automatisches seismisches Warnsystem. Wenn Vibrationen ausreichender Stärke registriert werden, gibt ein Computer Signale an einen Satelliten, der Kontakt mit den Stationen der betreffenden Regionen aufnimmt, dann wird Alarm geschlagen. Die Warnung erfolgt schon zwei Minuten, nachdem sich die Flutwelle gebildet hat.

scheren, Fallwinden und Mikroausbrüchen – starken kurzzeitigen Fallwinden – verbessert, die dazu führen können, daß ein Fluzeug an Auftrieb verliert und beim Starten oder Landen abstürzt.

Im Jahre 1975 zerschellten beispielsweise Maschinen der Eastern Airlines, Flug 66, und der Continental, Flug 469, während Gewittern. Im Juni stürzte Flug 66 bei der Landung auf eine Piste des Kennedy Airport in New York, und 113 Menschen kamen ums Leben. Im August stürzte Flug 469 beim Start vom Flughafen Denver in ein Weizenfeld. Im Juli 1994 könnte ein Mikroausbruch zum Absturz von USAir Flug 1016 bei Charlotte, North Carolina, beigetragen haben, bei dem 37 Passagiere umkamen. In dem Flughafen gab es kein Doppler-Radar.

Für Hurrikans besteht dieselbe Notwendigkeit der Erkennung und Warnung. Im August 1992 begannen die Meteorologen im National Hurricane Center in Miami einen Sturm vor der Küste Westafrikas auszumachen, zehn Tage, bevor er zu einem Tropensturm und dann zu Hurrikan Andrew wurde. Durch Einsatz von Satellitendaten, Beobachtungen von Aufklärungsflugzeugen und Radar erkannten die Hurrikanspezialisten den Sturm und konnten 21 Stunden, bevor Andrew die Südküste Floridas verwüstete, warnen.

Die rechtzeitige Warnung erlaubte es mehr als zwei Millionen Menschen in Florida und Louisiana, ihre Häuser zu verlassen. Hurrikan Andrew hatte Winde von bis zu 280 Stundenkilometer im Gepäck, die eine fünf Meter hohe Sturmwelle aufpeitschten. Der Hurrikan zerstörte 80000 Häuser und machte 55000 unbewohnbar. 160000 Menschen wurden durch den Sturm obdachlos und 43 kamen ums Leben – eine bedauerliche Zahl, die ohne Sturmwarnung und Evakuierungsmaßnahmen wahrscheinlich weit höher ausgefallen wäre.

Man braucht sich nur an das von einem Hurrikan verursachte Grauen in der Gegend von Galveston, Texas, im Jahre 1900 zu erinnern, das 8000 Tote forderte, oder an den Florida Keys Hurrikan von 1935, der 408 Menschen tötete, um zu sehen, wie viele Opfer Hurrikans fordern können, wenn keine rechtzeitige Warnung erfolgt.

Durch Sturmwarnungen oder -vorhersagen kann das nationale Wetteramt bis zu zwei oder drei Tage vor Eintreffen eines Hurrikans an Land warnen, und zwölf bis 24 Stunden im voraus vor der Möglichkeit der Entwicklung eines Tornados oder der Wetterlagen, die zur Bildung von Windscheren führen. Warnungen vor speziellen Tornados oder Windscheren lassen den Menschen in der Regel nur wenige Minuten, um Vorkehrungen zu treffen. Die Meteorologen hoffen, daß die neuen Doppler-Radarsysteme die Warnzeiten vor größeren Tornados auf 15 bis 0 Minuten verlängern werden.

Das Winterwetter bringt andere Sturmgefahren: Schneestürme und Nordostwinde. Im März 1993, als ein Jahrhundertsturm das östliche Nordamerika von Kuba bis Kanada heimsuchte, hatte der nationale Wetterdienst 48 Stunden im voraus Warnungen vor dem herannahenden »Sturm von historischen Ausmaßen« ausgesprochen. Sturmwellen, Tornados, schwere Schneefälle, sintflutartiger Regen und eisige Kälte zogen über die Küstenstädte, spülten in Southampton, New York, 18 Häuser fort, töteten 270 Menschen und brachen 140 Wetterrekorde. Hätte es keine Warnungen gegeben, so wäre die Zahl der Opfer leicht doppelt oder dreifach so hoch gewesen. Mehr als hundert Jahre zuvor, im März 1888, forderte ein großer Schneesturm eine schreckliche Zahl von Opfern. Er blies ohne Vorwarnung über den Nordosten der USA, und mehr als 400 Menschen kamen ums Leben.

Weil Bangladesch Stürmen ungeschützt ausgesetzt ist – sieben der neun todbringendsten Zyklone dieses Jahrhunderts forderten dort mehr als eine halbe Million Tote –, akzeptiert die Bevölkerung inzwischen bereitwillig die Wettervorhersagen und zieht daraus Nutzen. 1994 verbreitete beispielsweise ein satellitengesteuertes Sturmwarnsystem Warnungen vor einem nahenden Wirbelsturm und veranlaßte die Küsten-

Bei der Großen Flut von 1993, als der Mississippi und seine Nebenläufe den Mittleren Westen der USA wochenlang überschwemmten, arbeiteten Einwohner und Hilfskräfte in bemerkenswerter Weise zusammen, um die Häuser vor Zerstörung zu retten. Unten kämpfen Bewohner von St. Charles, Missouri, einer der überschwemmten Städte, unermüdlich, um Tausende von Sandsäcken zum Zurückhalten der rasch steigenden Wassermassen zu füllen und abzutransportieren.

ANDREA BOOHER/FEMA

bewohner, in Sturmschutzräumen Zuflucht zu suchen.

Während der Wirbelsturm von 1994 bedauerlicherweise mehrere Hundert Opfer forderte, war diese Zahl doch nur ein Bruchteil der 139 000 Toten, die 1991 bei einem Wirbelsturm ums Leben kamen, als eine sechs Meter hohe Sturmwelle über dicht besiedelte Küsten- und Inseldörfer hereinbrach. 1970 starben bei einem Zyklon 300 000 Menschen auf gleiche Weise. Das heutige Sturmwarnsystem und Sturmschutzräume aus Beton, die mit Unterstützung des Auslands und privater Hilfsorganisationen auf tief gelegenen Inseln errichtet wurden, können dazu beitragen, das Unglück zu mindern, wenn Wirbelstürme erneut zuschlagen.

WISSENSCHAFTLICHE UNTERSUCHUNGEN

Die wissenschaftliche Forschung über die Ursachen der todbringenden Naturkatastrophen hilft nicht nur, uns für die zukünftigen zu wappnen, sondern zu verstehen, wie sich vergangene Katastrophen abgespielt haben.

Man denke an den Niedergang der Akkadier, deren Reich vor 4300 Jahren in nur zwei Jahrhunderten verschwand. Archäologen sammelten Proben von 80 Jahrhunderten aus dem nördlichen Teil des ehemaligen Reiches und fanden heraus, daß die hohen Sediment- und Staubschichten aus der Zeit des Niedergangs wahrscheinlich durch Dürre und Sandstürme aufgeschichtet wurden. Weil sich ähnliche Katastrophen zur gleichen Zeit auch in Griechenland, Ägypten, Palästina und im Tal des Indus ereigneten, untersuchen Forscher nun, ob eine plötzliche Klimaveränderung im 3. Jahrtausend v. Chr. zum Niedergang dieser Kulturen führte.

Im nationalen Eiskern-Labor in Lakewood, Colorado, untersuchen Forscher Gletschereiskerne, die aus der Eisschicht Grönlands stammen. Eis, das Staub, vulkanische Asche, Pollen und Luftblasen enthält, stellt eine 250000jährige Klimakarte dar. Analysen davon und vom Eis der Antarktis und der Anden belegen, daß sich das Klima häufiger und radikaler verändert, als die Wissenschaftler bislang dachten.

Forscher nutzen Computermodelle, um zukünftige Klimata vorauszusagen, indem sie Daten der Erdgröße, ihrer Rotation, der Jahreszeiten und Topographie wie auch des Wasser-, Luft- und Energieaustauschs eingeben. Dann variieren sie die Faktoren wie Bewölkung, vulkanische Eruptionen und Meeresströmungen und sehen, was herauskommt. Wissenschaftler nutzen diese Daten auch, um Veränderungen der Oberflächentemperaturen des Pazifiks zu erklären und zu messen. Von entscheidender Bedeutung ist die Erforschung des El Niño, einer Wechselwirkung zwischen der Atmosphäre und dem Ozean, die weltweit zu Wetterumstürzen führen kann. Die Vorhersage seines Einsetzens ist von großem praktischem Wert.

PETER AARON/ESTO

Forscher des National Severe Storms Laboratory in Norman, Oklahoma, und an anderen Orten arbeiten an der Erforschung von Sturmmechanismen, vor allem, warum und wie Tornados entstehen. Wenn sie über die Ursachen von Tornados Bescheid wissen, dann können sie beispielsweise ihre Entstehung in frühesten Stadien erkennen und frühzeitig warnen.

Zu diesem Zweck untersuchen Wissenschaftler auf der Jagd nach Tornados in Lastwagen, die mit Doppler-Radars ausgerüstet sind, Superzellen, die Tornados hervorbringen, und mit Radar bestückte Flugzeuge steigen auf, um die Stürme von oben abzubilden. Im Juni 1995 gelangen Wissenschaftlern genaue Radaraufnahmen in nur zwei Meilen Entfernung von einem Tornado. Die Meteorologen glauben, daß es ihnen bald gelingt, »kennzeichnende« Störungen zu erkennen, um Stürme, die möglicherweise Tornados auslösen, zu identifizieren.

Um das Erdinnere und die Bewegung der Erdkruste zu untersuchen, setzen Forscher computergestützte Lasersysteme, Satellitendaten und andere geophysische High-Tech-Instrumente ein. Ein konstanter »Hintergrundlärm« von Erdbeben erfüllt die Erdkruste, und durch Verwendung von bezeichnenden Vibrationen in diesen Geräuschen können Wissenschaftler Modelle der

NORMAN McGRATH

Das 59stöckige Citicorp Center in New York (links) wirkt windbedingten Schwankungen durch einen »automatischen Massendämpfer« entgegen – einem computergesteuerten gleitenden Betonblock an der Spitze des Turms. Wenn der Turm mehr als 0,3 Zentimeter pro Sekunde schwankt, schieben hydraulische Arme den Block in die Gegenrichtung und verringern so die Schwankungen um 40 Prozent.

inneren Struktur erstellen. Die Geologen horchen nicht nur passiv, sondern senden mit gezielten Explosionen Druckwellen aus und untersuchen dann die reflektierten Vibrationen, wobei sie deren Merkmale genauestens entschlüsseln, um den Untergrund und die Felsformationen auf Karten darzustellen. Die Wirkungen der künstlich erzeugten seismischen Wellen helfen ihnen, Modelle der strukturellen Merkmale aufzuzeichnen, die ansonsten unentdeckt blieben.

Zudem nützt die genaue Überwachung auch den Bewohnern gefährdeter Gebiete. 1994 entdeckten Vulkanologen Bodenbewegungen und Erdbeben unter Vulkanen bei Rabaul, Papua-Neuguinea. Jetzt untersuchen sie die Bewegung des Magmas unter der Erdkruste, die anzeigen kann, daß eine so gewaltige Eruption bevorsteht wie jene, die sich dort vor 1400 Jahren ereignete.

Um Techniken zur Konstruktion erdbebensicherer Gebäude zu entwickeln, testen das National Institute of Standards and Technology in Gaithersburg, Maryland, und das Earthquake Engineering Research Center der Universität von Kalifornien, Berkeley, mit Hilfe von Maschinen, die Erdbeben simulieren, neue Materialien und Konstruktionsweisen.

Ingenieure nutzen »passive Lösungen« der Baukonstruktion, um die Auswirkungen von Erdbeben zu mindern. Gebäude werden auf wechselnden Schichten aus Gummi- und Stahlplatten oder Gleitlagern erbaut, um das Schwanken zu reduzieren und Energie abzuleiten. Das Transamerica Gebäude in San Francisco hat beispielsweise eine vorteilhafte Pyramidenform und steht auf einem schweren Mattenfundament.

In den USA und Japan testen Ingenieure auch »aktive« Systeme, die Computer nutzen, um Vibrationen zu erkennen und Gegengewichte zu verlagern. Das Citicorp Center in New York hat einen 400 Tonnen schweren, auf einem Ölfilm schwimmenden Betonblock, der das Schwanken des Gebäudes bei Wind auf lediglich 1,8 Meter reduzieren soll. Und oben auf dem World Trade Center in Osaka gibt es ein schweres Gegengewicht, um den Schwerpunkt des Wolkenkratzers bei Beben oder Windscherung zu verlagern.

GENE MOORE/PHOTOTAKE

SCHWERE UNWETTER
REGEN, SCHNEE, STURM

von Jeff Rosenfeld

EINLEITUNG

Im Januar 1996 lähmte ein Schneesturm die Ostküste der Vereinigten Staaten und damit auch einen Großteil der Wirtschaft der Nation. In Georgia und Maine fielen 30 Zentimeter Schnee, und fast 60 Zentimeter Schnee bedeckten die breiten Boulevards von Washington D.C. Die Bundesregierung schloß für fast eine Woche ihre Pforten, und beim Paßamt blieben 200 000 Anträge unbearbeitet liegen. Beim Roten Kreuz wurden die Blutreserven bedenklich knapp. Weiter nördlich in Philadelphia fiel der Stadtrekord von 80 Zentimeter Schnee. Erstmals seit ihrem 166jährigen Bestehen erschien die Tageszeitung Inquirer nicht. Beinahe eine Woche fuhr keine Müllabfuhr. Briefträger machten ihre Runden nicht.

Entlang der Nordostverbindungen lagen verlassene Autos an den Highways, und gefrorene Weichen legten die Züge lahm. Eingeschneite Flughäfen strichen landesweit 10 000 Flüge, wodurch Tausende Reisende strandeten – auch im so fernen, heißen und sonnigen Los Angeles. Bis zu 60 Zentimeter Schnee fiel auf den Flughäfen New Yorks, wo sich Schneeverwehungen bis zu sechs Meter hoch türmten. Als die Startbahnen nach zweitägigem Einsatz der Schneepflüge wieder frei waren, rollte eine Maschine mit Tokio als Ziel in eine Schneewehe. Die 264 verärgerten Passagiere saßen über sieben Stunden im Flugzeug, ohne überhaupt zu starten.

In New York City hatten fast eine Million Kinder einen Tag Ferien, als die öffentlichen Schulen wegen des Schneefalls zum ersten Mal seit 18 Jahren geschlossen blieben. Mit Schals vermummte Fußgänger posierten im Zentrum von Manhatten mitten auf dem Broadway, einem breiten weißen Weg, für Fotoaufnahmen. An der Fifth Avenue stiegen Touristen, die nichts zu tun hatten, weil sie nirgends einkaufen konnten, auf einen 3,5 Meter hohen Schneehaufen, um die unheimliche Ruhe auf sich wirken zu lassen. »Es ist schlimm, und es ist schön«, meinte einer.

Das Nervenzentrum der Vereinigten Staaten war tatsächlich im Schnee erstarrt, als mehr als 100 Menschen starben und in kurzer Zeit Milliardenschäden entstanden. Die stillen Nachwirkungen erinnerten daran, daß es in Wahrheit nicht die Stadt ist, die nie schläft, sondern das Wetter. Ununterbrochen muß die Atmosphäre ihrem Geschäft nachgehen. Das Geschäft – Wärme und Energie umzuverteilen – entspricht einer nie endenden planetarischen Notwendigkeit: Da die Sonne die Erdoberfläche ungleichmäßig erwärmt, ergeben sich Temperaturdifferenzen. Durch Regen, Graupel, Hagel und Schnee gleicht das Wetter diese Differenzen aus.

Die unermüdliche Troposphäre, die unterste Schicht der Atmosphäre, muß die meiste Arbeit leisten. In den Tropen steigt heiße Luft auf und zieht langsam in Richtung Pole, sie sinkt zwischen dem 20. und 35. Breitengrad, wo sie zu den Wüstenbedingungen beiträgt. Unterdessen treibt die dichtere, kältere Luft an den Polen Richtung Tropen. In den gemäßigten Breiten trifft Wärme auf Kälte, und die Differenzen müssen ausgeglichen werden. Bei der Durchführung dieser atmosphärischen Aufgabe entstehen extreme Stürme – Schneestürme, Gewitter und Wirbelstürme.

Diese Stürme verteilen nicht nur die Wärme, sondern liefern auch Wasser. Die Stürme, die Arbeitspferde in einem ewigen Kreislauf, nehmen Feuchtigkeit aus den Meeren, Seen und Flüssen auf und geben das Wasser an höheren Erhebungen wieder ab, wo es bergab fließt, die Landschaft verändert und unseren Durst stillt.

Ein Sturm wie der Schneesturm vom Januar setzt Abermillionen Kubikmeter Luft und Wasserdampf zur Erfüllung dieser dringenden globalen Aufgabe in Bewegung. Und jede menschliche Anstrengung – und sei sie auch noch so groß – muß sich den Notwendigkeiten des Wetters beugen.

In diesem Jahrhundert sind wir jedoch von unter den Stürmen hervorgekommen, um sie vorauszusagen, zu studieren und sie bei der Arbeit zu bewundern. Mit Computern simulieren Meteorologen das Wettergeschehen in der Sicherheit virtueller Welten. Mit Radar und Laser untersuchen sie Stürme aus der Ferne. Mit Flugzeugen

Die New Yorker graben sich aus fast 60 Zentimeter Schnee aus, den der Sturm von 1996 brachte. Und als die Rekordschneefälle vorüber waren, stand den Bewohnern weiteres Wetterunheil bevor: Die folgenden Regenfälle und die Schmelze erwiesen sich als genauso tückisch und zwangen 125 000 Menschen, ihre Häuser zu verlassen, als Überschwemmungen die mittelatlantischen Staaten verwüsteten.

VORHERIGE SEITEN: Ein Tornado, verdunkelt von der aufgewirbelten Erde von Kansas, zieht über den Wilson Lake. Die Winde in den stärksten Wirbelstürmen erreichen fast 480 Stundenkilometer in einer hohlen Spirale, die einen Durchmesser von 1,6 Kilometer haben kann.

BROOKS KRAFT/SYGMA

erkunden die Wissenschaftler das Wetter in seinem ureigensten Revier, und mit Satelliten liefern sie von hoch über den Stürmen, die uns zusetzen, eine verblüffende Sicht.

Ein Abgeordneter, der Tage nach dem Schneesturm einen Flug von Washington ergatterte und erleichtert von der Perspektive aus der Höhe die unten erfahrenen Frustrationen dahinschmelzen fühlte, meinte: »Wenn man erst einmal über den Wolken ist, ist es phantastisch.«

STURMFRONTEN

Während des Ersten Weltkriegs litt Norwegen unter einer Hungersnot. Da kein Getreide importiert werden konnte, bemühten sich die Leute, die Lebensmittelproduktion zu erhöhen. Bauern brauchen jedoch Wettervorhersagen, aber die Kriegsgeheimhaltung verhinderte jede Information über nahende Stürme von der Nordsee oder dem Atlantik. Vilhelm Bjerknes, Pionier in der Erforschung der Atmosphäre, löste das Problem, indem er ein Netzwerk von Beobachtern aufbaute, die mit seinem Hauptquartier in Bergen telefonisch verbunden waren.

Das Ergebnis war eine Revolution in der Meteorologie. Mit Hilfe dieser Daten entwickelte Bjerknes Sohn Jacob eine Theorie, die den außertropischen Stürmen – der stürmischen Zirkulation um Tiefdruckgebiete in den mittleren Breiten – einen Sinn gab. Seine Darstellung des Wetters als ein Kampf zwischen warmer und kalter Luft entlang der Fronten rief Erinnerungen an den Ersten Weltkrieg wach.

Jacob Bjerknes wußte, daß kalte, dichte Luft von den Polen Richtung Äquator zieht und auf wärmere, leichtere Luft von den Tropen trifft. Die Luft vermischt sich nicht so einfach und weicht statt dessen in einer Konvergenzzone großer Temperaturunterschiede, die Polarfront genannt, aus. Die Front ist eine atmosphärische Kampfzone rund um die Erde. Hier kämpfen Luftmassen, Berge gleicher Luft, miteinander. Sie bedecken Hunderttausende von Quadratkilometern und nehmen den Charakter ihres Ursprungsgebietes mit: Luft vom Golf von Mexiko ist zum Beispiel feucht und warm; Luft, die von Nordkanada kommt, ist trocken und kalt.

Wo die Luftmassen zusammenstoßen, entstehen Tiefs und deformieren die polare Front. Tiefdruckzentren ziehen Luft an und entwickeln aufgrund der Erdrotation die Zyklonzirkulation. In der nördlichen Hemisphäre verläuft die Strömung gegen den Uhrzeigersinn; warme Luft steigt östlich des Tiefs nach Norden auf, während kalte Luft westlich des Tiefs nach Süden strömt. »Östlich des Tiefs siegt die warme Luft«, erklärte der ältere Bjerknes. »Die kalte Luft … macht einen scharfen Bogen nach Süden und greift die warme Luft von der Seite her an.« Die Vorhut der kalten Luft ist eine Kaltfront; vorwärtstreibende Warmluft ist eine Warmfront.

Diese Fronten dehnen sich von einem Tief aus und drehen sich wie die Zeiger einer Uhr (auf der nördlichen Hemisphäre rückwärts) um dieses herum. Warmluft zwischen den Fronten wird oft als Wärmesektor bezeichnet. Dieser Sektor verschwindet, wenn die schnellere Kaltfront die Warmfront einholt und eine Okklusionsfront entsteht. Dann hat ein Okklusionssturm seinen Höhepunkt erreicht; er läßt bald nach, wenn sich warme und kalte Luft schließlich mischen und die Temperaturdifferenzen, die ihm Energie liefern, aufgehoben sind.

Das Frontenmodell erklärt durch die in Richtung Tief konvergierenden Winde, warum Winde sich verschieben, wenn Fronten vorbeiziehen. Fronten sind auch für die raschen Temperaturwechsel verantwortlich, die ein Sturm mit sich bringt. Sie erklären Niederschlagsmuster, weil sie die Luft anheben. Wenn eine Luftblase aufsteigt, ist in der Atmosphäre weniger Luft über ihr, so daß das Gewicht der darüber liegenden Luft abnimmt und der Druck der Luftblase fällt. Daraufhin dehnt sich die Blase aus und kühlt ab. (Der umgekehrte Fall, die Erwärmung durch Kompression, tritt ein, wenn Luft sinkt.) Wenn aufsteigende Luft genügend abgekühlt ist, kondensiert der Wasserdampf in ihr und bildet Wolken.

In einem klassischen Zyklon drängt die Warmfront an der Oberfläche vorwärts, und leichte Luft steigt nördlich und westlich über die kältere. Der Aufstieg erfolgt manchmal mit weniger als neun Metern pro Meile und ist abhängig von Temperaturunterschieden und Winden. Die dadurch entstehenden Wolken verbreiten Niederschlag entlang und vor den Warmfronten. Nachdem die Front vorübergezogen ist, steigen die Temperaturen. Wenn die Kaltfront vorwärtstreibt, drängt ein Keil dichter Luft hinter ihr unter den Wärmesektor.

JOHN PERRET/TONY STONE IMAGES

Schwere Regenwolken hängen tief über der Prärie. Dort, wo atmosphärische Fronten über Gelände fegen, kollidieren Luftmassen und bilden lokale Sturmwolken. Dieser grundlegende Wettermechanismus – der Zusammenprall von warmer und kalter Luft an den Grenzen – hilft den Meteorologen, das wandernde tägliche atmosphärische Schauspiel von Formen und Farben – und Gefahren – zu erklären.

Der Keil ist zweimal so tief wie die Warmfront und tiefer, wenn die Kaltfront schnell vorwärts zieht. Das deutliche Ansteigen führt in einem schmalen Niederschlagsstreifen zu Kumuluswolken oder Gewittern. Nachdem die Kaltfront vorbeigezogen ist, klart der Himmel auf, und kühle Winde blasen. 1995 ließ eine Front in Idaho die Temperatur in vier Stunden von 26,6 °C auf 1,6 °C sinken.

Das Frontenmodell erklärt verschiedene Niederschlagsarten. Beim Aufsteigen wachsen die Eiskristalle und werden schließlich zu schwer, um in der Luft zu bleiben. Wenn Eiskristalle durch warme Luft fallen, schmelzen sie zu Regen. Wenn sie durch kalte Luft fallen, gehen sie als Schnee nieder. In den drei Schichten einer Okklusion können Eiskristalle durch Warmluft fallen und schmelzen, um in Bodennähe durch Kaltluft wieder zu Graupel zu gefrieren. Oder aber, wenn die Oberflächenkaltschicht dünn ist, kann das geschmolzene Eis ganz rasch wieder gefrieren, was zu Eisregen führt.

Ein kurzer Blick auf die täglichen Wetterkarten zeigt, daß das klassische Frontenmodell ein Ideal ist, das meist durch die Gegebenheiten verändert wird. Der Aufbau von Frontensystemen wird durch die Auswirkung von Bergen und Meeren verkompliziert, und Wissenschaftler streiten sich noch immer über das wahre Profil von Okklusionen. Manche Stürme nutzen die Temperaturkontraste der mittleren Breiten und verhalten sich ganz anders, als das Modell vorgibt. Ein Nordostwind kann ein Sturmauge entwickeln wie ein Hurrikan. Ein arktischer Sturm beginnt vielleicht an einer Frontengrenze und dreht sich dann um ein hurrikanartiges Sturmauge. Das Modell bietet für diese Erscheinungen keine Erklärung, dennoch liefert es Anhaltspunkte zur Vorhersage von Stürmen.

STURMBEWEGUNGEN

Im Jahre 1743 entging Benjamin Franklin eine Mondfinsternis, weil ein Sturm über Philadelphia tobte. Als er erfuhr, daß sein Bruder in Boston die Finsternis gesehen hatte und danach ein Sturm aufgezogen war, forschte Franklin auf dem Briefweg ein wenig nach und wurde so der erste, der die Wanderung von Stürmen nachwies. Seinem Beispiel folgend, beobachten die heutigen Meteorologen, wie Tiefs und ihre Fronten Tausende von Meilen zurücklegen. Aber herauszubekommen, wo Regen oder Schnee zu welcher Zeit fallen wird, ist noch immer schwierig, selbst mit Darstellungen der Atmosphäre mit Hilfe der leistungsstärksten Computer der Welt.

Stürme folgen einer Wellenbewegung der Winde in den oberen Schichten – Schlüssel der heutigen Vorhersagen –, die der schwedische Meteorologe Carl-Gustaf Rossby in den dreißiger Jahren entdeckte. Winde werden von Druckdifferenzen verursacht und wehen aufgrund des Durchzugs von Tiefdruckgebieten vorwiegend nahe der Erdoberfläche. Aber zwischen dem 30. und dem 60. Breitengrad ziehen hohe Winde in der Regel nach Osten. Diese Winde entstehen durch den Kontrast zwischen warmer Luft in Äquatornähe und kalter Luft an den Polen, der zu den mit der Höhe zunehmenden Druckdifferenzen führt. Die Luftmassen mit den größten durchschnittlichen Temperaturkontrasten wandern im Sommer zu den Polen, im Winter Richtung Äquator, und dies tun auch die Westwinde in höheren Schichten.

Frei jeder Oberflächenreibung erreichen die hohen Winde 240 Stundenkilometer. Im Zweiten Weltkrieg entdeckten Piloten solche Winde in 7500 bis 12000 Metern Höhe. Die Bomber flogen von den USA langsam Richtung Westen nach Japan oder England, aber mit einer Wahnsinnsgeschwindigkeit nach Osten zurück – falls ihnen nicht schon vorher der Treibstoff ausging. Der hohe Wind erwies sich als Kern von Starkwinden innerhalb der Westwinde. Dieser heute als Jetstream bezeichnete sehr schnelle Wind bestimmt weitgehend, wo und wann Stürme zuschlagen werden.

Die normalen Positionen der Rossby-Wellen im Jetstream über Nordamerika geben eine Reihe typischer Bahnen vor, denen Stürme folgen. Alberta-Klipper sind kompakte Tiefs, die oft im Windschatten der kanadischen Rocky Mountains entstehen und nach Südosten strömen, wobei sie große Massen polarer Luft hinter sich herziehen und jede Menge Schnee bringen. Panhandle-Tiefs von Texas jagen nordostwärts Richtung Ohio Valley und zu den östlichen Großen Seen. Golf-Tiefs sind Störungen, die zu den warmen Gewässern südlich von Texas wandern, oft nach Florida durchbrechen und die Ostküste hinauffegen. Wenn sie über dem Meer bleiben und zu Küstentiefs werden, werden sie wegen ihrer starken Seewinde nördlich des Tiefdruckzentrums häufig »Northeasters« – Nordostwinde – genannt.

Küstenstürme sind eine Sache für sich. Wie alle außertropischen Stürme entstehen sie durch Temperaturkontraste, und der Kontrast zwischen kühlen und warmen Meeresströmungen kann sie noch verstärken. Der Zusammenfluß des kalten Labradorstroms und des warmen Golfstroms löst zum Beispiel oft Küstentiefs vor der Küste von Carolina aus.

In vielen Fällen entstehen die nordamerikanischen Tiefs über dem Pazifik (so wie europäische Stürme als Störungen in den USA beginnen können). Aber die Pazifiktiefs werden vertikal zusammengedrückt und dehnen sich über den Bergen des Westens aus, werden schwächer und verschwinden manchmal von den Wetterkarten, bevor sie die Hochprärien erreichen. Aufgrund der durch das Überqueren von Wasser und Bergen herbeigeführten Abänderungen können Sturmzirkulationen recht hartnäckig sein. Ein Satellitenfilm zeigte eine wellenartige Störung in hohen Windschichten, die die Erde in 57 Tagen zweimal umkreiste und zu verschiedenen Arten von Stürmen führte.

Zwischen 7500 und 12000 Meter Höhe werden lange Wellen – vier bis sechs davon umspannen die Erde – zu Westwinden. Sie ziehen langsam, aber die Meteorologen sind dennoch oft

NASA/SCIENCE SOURCE/PHOTO RESEARCHERS

Computerdarstellungen der Daten von NASA-Satelliten ergaben diesen Schnappschuß globaler Luftströme: Blau und grau zeigen leichte Winde an; rot und gelb dagegen starke Winde. Die Pfeile zeigen ins Zentrum der Stürme, die den Südpazifik und die Gewässer direkt südlich von Alaska überqueren.

von Richtungswechseln in diesen Wellen verwirrt. Deshalb können Vorhersagen über einzelne Stürme mehr als ein paar Tage im voraus sehr unsicher sein. Es überrascht nicht, daß ein Meteorologe das Wesentliche des Chaos mit einem einfachen Computermodell der Atmosphäre entdeckte: eine empfindliche Abhängigkeit einer entstehenden Situation von ihren Ursprungsbedingungen. Dieser Meteorologe, Edward Lorenz, löste damit eine ganze Reihe von Chaosstudien aus.

Jüngst haben Meteorologen begonnen, eine neue Technik einzusetzen, Ensemble-Vorhersage genannt, die zumindest die Chaoseffekte auf die Atmosphäre zu erkennen gibt. Meteorologen begrenzen die Unsicherheit ihrer Vorhersagen, indem sie die Ausgangsbedingungen, die sie den Computermodellen zugrundelegen, leicht variieren. Wenn die Ergebnisse stark voneinander abweichen, dann wissen sie, daß das Chaos ihre Prognose weniger verläßlich macht. Weichen die Vorhersagen wenig voneinander ab, dann sind die Prognosen verläßlicher.

Meteorologen berücksichtigen auch die Jetstream-Entwicklungen, wenn sie die Intensivierung eines Sturms einschätzen. Jacob Bjerknes erweiterte das Frontenmodell zu einem Zusammenwirken von Winden an der Oberfläche und in großen Höhen. Jede Strömung hoher Winde, die hilft, die Oberflächenluft anzuheben, kann auch zur Intensivierung eines Sturmes beitragen. So können zum Beispiel divergierende oder sich beschleunigende Luftströme eine partielle Luftleere entstehen lassen, die Luft von der Oberfläche anhebt und ein Tief intensiviert. Zudem können nebeneinander verlaufende Luftströme oder gegen den Uhrzeigersinn strömende Wellen die Oberflächenluft veranlassen, sich um ein Tief zu drehen. Zusammenfassend ist festzustellen, daß Luft dahin tendiert, von einer Süddrehung oder einem Tiefdrucksystem gegen die Windrichtung zu sinken und in Windrichtung aufzusteigen. Diese Entwicklungen in oberen Luftschichten spielen bei der Vorhersage der Entstehung eines extratropischen Wirbelsturms eine wichtige Rolle. Am 9. März 1993, vier Tage, bevor der Schneefall einsetzte, hatten Meteorologen Computerergebnisse in der Hand, die eine unbeständige Interaktion von Sturmbahnen und Divergenzen in hohen Luftschichten voraussagten. Ein Supersturm würde die Ostküste treffen.

SCHNEESTÜRME / DER JAHRHUNDERT-STURM VON 1993

Der Supersturm von 1993 hatte Einfluß auf das Leben von hundert Millionen Menschen. Am Wochenende, dem 13., 14. März, schliefen einige Autofahrer in ihren eingeschneiten Autos an verlassenen, windigen Straßen. Dreitausend andere übernachteten auf Bänken und dem Fußboden im Hartsfield Airport von Atlanta. Millionen blieben zu Hause, durch Stromausfälle in dunkler Kälte.

Im ländlichen New York starb ein Mann, der versuchte, sein Auto aus einer Wehe zu befreien, und von einem Schneerutsch begraben wurde. Ein anderer starb in seinem eigenen Garten in einer Lawine. In Florida kamen vier Menschen ums Leben, als ihre Boote in 130 Stundenkilometer schnellen Winden und tobenden Wellen sanken. Andere erfroren im Freien. Insgesamt forderte der Sturm 270 Opfer. Unzählige Menschen erlitten später beim Schneeschaufeln Herzanfälle.

Sie wurden Opfer eines Windsystems, das 7,68 Millionen Quadratkilometer bedeckte, einer Konfrontation von warmer und kalter, feuchter und trockener Luft, die auf ihrem riesigen Weg die meisten Superlative übertraf. Der Sturm versenkte im Golf von Mexiko einen 60 Meter langen Frachter, dann einen 180 Meter langen vor Neuschottland und ertränkte 33 Männer in 15,5 Meter hohen Wellen. Die Wellen schoben auch Dünen fort und verschlangen in Florida und Kuba Küstenhäuser. Auch ein Tornado war unter diesen Winden, der in Reynosa, Mexiko, 5 000 Menschen obdachlos machte. Ferne, extreme Sturmböen schlugen vor Tortuga mit 174 und in Kanada mit 210 Stundenkilometern zu.

Schnee fiel über einem doppelt so großen Gebiet wie jenem des Schneesturms von 1888, mit 15,5 Zentimeter in Florida und 40 in Ontario. Der Sturm bedeckte den Osten mit soviel Wasser, wie der Mississippi in 40 Tagen und 40 Nächten mit sich führt.

Der Sturm von 1993 begann als Gewitterhaufen im westlichen Golf von Mexiko, aber ein feuchter Sturm vom Pazifik und ein kleinerer Schneesturm von der Arktis stießen zu ihm. Die drei Störungen trafen am Samstag, den 13., im Südosten zusammen. Anders als viele Küstenstürme, die sich verstärken, indem sie gegen ein Hoch im Landesinneren stoßen, war der Supersturm mehr oder weniger allein. Durch den Kontrast zwischen einem hurrikanartigen Tiefdruck in der Mitte und der Umgebung des Sturmes entstanden hohe Winde.

Der Supersturm profitierte von der typischen Winterposition der Polarfront und den hohen Winden. Nach Wochen langer Nächte und intensiven Schneefalls trieb die Abkühlung der nördlichen Hemisphäre die Polarfront weit nach Süden, oft bis über die Golfküste. Die Winterkälte vergrößerte zudem den Temperaturkontrast innerhalb der Front. Das Ergebnis war eine unbeständige Sturmproduktionszone an der Grenze zwischen Land und Meer.

Eine Tiefdruckrinne in den Westwinden der höheren Schichten brachte sehr schnelle Luftströme, die schleifenförmig nach Süden über die Zentralstaaten, dann nach Norden in den Osten der USA zogen. In gegengesetzter Richtung zur Tiefdruckrinne jagte der Jetstream mit 260 Stundenkilometern nach Südosten. Kalte Luft aus dem Westen Kanadas bewegte sich, getrieben von Winden in hohen Schichten, nach Süden. Ein schneller Luftstrom über dem Golf von Mexiko, ein südlicher Ableger, der subtropischer Jet genannt wird, half, weiteren Luftnachschub vom Golf in die Südstaaten zu ziehen. Diese Wetterlage hatte den Großteil des Februars über geherrscht und dem Osten viele Stürme gebracht, war aber in der Woche davor plötzlich verschwunden. Die Meteorologen hatten in ihren mathematischen Modellen die Hochluftprofile und die Oberflächenverhältnisse berücksichtigt und die Computer Schritt für Schritt die zukünftigen Bedingungen ausrechnen lassen. Schon am Donnerstag, den 9. März, war das Ergebnis ein unglaublich großer Sturm am Wochenende über dem Osten.

Am Donnerstagabend kam die erwartete konvergierende Oberflächenluft von Mexiko an; große Gebiete des Golfs wurden von Blitzen

HANK BRANDLI

Die Satellitenaufnahme zeigt die wirbelnde Schönheit des Riesensturms vom März 1993. Die breite Kaltfront, die sich von Kanada bis Kuba erstreckt, bringt von Maine bis Alabama Rekordtiefs. Hinter dieser Grenze strömt Kaltluft über den Atlantik und schafft Bogen tiefer Wolken, während der Osten mit seiner Neuschneedecke unter klarem Himmel weiß glitzert.

erleuchtet. Wettersatelliten entdeckten am frühen Freitag hohe Wolken, die sich südöstlich des Tiefs in dem gewöhnlich warmen Sektor des Tiefdrucksystems bildeten. Der Sturm nahm zu, und bis zum Abend hatte er einen Druck, der tief genug war, um 120 Stundenkilometer schnellen Winden vor Louisiana standzuhalten. Nördlich des Tiefs begann es zu regnen, als sich warme Luft vom Golf über die vor der Küste herrschende Kaltluft legte. Der Sturm wurde über den Vereinigten Staaten nicht nur an der Oberfläche, sondern auch darüber zur Zirkulation gebracht. Hochleistungscomputer im nationalen Wetteramt gaben mehrere Vorhersagemodelle heraus; sie waren fast einstimmig in der Aussage, daß der Sturm am nächsten Tag nach Nord- und Südcarolina ziehen würde. Der Jetstream würde das Tief erfassen und es über die Ostküste nach Norden treiben.

Winde in oberen Schichten gaben dem Sturm mehr als die Richtung vor: Sie lieferten ihm günstige Temperaturkontraste, indem sie kalte Luft von Norden anzogen und warme Luft in die Südoststaaten schoben. Von oben gesehen beschrieb der sich drehende Strom einen Wirbel über dem Golf, als sich der Sturm entwickelte, und sich beschleunigende und divergierende Luftströme verursachten das Aufsteigen von Oberflächenluft.

Der nun vereinte Sturm brach über dem Land los. Sein Niederschlagsschild – zumeist Schnee – breitete sich über dem Südosten aus. Am Freitagmorgen lag der allgemeine Oberflächendruck bei unauffälligen 29,54 Inches, aber am Abend betrug er bereits 28,35 Inches und lag damit im Bereich von Hurrikanstärke.

Vor Florida wirkte der Sturm wie ein übergroßer Hurrikan. Im Golf von Mexiko stieg das Wasser bis zu 3,5 Meter hoch, als das Tief in den frühen Morgenstunden des Samstags Tallahassee überquerte. Die Meteorologen hatten die große Brandung nicht vorhergesehen, die durch die Topographie und die Größe des Sturms angetrieben wurde. In den südlichen Winden vor dem Tief türmten sich die Wogen in der Bucht von

Apalachee, südlich von Tallahassee. Dann entwickelten sich die Winde, als das Tief und seine Kaltfront vorbeizogen, zu Südwestwinden von 80 Stundenkilometern, die ihren Niederschlag fallen ließen und die Strände von Dekle und Keaton überschütteten. Die Sturmwelle, die mehr als 160 Kilometer lang war, war weit größer als die eines normalen Hurrikans. Die Wellen stürzten Häuser ins Wasser, und die darin gefangenen Menschen kamen ums Leben.

Der Supersturm ließ in der Warmluft vor der Kaltfront auch eine Reihe von Stoßwinden entstehen. Dieses Merkmal eines außertropischen Zyklons erstreckte sich über den gesamten Golf von Mexiko. Die Gewitter jagten mit 112 Kilometer pro Stunde über Florida und Kuba hinweg. Um Mitternacht trafen sie das Gebiet um Tampa. In etwa zwei Stunden tobten elf Tornados und starke Abwinde über dem Staat. Im Dade County starb eine Frau, als ihr Wohnwagen von 130 Stundenkilometer schnellen Winden umgekippt wurde; in Kuba wurden 1500 Häuser zerstört.

Die Stoßwinde erschöpften sich über dem kühlen Atlantik, aber das Tief zog mit dem Strom der oberen Schicht nordwärts. Am Samstag drehte sich der Wind über North Carolina nach Südwesten, als der Sturm nordwärts zog. Das Wasser der seichten Meerengen entlang der Küste bewegte sich nach Osten und wurde mit bis zu 132 Stundenkilometer schnellen Winden gegen die Barriereinseln gedrückt. Der Pamlico Sund stieg entlang Kap Hatteras um 2,7 Meter. Hunderte Häuser wurden an Long Beach zerstört. In Rodanthe wurde die Feuerwehr von 1,2 Meter hohem Wasser lahmgelegt: Sie mußte hilflos zusehen, wie das Postamt abbrannte.

Weiter im Landesinneren waren Schnee und Kälte das Problem. Schnee fiel bis Mittag gleichzeitig in New England und Mississippi und – mit dem Tief dazwischen – in North Carolina. Dreißig Zentimeter Schnee fielen in Atlanta, Georgia. In Steubenville, Ohio, waren die Verwehungen 3,6 Meter hoch, und in Boone, North Carolina, sogar 6,3 Meter. In den Südappalachen erfroren mindestens 27 Menschen in kalten Winden von fast –30 °C. Mit Hubschraubern wurden Hunderte von Campern aus den Wäldern gerettet. Mehr als ein Dutzend Autofahrer blieb bei High Knob, Virginia, im Schnee stecken und wartete 28 Stunden, bis Rettungsmannschaften sie erreichten. Andernorts starben Menschen zusammengekauert in ihren Autos; andere kamen bei der Suche nach Schutz ums Leben.

Während viele Schneestürme in den Rocky Mountains große Mengen Pulverschnee bringen, war an diesem Supersturm sein nasser Schnee bemerkenswert. Dreißig Zentimeter normalen, durchschnittlichen Schnees schmelzen zu etwa 2,5 Zentimeter Wasser; in den kalten, trockenen Rockies schmilzt Pulverschnee in Höhe von 60 bis 90 Zentimeter vielleicht nur zu 2,5 Zentimeter Wasser. In Ashville, North Carolina, ergaben jeweils 30 Zentimeter Schnee fast 7,5 Zentimeter Wasser. Auf einer normalen Vorstadtstraße lagen wohl an die vier Tonnen Schnee. Durch ausgedehnte starke Schnee- und Graupelfälle stürzten Hunderte von Dächern ein und brachen Stromleitungen, und drei Millionen Menschen hatten keinen Strom.

Der Niederschlag eines Küstensturms ist sehr abhängig von der Lage des Tiefs. Der Sturm blieb weit genug im Landesinneren, daß der Regen in den Küstenebenen fiel: Das Gebiet war nicht mit genügend Kaltluft überdeckt. Das vorbeiziehende Frontensystem schuf für einige Gegenden eine Mischung: South Carolina bekam Regen, Graupel und Schnee ab. So auch Washington D.C., wo sich der Schnee am Samstag im Laufe des Tages in Graupel verwandelte und dann in der Nacht wieder als Schnee fiel. In der Mitte New Jerseys fielen auf 30 Zentimeter Schnee noch fünf Zentimeter Graupel. Diese Mischung gefror zu dickem Eis, das sich als äußerst hartnäckig gegen Salz erwies.

Die stärksten Schneefälle über 24 Stunden in einem Jahrzehnt häuften sich in Providence, Boston, und in Hartford, und fast 60 Zentimeter Schnee begruben Long Island. Über White Plains, New York, erreichte der Sturm seinen niedrigsten

Eisige Winde, die sich um einen starken Tiefdruckkern – so stark wie ein Warmwetterhurrikan – drehten, machten aus dem Riesensturm von 1993 mehr als nur einen weiteren Schneesturm. Schäumende Wellen brandeten an Land und setzten von Mexiko bis New England den Küstenorten schwer zu, einschließlich Long Islands Southampton Beach (unten), wo die hohen Wellen 18 Häuser fortrissen.

AP/WIDE WORLD PHOTOS

Druck, 28,38 Inches. Außertropische Stürme können sogar noch stärker sein. Ein Sturm, der 1992 über England wütete, hatte beispielsweise über dem Atlantik einen Druck von 27,64 Inches. Dennoch können solche Stürme nicht die Größe des Supersturms erreichen, auch nicht die Riesentaifune über dem Pazifik. Die maximalen Winde eines Hurrikans dehnen sich etwa 50 Kilometer von seinem Zentrum aus. Die Winde dieses Supersturms erstreckten sich jedoch über einen Radius von 320 Kilometer.

Am Sonntag klarte der Himmel auf, und der Wind legte sich über dem eingeschneiten Süden zu einem Flüstern. Hinter der Front brachte Kaltluft eine Rekordkälte, von –25 °C in Caribou, Maine, bis zu –1 °C in Daytona Beach, Florida.

Die Kälte erreichte in Birmingham, Alabama, ihren Tiefpunkt mit –17 °C. Drei Viertel der Pfirsichernte Georgias erfror. Insgesamt beliefen sich die Sturmschäden auf sechs Milliarden Dollar.

Neun Monate später fügte eine Geburtenwelle an der Ostküste der Zahl der von dem Riesensturm von 1993 berührten Menschen noch Tausende hinzu.

BLIZZARDS / DER SCHNEE DES SEE-EFFEKTS

Das Erntedankfest von 1903 begann als schöner Feiertag mit Sonnenschein über einem Großteil des Gebietes um Chicago. Aber um Mittag klingelte das Telefon, und die Meteorologen des Wetteramtes in der Innenstadt erlitten einen Schock. »Wann hört es auf zu schneien?« fragte ein Universitätsangestellter aus dem Südteil der Stadt. »Wieso schneien?« erkundigten sich die verblüfften Meteorologen.

An diesem Tag nahmen Nordwinde über dem Michigansee Feuchtigkeit auf und luden im Süden Chicagos 35 Zentimeter Schnee ab, während es nur wenige Meilen weiter landeinwärts und nördlich keine Spur von Schnee gab. Das war einer der bizzarsten einer langen Reihe von See-Effekt-Schneefällen in der Region. In jüngerer Zeit, im Dezember 1995, lieferte Kaltluft von Alaska, die über die Seen zog, in Sault Ste. Marie, Michigan, eine Rekordmenge von 154 Zentimeter Schnee und die Rekordtagesmenge von 94,75 Zentimeter in Buffalo, New York.

Schneestürme, die durch den See-Effekt entstehen, machen die Großen Seen zum Schneegürtel Amerikas. Während die hohen Berge im Westen regelmäßig mehr Schnee abbekommen, und Schneestürme an der Ostküste manchmal größere Regionen bedecken, entwickeln die Seen häufig sehr starke lokale Schneestürme.

Mit durchschnittlich mehr als 275 Zentimeter Schnee im Jahr ist Syracus, New York, in der Nähe des Ontariosees, die schneereichste Großstadt der Vereinigten Staaten. Aber der See-Effekt ist andernorts weit stärker. Im Winter 1976/77 waren beispielsweise die Gesamtmengen südöstlich des Ontariosees astronomisch, während Syracus die übliche Menge abbekam. Old Forge erhielt 10,2 Meter Schnee und verlor trotzdem seinen regionalen Great-Lakes-Rekord an das nahe Hooker, wo 11,67 gemessen wurden.

In Buffalo, am Nordostufer des Eriesees, fielen an 53 aufeinanderfolgenden Tagen 4,98 Meter Schnee. Und zu allem hin blies am 28. Januar um die Mittagszeit ein Schneesturm mit einer Kaltfront herein und hielt die Angestellten in ihren Büros in der Innenstadt von Buffalo gefangen, als 136 Stundenkilometer schnelle Böen Schneewehen von 62 Zentimetern mit zusätzlichen 30 Zentimeter Neuschnee aufhäuften. Buffalo war die erste Stadt, die aufgrund von Schnee zum nationalen Katastrophengebiet erklärt wurde.

Buffalo hätte gewiß noch mehr Schnee abbekommen, wäre der Eriesee nicht mitten im Winter vollkommen zugefroren gewesen. So funktioniert der See-Effekt: Trockene Kaltluft, die viele Kilometer über Kanada gezogen ist, fegt häufig – nachdem sich in Ostkanada ein Tief eingenistet hat – über den See. Die Luft wird von unten erwärmt, und schneereiche Wolken bilden sich, wenn Wasser von der Oberfläche des Sees verdunstet – insbesondere wenn die Temperaturdifferenzen zwischen Luft und Wasser etwa 7 °C oder mehr beträgt. Die schweren Wolken geben ihre Feuchtigkeit rasch als Schneefall ab. Wenn die Seen zufrieren, ist die Verdunstung für diese Saison ausgeschlossen, und die See-Effekt-Stürme halten Winterschlaf.

See-Effekt-Schneefälle in dieser Region beginnen gewöhnlich zu Herbstmitte und werden oft von Küstenbrisen entfacht – niedrigen Kaltluftströmen vom Land, die konvergieren und in kleinen Tiefdruckbereichen mitten über dem See aufsteigen. Die daraus entstehenden Wolken bilden ein Schneeband, das konstant bleibt, bis es von einem größeren Wettersystem verdrängt wird. Manche dieser Schneestreifen legen sich parallel zu den kalten Nordwestwinden; andere verlaufen parallel zur Küste. Auf beiden Seiten eines acht Kilometer breiten Bandes ist durchaus Sonnenschein möglich, aber darunter können – wenn die Winde landeinwärts blasen – mehrere Meter Schnee fallen.

Die Stürme der Großen Seen sind für mehr als nur große Schneemengen bekannt. Am 9. November 1913 drängte ein kanadischer Blizzard von Westen heran, während sich ein Tiefdrucksystem von Hurrikangröße über Ontario verstärkte.

Der lange Streifen nördlicher Winde mit Spitzengeschwindigkeiten von 112 Stundenkilo-

IRA BLOCK

Schnee stoppte Autofahrer auf ihrem Weg in Buffalo, New York, als im Januar 1977 ein fünf Tage dauernder Schneesturm tobte. Zumindest kam die Sonne wieder heraus, und die Autobesitzer kehrten zu den verschneiten Straßen zurück, um ihre verlassenen Wagen auszugraben (oben). Seeufer sind oft Dreh- und Angelpunkt eines harten Winters, bis eine Eisschicht – wie diese, die sich 1994 während einer Kältewelle in Chicago bildete (unten) – den Wassernachschub stoppt, der für See-Effekt-Schneestürme notwendig ist.

WARREN WINTER/SYGMA

metern trieb riesige Wolken zum Südende des Huronsees. 19 Schiffe kenterten, 20 wurden gegen Felsen geschleudert, und 250 Seeleute ertranken im aufgewühlten, kalten Wasser. Ein Frachter wurde später kieloben in der Mitte des Sees gefunden. Wochen später wurden die Leichen an Land gespült.

Der Sturm und sein weiter Weg von Norden über das Wasser brachte zudem in Cleveland, Ohio, denkwürdige Schneemengen: 55 Zentimeter, mit 2,5 Meter hohen Schneeverwehungen durch Winde von 80 Stundenkilometern. Und das Eis riß kilometerweit Telefon- und Stromleitungen ab. Es vergingen viele Tage, bis den Menschen in Cleveland oder sonst jemandem das Ausmaß der Tragödie auf dem See klar wurde.

BLIZZARDS / DER SCHNEESTURM VON 1888

»Der Wind schlug mir direkt ins Gesicht und so in meine Augen, daß ich überhaupt nichts mehr sah… Ich stolperte vorwärts, fiel bei fast jedem Schritt hin und kämpfte mich verzweifelt hoch, um nur gleich wieder tief einzusinken. Jedesmal, wenn ich hinfiel, schrie ich und fluchte und schlug mit den Fäusten in den Schnee…« Das ist der Bericht eines Mannes aus New Jersey, der am »Blizzard-Montag«, den 12. März 1888, versuchte, ein paar Häuserblocks weiter zu einem Freund in Jersey City Height zu gehen.

Der Schneesturm bedeckte ein breites Gebiet von Nordvirginia bis Maine. Es schnitt Washington, Baltimore, Philadelphia, New York, Boston und andere Städte von der Außenwelt ab und begrub Hunderte Städte und Dörfer. Über dem Südosten des Staates New York und dem Südwesten von New England erreichte die Schneehöhe 75 bis 125 Zentimeter mit vom Wind verursachten Schneeverwehungen von neun bis zwölf Metern. Zwei Tage lang suchten Winde in Sturmstärke und Rekordminustemperaturen den dichtestbesiedelten Teil des Landes heim.

Männer, Frauen und Kinder starben in den Straßen der Großstadt, auf Feldern, in steckengebliebenen Zügen und auf vom Eis eingeschlossenen Schiffen. Mehr als 400 Menschen kamen ums Leben, 200 allein in der Stadt New York. Der Blizzard begrub überall im Nordosten Züge, in manchen Fällen waren die Passagiere eine Woche oder länger von der Außenwelt abgeschnitten. Viele von ihnen verließen die kalten, zugigen Waggons, um Nahrung und Schutz zu suchen; manche kamen dabei ums Leben. Der Sturm versenkte oder beschädigte von der Chesapeake Bucht bis zu den Gewässern New Englands auch 200 Schiffe oder ließ sie auf Grund laufen. Mindestens hundert Seeleute starben in dem »großen weißen Hurrikan«. Zwar fiel weiter nördlich und östlich mehr als doppelt soviel Schnee, doch der Blizzard wurde vor allem in New York City zur Legende.

Der Samstag, der 10. März, war ein warmer, sonniger Tag in New York. Die »Wetteraussichten« in der New York Times versprachen für die nächsten 24 Stunden »schönes und wärmeres Wetter«. Niemand achtete ernsthaft darauf, als es am Samstagnachmittag zu regnen begann. Der Regen wurde um 0.10 Uhr am Montag zu Schnee, und es schneite bis 15 Uhr weiter bis zu 2,5 Zentimeter stündlich. Der Schnee wurde von starken Nordwestwinden angetrieben, die

CORBIS-BETTMANN

nach Aussagen neuerer Forschungen bis zu 60 Stundenkilometer erreichten. Die Temperatur sank bis Mitternacht auf –13 °C und bis zum frühen Dienstagmorgen auf unter –15 °C.

Die meisten Berufstätigen merkten die Stärke des Sturmes erst, als sie am Montagmorgen zur Arbeit wollten. Viele wurden umgeweht und mußten auf allen vieren vorwärtskriechen. Auf andere regneten herumfliegende Splitter zerbrochener Fensterscheiben herab, oder sie wurden von herumwirbelnden Straßenschildern oder herabstürzenden Kaminen getroffen. Der Schnee zwang Fahrer und Passagiere, die von Pferden gezogenen Straßenbahnen und dampfgetriebenen Hochbahnen zu verlassen. Pendler drängten sich

MUSEUM OF THE CITY OF NEW YORK

Wie auf diesem Stich dargestellt (linke Seite), warfen Wind und Schnee beim Blizzard von 1888 die New Yorker um. Hinterher inspizierten Banker und Broker der Wall Street die Schäden an den Telegraphen- und Telefonleitungen (links). Im ganzen Nordosten riß der Sturm Leitungen entzwei und schnitt die Region damit vom Rest der Welt ab. Die Folge war, daß viele Städte die Leitungen bald unterirdisch verlegten.

auf Bahnsteigen und warteten auf Züge, die nie kamen.

Mehr als 20 Briefträger wurden in Brooklyn bewußtlos im Schneegestöber aufgefunden, wo viele arme Familien aus ihren eisigen, unbeheizten Behausungen zu Polizeistationen getragen werden mußten, die schon um Mittag überfüllt waren. Unterdessen waren Bars, Hotels, Privathäuser und öffentliche Gebäude voller Leute, die vor dem Sturm Schutz suchten.

Da die Pferdebahnen, Züge, Dampfer und Fähren durch den Sturm lahmgelegt waren, versuchten einige der Berufstätigen, über die Brooklyn Bridge nach Hause zu gelangen. Sie mußten sich Hand für Hand vorwärtsziehen, sich blind an das Geländer klammern, während heftige, turbulente Windböen sie herumstießen und ihre Hüte in den East River bliesen. Schließlich sperrte die Polizei die Brücke aus Angst, jemand könnte heruntergeweht werden oder durch Erfrieren oder Erschöpfung umkommen.

Bis zum Abend war aus New York eine unheimliche arktische Wüste geworden. Die Straßen waren wie ausgestorben. Die in der City gestrandeten Männer wußten nicht, wie es ihren Familien zu Hause ging, wo Frauen und Kinder das Schicksal von Vater und Ehemann nur erahnen konnten. Einige der Gestrandeten verbrachten die Nacht im Gefängnis, während einige reiche, im Finanzdistrikt festsitzende Geschäftsleute im Rotlichtviertel nächtigen mußten. Am Dienstag hörte es allmählich auf zu schneien, aber am Nachmittag und am Mittwoch fielen noch einmal ein paar Zentimeter Schnee. Inzwischen hatte man sich in den Straßen der City an den Anblick von Schlitten, Skiern und Schneeschuhen gewöhnt. Eine Frau meinte, es sei komisch, Schlitten über Schneewehen von der Höhe der Fenster des zweiten Stockwerks fahren zu sehen.

Die seltene Kombination von lang anhaltenden Winden in Sturmstärke, einer starken Kältewelle und einer fast beispiellosen Schneemenge bei diesem Blizzard grub den Sturm unauslöschbar in der Erinnerung all jener ein, die ihn erlebt hatten. Und 41 Jahre später organisierten zwei noch immer im Bann des Sturms stehende Überlebende »Blizzard Men and Women of 1888«, und mehr als 40 Jahre danach trafen sie sich am 12. März, um dieses großen Blizzards von 1888 zu gedenken und alte Geschichten auszutauschen.

Patrick Hughes

GEWITTER

Hoch über einer saftigen Wiese kreist ein Falke stundenlang. Seine Flügel scheinen unbewegt, sein Flug mühelos, während er geduldig auf seine Beute wartet.

Der Flug eines schwebenden Vogels zeigt das unsichtbare Wirken der Atmosphäre. In schwachen Winden steigen kleine Konvektionszellen von heißen Stellen der Erdoberfläche auf. Vögel suchen diese Aufwinde und kreisen darin, um Energie zu sparen. Wenn der Wind stärker bläst, dreht sich die aufsteigende Luft entlang der Windrichtung, und die Vögel schweben über diesen Zellen direkt voran.

Manchmal sind die Luftzellen größer – zu stark für Vögel. Im Jahre 1959 mußte Oberstleutnant William Rankin vom United States Marine Corps mit dem Fallschirm aus seinem Kampfjet aussteigen, in einem Gewitter, das in 13 500 Metern Höhe über Norfolk, Virginia, hing. Rasch erstarrte Rankin in der Kälte von –57 °C, als er in den mit mehr als 160 Stundenkilometern tobenden Sturm sprang, seine Ohren platzten in der dünnen Luft, und seine Augen traten hervor. Mitten in der »weichen, milchweißen« Wolke war sein Fall kaum spürbar, es war nicht auszumachen, wo oben und wo unten war. Dann trafen Hagelkörner in der Größe von Baseballen seinen Körper, und nur sein Helm schützte ihn vor einer Gehirnerschütterung. Als sich Rankins Fallschirm in 3 000 Meter Höhe öffnete, schleuderte ihn das Gewitter mit unglaublicher Gewalt unangenehm nach oben. Vierzig Minuten lang schoß er in den Strömungen der Konvektionszellen des Sturms auf und ab, »einem wütenden Ozean brodelnder Wolken, die sich übereinandertürmten, ineinanderflossen und miteinander verschmolzen«.

Donner vibrierte durch seinen Körper mit einem ohrenbetäubenden Getöse, und riesige Flächen mit bläulichen Blitzen durchzuckten die Luft um ihn herum, Rankin schwamm in Luft voll mit Tonnen von Wasser. »Ich meinte, ich würde in der Luft ertrinken … mehrmals hielt ich den Atem an aus Angst, literweise Wasser zu inhalieren.« Der Pilot landete in einem Wald in North Carolina, glücklich, überlebt zu haben.

Eine Reihe einfacher Konvektionszellen ist alles, was ein Gewitter braucht, um eine schmale Schlucht in Colorado zu überfluten, ein County in Texas unter Hagel zu begraben oder in den Adirondacks eine Million Bäume umzuknicken. Die Energie für Stürme liefert – wie bei jeder Konvektion – die Sonne.

Der Sonnenschein hat wenig direkten Einfluß auf die Lufttemperatur. Es ist hauptsächlich die durch die Sonneneinstrahlung erwärmte Erdoberfläche, die die Luft von unten erwärmt. In der untersten Schicht der Atmosphäre, der Troposphäre, nimmt die Lufttemperatur normalerweise mit zunehmender Höhe ab, was Auf- und Abwinde ermöglicht und zur Entstehung einer Vielzahl interessanter Wetterlagen beiträgt. Dagegen ist die Temperatur in der Stratosphäre fast konstant, und die Luft ist so trocken, daß sich keine Wolken bilden. In der Troposphäre, wo sich das Geschehen abspielt, nimmt langsam sinkende Luft große Gebiete mit schönem Wetter ein, während aufsteigende Luft meist nahe von größeren oder kleineren Stürmen konzentriert ist.

Aufsteigende Luftblasen kühlen sich durch Ausdehnung ab; wenn sie kühl genug sind, beginnt der Wasserdampf zu Wassertröpfchen oder Eiskristallen zu kondensieren, und die Luftblasen werden dann als bauschige weiße Wolken, Kumuluswolken genannt, sichtbar. Oft sind Kumuluswolken Zeichen schwacher Konvektion, von Luft, die vielleicht zunächst weniger als 0,5 °C wärmer ist als ihre Umgebung und langsam aufsteigt – wie ein alter Aufzug. Luftblasen können anhalten, sich mit kühlerer Luft mischen und ihren Aufstieg aufgeben.

Aber das ist bei einer Zelle, die ihr Feuchtigkeitspotential nutzt, nicht der Fall. Die Bildung von Wasser und Eis in der Wolke setzt eine gewaltige Menge Wärme frei und wirkt der Expansionskühlung entgegen. Luft kühlt um etwa 1 °C pro 100 Meter zunehmender Höhe ab; wenn Wasser kondensiert, kühlt sie um weniger als 0,75 °C pro 100 Meter Höhe ab. Wenn genügend Wasser kondensiert und Wärme freisetzt, kann eine Luftblase um soviel wärmer werden

In weniger als einer Stunde läßt ein starkes Gewitter seine bescheidenen Anfänge als ein bißchen aufsteigende Luft weit hinter sich. Hier umgibt ein Gewitter über Texas seinen Niederschlagskern mit einem Wolkenring, der auf die in den Aufwindturm aufsteigende und kondensierende Luft hinweist. Ein einziges kurzes Gewitter wie dieses kann ein Gebiet von bis zu 40 Kilometer Durchmesser mit Blitz, Überflutungen, Hagel und starken Winden bedrohen.

GENE MOORE/PHOTOTAKE

als ihre Umgebung, so daß sie rasch aufsteigt. Dies ist ein instabiles atmosphärisches Szenario, und wenn es sich bis zur oberen Schicht der Troposphäre ausdehnt, ist die Atmosphäre reif für riesige Kumulonibuswolken, die die Skylines von Großstädten klein erscheinen lassen. Zu jedem Zeitpunkt toben etwa 2 000 Gewitterzellen irgendwo auf der Erde – die größten davon sind doppelt so hoch wie der Mount Everest.

Ein typisches Gewitter dauert etwa eine Stunde, es entsteht, wenn Kumuluswolken zunächst zu einer 1,5 Kilometer großen Haufenwolke, *cumulus congestus* genannt, verschmelzen und etwa 300 bis 600 Meter aufsteigen. Wenn die darin enthaltene Luft in einem schweren Gewitter 6000 Meter Höhe erreicht, kann sie um 4°C oder mehr wärmer sein als ihre Umgebung. Unterdessen steigen die Zellen weit über Gefrierhöhe hinauf. Eiskristalle beginnen sich in der Wolke zu bilden und anzuwachsen, bis sie eine Million Mal größer sind als ein einzelnes Wassertröpfchen der Wolke. Damit wird die Reife des Gewitters erreicht, die etwa eine halbe Stunde dauert, dann macht das Gewitter die beiden Dinge, die es am besten kann: Es läßt starken Niederschlag fallen und löst Blitze aus. Die Proto-Regentropfen aus Eis fallen, wenn sie zu groß werden, um noch von Aufwinden gehalten zu werden, und rufen Abwinde in einem Wolkenberg hervor, der an seiner Basis etwa 16 Kilometer breit ist.

Das Gewitter verändert mit der Reife sein Aussehen. Eine Niederschlagssäule erhebt sich von seiner Basis, und die Oberfläche des Gewitters, die zuvor deutlich die Form eines Blumenkohls hatte, beginnt durch das Eis zu verschwimmen. In der obersten Schicht der Troposphäre haben Aufwinde mitunter genügend Impuls, um bis zu 2700 Meter in die stabile Stratosphäre aufzusteigen, bevor sie in die Troposphäre zurückfallen, wo sie hingehören. Schließlich verteilt sich das Eis an der Oberfläche des Gewitters in hohen Windschichten und gibt der Wolke damit die charakteristische Form eines Ambosses, die sich über den ganzen Horizont erstrecken kann.

Am Ende bekommen die Zellen keinen Nachschub an warmer Oberflächenluft mehr und zerstreuen sich – manchmal hilft die Amboßform, die Rückseite des Sturms abzukühlen. Die Aufwinde lassen nach, der Niederschlag hört auf, die Abwinde werden schwächer, und der Kumulonimbus verläuft mitunter innerhalb einer halben Stunde »im Sande«. Eine typische Gewitterwolke enthält Konvektionsblasen in all ihren Entwicklungsphasen – Kumulus, reif und sich auflösend. Kleine Kumuluswolken entstehen häufig an der Flanke eines ausgewachsenen Gewitters und werden zu einem neuen Gewitter, wenn sich das alte auflöst.

Angesichts der Bedeutung der Oberflächenerwärmung gibt es in tropischen Regionen viele Gewitter. Ansonsten treten sie in der Regel hauptsächlich im Sommer auf. Da sie durch Sonneneinstrahlung entstehen, ereignen sie sich meist am Nachmittag oder Abend. Das offene Meer und die großen östlichen Prärien bilden jedoch Ausnahmen. Die Meeresoberfläche behält auch nachts in etwa die gleiche Wassertemperatur, wohingegen die Wolkenspitzen rasch abkühlen und damit die Atmosphäre angeregt wird, anders zu verfahren und eine Spitzenzeit für Gewitter um zwei Uhr nachts zu schaffen. Über den großen Prärien ziehen Gewitter, die über den Rocky Mountains entstanden sind, im Laufe des Nachmittags nach Osten und verstärken sich durch die Feuchtigkeit in den vor ihnen herziehenden steifen Südbrisen. Diese Gewitter kommen oft nach Mitternacht an – so beispielsweise in Wichita und Kansas City.

Die Rolle der Rocky Mountains bei der Bildung der Präriegewitter demonstriert eine grundlegende Tatsache über die Konvektion. Selbst eine instabile Wetterlage braucht für die Konvektion einen Auslöser: Aufwinde an Berghängen, Konvergenzzonen, durchziehende Fronten und die lokalen Wärme- und Feuchtigkeitsquellen bilden jeweils unterschiedliche Luftblasen.

Überall auf der Welt lösen lokale Konvergenzzonen regelmäßig am selben Ort Gewitter aus. Eine solche – bedeutende – Zone ist die Intertropische Konvergenzzone, ein sich verlagernder, aber beständiger Gewittergürtel in Äquatornähe, wo sich die östlichen Passatwinde der Hemisphären treffen. Der indische Monsun ist eine regelmäßige Erscheinung, bei dem von Mai bis September feuchte Meeresluft über einem heißen Subkontinent konvergiert. In den USA toben über Florida häufig Gewitter, wenn Meeresbrisen über Land konvergieren. Dieser Staat ist das Gewitterzentrum des Landes und hat viele Orte mit mehr als hundert Gewittern pro Jahr. Ähnlich ist es nördlich des Viktoriasees in Afrika, wo See- und Landbrisen in Kampala, Uganda, zu einem Weltrekord von 242 Gewittertagen pro Jahr führen.

JOE TOWERS/WEATHERSTOCK

Die amboßförmige Wolke eines Superzellen-Gewitters, die manchmal bis etwa 18 000 Meter in den Himmel steigt, liegt oben auf einem mächtigen Gewittersystem. Die eisige Oberschicht, von hohen Winden flachgedrückt, kann weit vor den starken Aufwinden, die sie entstehen lassen, voraustreiben und einen riesigen Schatten werfen, der die Entwicklung des Gewitters weit darunter oft abstellt.

Das westlich des Sees gelegene Mbarara hat dagegen jährlich im Durchschnitt nur sieben Gewittertage.

Manchmal werden Gewitter durch die allgemeine Wetterlage an Berghängen gefangen. Starker Regen ergießt sich dann in schmale Täler und verursacht plötzliche Überschwemmungen, die die gefährlichste Waffe aus dem todbringenden Arsenal von Gewittern darstellt. 1976 waren Aufwinde an den Berghängen entlang der Front Range der Rockies von Colorado gefangen und lösten ein Abendgewitter aus, das im Big-Thompson-Canyon zu sintflutartigen Regenfällen führte. Die simplen Konvektionszellen entpuppten sich als äußerst tödlich.

GEWITTER / PLÖTZLICHE ÜBERSCHWEMMUNGEN

Der 31. Juli 1976 war der Vortag der Hundertjahrfeier von Colorado. Die Leute des Bergstaates planten, ihren größten Schatz zu feiern, die Rocky Mountains. Hundert Wandergruppen machten sich bereit, Pikes Peak zu erklimmen. Hunderttausende planten, die Ausblicke von diesem zerklüfteten Gebirgsgrat zu genießen, der den amerikanischen Westen dominiert. Aber in dieser Nacht türmten sich Gewitterwolken über dem hohen Bergrükken um den Big Thompson Canyon. Wetter und Topographie taten sich zusammen, um 139 Menschen in tobenden Fluten zu töten.

Das Wasser kam mit unglaublicher Schnelligkeit, den Campern bei der Sylvan Dale Guest Ranch blieben nach der Warnung nur wenige Minuten, bevor die Fluten stiegen. Fünf Menschen fuhren sofort los und zunächst durch seichtes Wasser. Dann wurde ihr Auto von der Straße geschwemmt und schlug in den schwarzen Fluten um. Einer Frau gelang es schließlich, ein Fenster herunterzukurbeln und den anderen beim Herausklettern zu helfen. Die tobende Strömung riß sie 400 Meter mit, bevor sie einen Ast zu fassen bekam und sich festklammern konnte.

Zwanzig Menschen brachten sich in Sicherheit, indem sie ihre Autos verließen. Inmitten des Getöses von herabstürzendem Wasser, Gestein und Schlamm bildeten sie eine Menschenkette, um sich gegenseitig die Böschung hinauf und in eine Hütte zu helfen. Die Fluten rissen die Straße unter ihnen fort und schlugen gegen die Hütte, aber sie hielt – anders als 400 Häuser, die in dieser Nacht zerstört wurden – stand.

Als die Flut vorüber war, waren Motels, Campingplätze und Geschäfte fort. Der Canyon sah aus wie eine prähistorische Landschaft mit Felsblöcken, Baumstämmen und Schlamm. Das zeigt die Wirkung einer Blitzflut, der tödlichsten und zerstörerischsten Gewalt, die ein Gewitter entfesseln kann. Die Macht plötzlicher Überschwemmungen ist erschreckend, so auch die Leichtigkeit, mit der sie von Gewittern ausgelöst werden können.

Wassermassen rissen diese Autos in der Nähe von Vaison-la-Romaine von der Straße und schoben sie übereinander, als Dauerregen 1992 die Flüsse in Südfrankreich zum Überlaufen brachte. Die Unwetter und ihre Folgen forderten 38 Menschenleben. Wenn Gewitter heranziehen und plötzlich ihre Feuchtigkeit abgeben, können die regennassen Fluchtwege in wenigen Sekunden zu heimtückischen Strömen werden. Wie bei der Flut von Big Thompson, die 1976 durch einen schmalen Cañon in Colorado raste und mehr als hundert Menschen tötete, sitzen bei den meisten Blitzfluten in den USA die Opfer in ihren Autos in der Falle, wenn diese von schnell fließendem Wasser von manchmal nur 30 bis 60 Zentimeter Höhe mitgerissen werden.

SYGMA

Ein Gewitter über Unionville, Maryland, brachte pro Minute mehr als 2,5 Zentimeter Regen. Ein anderes in Holt, Missouri, lieferte mehr als 30 Zentimeter in gerade mal 42 Minuten. Aber die Gesamtumstände, nicht die Schwere des Gewitters, führen oft zu einer plötzlichen Überschwemmung: Wenn der Boden durch vorangegangene Regenfälle gesättigt ist, wird wenig Regenwasser aufgenommen, bevor es die Flüsse erreicht. Darüber hinaus nimmt die Erdoberschicht das Wasser um so langsamer auf, je länger es regnet. Die Geländeform spielt ebenfalls eine wichtige Rolle wie auch der Zeitpunkt der Scheitellinie des Hochwassers. Die Flutwelle in einem großen Nebenfluß erreichte den Big Thompson Creek erst, nachdem die Hauptscheitelwelle von neun Metern vorbei war. Wären die Scheitelwellen zeitgleich angekommen, dann hätten sie noch mehr Menschen das Leben gekostet.

Während Fluten schnell zuschlagen, sind sie oft Zeichen sich sehr langsam bewegender Gewitter. Eine Front kommt vielleicht zum Stillstand, wenn sie parallel zu darüberliegenden steuernden Winden verläuft oder in einer stagnierenden oberen Strömung liegt. Solch ein Sturm brachte die anhaltenden Regenfälle, die zu der Flut von 1889 in Johnstown, Pennsylvania, führte und in der 2200 Menschen umkamen. So ließen schwache Oberschichtenwinde das Big-Thompson-Gewitter zum Stillstand kommen und über ein sehr kleines Gebiet 35 Zentimeter Regen fallen.

Die Meteorologen des nationalen Wetterdienstes nutzen Radar, das Niederschlagsraten feststellen kann, die wiederum die Gefahr von Blitzfluten erkennen lassen. Forschungsradargeräte können auch zwischen Hagel und großen Regentropfen unterscheiden – eine weitere wichtige Möglichkeit der Vorhersage von Blitzfluten. Aber eine Blitzflut ist – das sagt schon ihr Name – ein plötzliches Ereignis, das sich schnell entwickelt und dadurch zu einer schrecklichen Gefahr wird.

Die Big-Thompson-Flut war Ergebnis des plötzlichen Zusammenfalls von Wetterverhältnissen, die sich über Colorado und darüber hinaus zusammenbrauten. Der 31. Juli war ein schöner Tag im Big Thompson Canyon, wo die Staatsstraße 34 zum beliebten Osttor des Rocky-Mountains-Nationalparks führt. In den meisten Teilen der Schlucht fiel kein einziger Regentropfen, selbst während der Flut. Am Tag zuvor waren die Rockies unter außergewöhnlich feuchter Luft gelegen, die in niedrigen Schichten von den Prärien, in hohen Schichten von den Überresten der täglichen Gewitter über dem mexikanischen Hochland hereingepumpt wurde. Die Luft erwärmte sich im Laufe des Nachmittags des 31. Juli, und insbesondere in der Südwestecke Colorados brauten sich Gewitter zusammen, wo die Oberschichtendivergenz zur Konvektion führte. Aber über dem Big Thompson, in Nord- und Zentral-Colorado, brauchte die ruhige erdnahe Luft einen Anstoß nach oben, auf eine Ebene, wo sie ihr feuchtes Konvektionspotential einsetzen konnte.

Der Anstoß kam zum Teil von einer Kaltfront – dem Rand eines massiven Luftdomes, der sich von Nord- nach Süd-Dakota erstreckte. Am 31. näherte sich die Kaltfront den Vorbergen, ein »heimlicher« Angriff in einer Region, wo Gewitter zumeist nach Osten ziehen. Die Front brachte noch mehr feuchte Luft, die reif war, Wolken zu bilden. Im Laufe des Tages gab sie im Südosten Colorados einen Ausblick auf ihre Intentionen, wo sie Gewitter wie Feuerwerke auslöste, als sie die warme, feuchte Luft vor sich anhob. Ab 17.30 Uhr drückte die Kaltfront an die östlichen Ausläufer der Rockies. Der durch die Geländeform bedingte Anstieg löste die Entwicklung von Gewittern über dem Einzugsgebiet des Big-Thompson-Dränagebeckens aus.

Bei Denver entwickelten sich unter einem Gewitter starke Winde, und die kalten Abwinde zogen mit etwa 65 Stundenkilometern nach Nordwesten. Sie wirbelten eine Staubwand auf, die eine Böenfront bildete, sich mit der starken Strömung vermischte, in die Vorberge bei Big Thompson drängte und die bereits schnelle Gewitterentwicklung noch weiter beschleunigte.

Die Wende des Geschehens machte die Vortäuschung von Stabilität zunichte, die den ganzen Nachmittag das drohende Unheil verschleiert hatte.

Das Radar des nationalen Wetterdienstes in Limon, Colorado, erfaßte die explosionsartige Entwicklung: Um 17.30 Uhr kam die feuchte Kaltfront an. Eine halbe Stunde später drängte die Böenfront von Denver heran und hob die feuchte Luft weiter in die Höhe. Der Aufwind löste Kumulonibustürme entlang der Vorberge in den Counties Lorimer und Boulder aus. Um 19 Uhr war diese Konvektionslinie eine 16 Kilometer hohe Wand quellender Wolken. Die reichlich feuchte Luft hinter der Kaltfront gab dem Gewitter immer neue Nahrung. Eine schwache südliche Strömung in oberen Schichten trieb die Gewitter nicht gerade an. Die Wolkentürme wurden von starken niedrigen Winden gegen die Berge gedrückt, genauso wie im Juni 1972 Gewitter in die Black Hills in Süddakota gedrückt wurden und Blitzfluten 237 Menschen ertränkten.

Große Mengen Feuchtigkeit, eingepferchte Instabilität und hohe stürmische Winde ließen ein klassisches Szenario für starke Regenfälle entstehen. Die niedrige Luft mußte nur 900 Meter steigen, bevor sie sich in tiefen Wolkenschichten sättigte. Ein paar tausend Meter weiter, und sie erreichte ungehinderte Konvektion. Wärmer als ihre Umgebung und feucht genug, um dies auch zu bleiben, hielt nichts die Luft vom Aufstieg in fast 18 000 Meter Höhe ab, weit über die Obergrenze der Troposphäre hinaus.

Die Gewitter hingen einfach über den Bergen und entluden sich. In Colorado treffen viele Regensäulen von Gewittern auf trockene Luft und verdunsten, bevor sie den Boden erreichen. Aber über den Big Thompson Canyon traf das Eis und Wasser an diesem Tag auf weitere feuchte Luft, und die Regensäulen erwiesen sich leider als durchaus in der Lage, bis zum Boden zu gelangen. In vier Stunden fielen östlich der kontinentalen Wasserscheide in einem 9,6 Kilometer großen Gebiet mehr als 15 Zentimeter Regen. Bei Glen Haven fielen in weniger als zwei Stunden mehr als 20 Zentimeter. Über dem Big Thompson Canyon nahe Estes Park wie auch über Storm Mountain wurden insgesamt 25 Zentimeter gemessen.

Das Wasser lief mit enormer Geschwindigkeit die Berghänge zum Big Thompson Creek hinab. Die festen, felsigen Hänge der Berge nahmen wenig Regenwasser auf, was zur Flut genauso beitrug wie in vielen Städten das kilometerweite Zupflastern Fluten verschlimmert – wie zum Beispiel bei der bekannten Überschwemmung von Florenz, Italien, im Jahre 1966. Nun zwängten sich die entfesselten Wassermassen durch den Canyon Richtung Loveland, Colorado.

Um 20.30 gab der Streifenbeamte Bob Miller Meldung über Felsrutsche durch. »Der ganze Berghang ist fort«, funkte er. »Ich beeile mich, hier fortzukommen, bevor ich ertrinke.« Der Streifenbeamte Hugh Pudry wollte nach dem Scheitel der Flut suchen, aber sie fand ihn. »Ich bin genau mittendrin. Ich komme nicht raus...«, funkte er nur eine halbe Minute von Drake entfernt. Fünfzehn Minuten später war die Flut im Big Thompson bei Drake auf mehr als das 200fache seiner üblichen Marke angestiegen. Der kleine Bergfluß beförderte das Doppelte dessen, was der mächtige Mississippi in Minneapolis mit sich führt. Das Wasser stieg in der schmalen Schlucht in Minuten um 5,7 Meter und überflutete die Bundesstraße US 34. Pudry wurde fast 13 Kilometer flußabwärts getrieben, sein Auto von Felsblöcken und anderem im Wasser mitgerissenem Geröll bis zur Unkenntlichkeit zermalmt.

TIM WILEY

Bis auf zehn Meilen wurde die US 34 völlig fortgespült. Die Überlebenden, die sich in hohes Gelände flüchteten, mußten dieses mit Tausenden von Klapperschlangen teilen, die ebenfalls dem Wasser entflohen. Am nächsten Tag wurden fast 1 000 Menschen mit Hubschraubern aus dem Big Thompson Canyon evakuiert. Eine Helikoptercrew entdeckte einen Cowboyhut auf dem von der Flut hinterlassenen Schlamm und Kies und flog näher. Ein

Dieses Haus, einst ein schönes Feriendomizil am Fluß, kam etwa 180 Meter von seinem Fundament entfernt zum Stehen, nachdem eine Blitzflut 1976 durch den Big Thompson Canyon von Nordcolorado tobte. Von den etwa 5 000 Blitzfluten, die die Vereinigten Staaten jedes Jahr heimsuchen, erreichen nur wenige das Ausmaß der Verwüstung, die der Big Thompson Creek – normalerweise meist nur wenige Dezimeter tief – in wenigen Schreckensminuten bewirkte. Ein gewaltiges Gewitter, das stundenlang über den Ausläufern der Rocky Mountains hing, hatte fast 30 Zentimeter Regen in den schmalen Cañon ergossen.

Mann steckte bis zur Brust im Schlamm, glücklich, daß er gerade stand, als ihn die Wassermassen trafen.

Es war die schlimmste Flut in den hundert Jahren des Bundesstaates. In Denver betete der Gouverneur beim feierlichen Anschneiden des Jahrhundertkuchens für die Opfer der plötzlichen Gewalt des Gewitters.

GEWITTER / JOHNSTOWN 1889

»Es schien, als ob ein Wald auf uns herabkommen würde. Eine große Wasserwand kam schnell und brausend und krachend daher, so voller Baumstämme …, daß sie wie eine gigantische Lawine aussah.«

So wirkte der Conemaugh River auf einen Überlebenden der Katastrophe vom 31. Mai 1889. Nachdem er den ganzen Tag über durch andauernden Regen angestiegen war, sprangen die Fluten des Flusses durch den Bruch eines Dammes oberhalb von Johnstown, Pennsylvania, urplötzlich in die Höhe. Im Nu wurde die Flut zu einer der schlimmsten vom Menschen verursachten Tragödie der amerikanischen Geschichte – das Wettergeschehen wurde durch jahrelange tollkühne Nachlässigkeit zur Katastrophe.

Die Alleghenies der Mitte und des Westens von Pennsylvania sind abbauwürdige Berge, die Eisenerz, Kalkstein und Kohle enthalten. Und Johnstown am überschwemmungsgefährdeten Ende des Conemaugh River Valley war eine geschäftige Stadt, die aufgrund dieser Ressourcen blühte. Unglücklicherweise lag die Stadt der Gesellschaft Cambria Iron and Steel nur 24 Kilometer unterhalb eines künstlichen Dammes, was absolut unverantwortlich war. Mehr als drei Jahrzehnte zuvor hatte man den South Fork Creek zum Pennsylvania-Kanal umgebaut.

1879, nachdem der Kanal aufgegeben worden war, wurde das Reservoir bei South Fork in ein Feriengebiet für die reichen leitenden Firmenangestellten und ihre Familien umgewandelt. Der Damm aus Schlamm und Schiefer wurde verlängert und eine Straße darauf gebaut. Doch im Laufe der folgenden Jahrzehnte traten Lecks auf, und die Besitzer des Dammes taten wenig mehr, als den steilen Erdwall mit Stroh zu stopfen. Die Anwohner des Tales darunter beschwerten sich vergeblich. Eine hochdekorierte Abteilung von Ingenieuren inspizierte den Damm und kam zu dem Schluß, daß er sicher sei – so lange er nicht von Wasser überflutet würde.

Der Damm hielt die Wasserhöhe des Reservoirs gewöhnlich auf 4,5 Meter, doch im Mai 1889 waren ihm die Gewitter überlegen. Ende des Monats zog ein Gewittersystem heran und brachte Luft aus Kanada über die Grenze, während ihr wärmere Luft nach Westen entgegenströmte. Am Volkstrauertag (30. Mai) begann es über Johnstown zu regnen, und am nächsten Morgen, am Freitag, den 31. Mai, regnete es weiter. Die Anwohner beobachteten, daß der Conemaugh River um sechs Meter über seinen üblichen Stand anschwoll, was ein Rekord bedeutete. Im nahen Wellsboro fielen bis zu 24,5 Zentimeter Regen, aber noch mehr ging wahrscheinlich über dem Conemaugh-Becken nieder. Niemand weiß genau, wieviel Regen in Johnstown fiel, weil keiner der Wetterbeobachter überlebte.

Ein paar wenige Leute warnten an dem verhängnisvollen Freitag vor neuen Lecks im South-Fork-Damm und brachten sich weiter oben in Sicherheit, aber die anderen in Johnstown – die ewigen Sorgen um den Damm leid – verspotteten die Vorsichtigen. An diesem Tag waren bereits Arbeiter mit der Verstärkung des Dammes beschäftigt, als das Wasser über das Bollwerk aus Erde trat und es im Laufe des frühen Nachmittags allmählich fortspülte. Pastor G. W. Brown von South Fork inspizierte das Leck und sah, daß etwa 30 Zentimeter Wasser über den Damm flossen. Dann, um 15 Uhr, gab das Holzgerüst des Bauwerks nach, schleuderte Baumstämme, Schlamm und hilflose Arbeiter durch die Luft und öffnete ein Loch, groß genug, daß ein Zug hindurchfahren konnte. »Gott sei den Menschen unten gnädig«, rief der Pastor aus.

Der Bruch erweiterte sich auf fast 30 Meter. Ein Augenzeuge sagte, daß schon nach fünf Minuten der Grund des 21 Meter tiefen Sees zu sehen gewesen sei. In weniger als einer Stunde leerte sich das Seebecken. Die schlammigen Wassermassen ergossen sich über das Gefälle von 135 Metern hinunter auf das 30 000 Seelen zählende Johnstown. Die Fahrgäste eines Zuges, der auf den wasserbedeckten Schienen angehalten hatte, beobachteten voll Entsetzen, wie die

CORBIS-BETTMANN

UPI/CORBIS-BETTMANN

Schwimmende und brennende Trümmer - Kutschen, Wände, Bäume und Zugwaggons - verwandelten den tobenden Conemaugh River von Westzentralpennsylvanien 1889 in eine Todesfalle für die Bewohner von Johnstown (oben). Die meisten Leute hatten Anzeichen für einen drohenden Bruch des South-Fork-Dammes ignoriert, eines Erdwalles, der die steigenden Fluten in einem Reservoir flußaufwärts zurückhielt. Einer der Überlebenden posierte später für eine Aufnahme auf einem entwurzelten Baum, der ein Haus durchbohrt hatte (rechts).

Lokomotive in einen Wasserstrudel gezogen wurde. Der bereits Hochwasser tragende Conemaugh verdoppelte sich, als eine Wasserwand von 10,5 Meter Höhe mit fast 25 Stundenkilometern die Hänge hinabstürzte.

Die Leute im Tal hörten die heranrollende Wasserlawine. Ein Schwall feuchter Luft erfaßte die Äste der Bäume, und von weitem sah das Wasser aus wie eine Wolke aus schwarzem Rauch. Manche dachten, ein Feuer oder ein Sandsturm rase auf sie zu. Die Flutwelle zerstörte South Fork, eine Stadt mit 2000 Einwohnern. In Conemaugh, zehn Kilometer flußabwärts, hörten die Leute das Getöse der nahenden Wassermassen, dachten aber , es sei Donner. Dann schlug die Flut zu, ihre Wassermassen führten Häuser und Leichen der oberen Stadt mit. Die Lokomotiven im Bahnhof von East Conemaugh wurden von Schlamm begraben.

Um 15 Uhr telegraphierte die verängstigte Telegraphistin der West Union in Johnstown an das Büro in Pittsburgh, um mitzuteilen, daß sie ihren Posten verlassen müsse. Sie war bereits in die zweite Etage des Büros gegangen, als der Fluß das Gebäude zu überfluten begann, nun stand ihr das Wasser schon wieder bis zu den Knien. Sieben Minuten später war die Leitung tot.

Die firmeneigenen Mietshäuser in den Flußauen wurden von ihren Fundamenten gerissen und drückten als Masse aus Holzstämmen, Felsbrocken und Leichen gegen die Steinbrücke, die in Johnstown den Fluß überspannte. Hunderte von Menschen – glücklich, der Sintflut zu entkommen – stiegen auf die alte Brücke. Aber dann entzündeten sich die Trümmer und verschlangen sie in schwimmenden Flammen. Nach der Flut verstopften mehr als 121380 Quadratmeter Trümmer das Tal. Plünderer und Schaulustige stiegen über die Ruinen von Johnstown und wunderten sich über Bäume, die wie Rammböcke Dächer durchstoßen hatten. Mehr als 2200 Menschen mußten für einen schwachen Damm mit ihrem Leben bezahlen.

GEWITTER / BLITZE

Bei jährlich 10 000 Gewittern landesweit werden die meisten Bundesstaaten der USA von mehr als sechs Blitzschlägen pro Quadratkilometer getroffen. Sogar noch mehr Blitzschläge leuchten über den klaren Wüstengegenden des gewitterreichen Tucson, Arizona (rechts), wo von der Natur gegebene Hochspannungsspektakel die hellen Lichter der City übertreffen.

Blitze waren die bevorzugten Waffen von Zeus und Thor, den beiden mächtigsten Göttern des römischen und germanischen Altertums. Obwohl heute der hoch aufgetürmte Kumulonimbus nicht in den Rang einer Gottheit aufsteigt, ist er noch immer an seinen Blitzen zu erkennen. Ein Gewitter mit Blitzen schlägt nach Belieben zu und tötet nicht nur Helden Homers wie Ajax, der Athene erzürnte, sondern jedes Jahr etwa hundert Amerikaner. Blitze bleiben in den Vereinigten Staaten die zweittödlichste Gewalt des Wetters, noch vor Tornados und Hurrikans.

Zwar werden Blitze als mythische Kraft gesehen, doch die Energie von Blitzen bringt wenig Veränderung in dem riesigen Haushalt von Hitze und Spannung in einem Gewitter. Die Zahl der Blitzschläge in einem Gewitter ist kein verläßlicher Indikator für dessen Stärke. Diese glühenden Ausbrüche heizen die Luft bis auf das Sechsfache der Sonnentemperatur auf, aber Meteorologen können sie bei ihren Computerdarstellungen von Gewittern ohne weiteres übergehen. Mit ihrem Überfluß an Aufwinden und Eis haben Gewitter eine besondere Begabung, Elektrizität freizusetzen.

Wenn positive und negative Ladungen getrennt sind, wird ein elektrisches Feld aufgebaut. Der Blitz ist eine plötzliche Entladung eines sehr starken Feldes – eine Hochgeschwindigkeitsbeförderung von Millionen und Trillionen von Elektronen. Zur Elektrifizierung kann es überall kommen, wo Partikel kollidieren; in der Rauchsäule einer vulkanischen Eruption oder im Feuerball einer thermonuklearen Explosion. Blitze gibt es in Schnee- und Sandstürmen und sogar auf anderen Planeten. Gewitter sind bestens geeignet, in der Luft befindliche Partikel aneinanderzustoßen, genau wie Wasserstoffbomben oder Vulkane. Aber Wissenschaftler suchen noch nach den komplexen Mechanismen, mit welchen Ladungen in Unwettern zunächst auseinandergehalten werden.

Benjamin Franklin entdeckte 1752 als erster definitiv die elektrische Ladung in Unwettern. Franklin beobachtete, daß die meisten Gewitter negativ geladen sind. Jahrelang hatten Wissenschaftler Gewitter als zweipolig angesehen, unten negativ, oben positiv. Doch in Wahrheit ist ein Gewitter – abgesehen von einer sehr dünnen Schicht negativer Ladung oben – eher dreipolig. Der Hauptbereich positiver Ladung befindet sich im oberen Teil des Unwetters, doch eine geringere Region positiver Ladung ist auch an der Basis der Gewitterwolke; dazwischen gibt es kilometerweit konzentrierte negative Ladung, etwa vier Kilometer von der Erdoberfläche entfernt.

Die mittlere negative Schicht findet sich dort, wo die Wolke etwa –15 °C mißt, eine Temperatur, in der alle Stadien des Wassers zusammen existieren können. Superkaltes flüssiges Wasser (unter 0 °C) hilft auf zwei Arten bei der Trennung der Ladungen. Erstens gefriert es zu Eiskristallen und bildet Graupel, die winzigen Hagelembryos hoch im Gewitter. Zweitens ermöglicht das Vorhandensein der Graupel, einen großen Teil der Ladung zu übernehmen, wenn er mit leichteren Eiskristallen kollidiert. Interessanterweise verändert sich bei etwa 0 °C die Ladungstrennung in der Graupel-Eiskristall-Kollision: Bei tieferen Temperaturen wird der Graupel negativ – bei höheren wird er positiv. Somit bilden die das Unwetter antreibenden Aufwinde nicht nur Regen und Hagel, sie trennen auch die Ladungen. Die Aufwinde führen zu heftigen Kollisionen von Graupel und Eiskristallen – Meteoren unterschiedlicher Größe und Gewicht – und heben die leichten Wassertröpfchen weit über die Nullgradgrenze, was die Bildung von Graupel und die Aufnahme von Ladung ermöglicht. Außerdem sortieren die Aufwinde nach den Kollisionen die Ladungen:

WARREN FAIDLEY / WEATHERSTOCK

Negativer Graupel bleibt in der Mitte der Wolke, während die kleineren, positiven Eiskristalle nach oben getrieben werden.

Wissenschaftler des National Center for Atmospheric Research in Boulder, Colorado, fliegen mit Segelflugzeugen in Gewitter hinein, reiten auf der Thermik und messen die elektrischen Eigenschaften. Sie haben herausgefunden, daß sich das elektrische Feld in einem Gewitter innerhalb einer Minute verdreifachen kann. In wenigen Minuten bauen die Aufwinde ein elektrisches Feld auf, das stark genug ist, um einen Funken zu zünden. Die Luft zwischen den getrennten Ladungen ist nur bis zu einem gewissen Punkt eine effektive Isolierung, weil das elektrische Feld schließlich so stark wird, daß sich ein Blitzkanal bilden kann. Durch die hohen Voltdifferenzen zwischen den Wolkenschichten bleiben die meisten Blitze eher in der jeweiligen Gewitterwolke, als daß sie den Erdboden oder (selten) eine andere Wolke treffen.

Wolken-Boden-Blitze beginnen in der Regel im unteren Bereich der Wolke. Ein für das Auge unsichtbarer Funke rast auf einem gezackten Weg in etwa 45 Meter langen Stufen abwärts, der einen Kanal von Luftmolekülen ohne Elektronen schafft. Wenn dieser Funke – Transformationsleiter genannt – in Reichweite von etwa 90 Meter zu einem geerdeten Objekt gerät, steigt von diesem Objekt ein Gegenfunke auf. Bei der Verbindung zuckt ein leuchtender Blitz mit einer Geschwindigkeit von etwa 96 000

Kilometern pro Sekunde den gebildeten Kanal hinauf. Deshalb sehen Blitze in Zeitlupe aus, als ob sie sich nach oben verbreiten würden, obwohl der Kanal von oben nach unten gelegt wurde. Und tatsächlich fließen die Elektronen abwärts – aber jene, die der Erde am nächsten sind, reagieren als erste auf die Verbindung. Die Helligkeit zieht sich nach oben, weil die weiter oben im Blitzkanal befindlichen Elektronen nach und nach auf die Verbindung reagieren.

Durch die errichtete Verbindung können im Bruchteil einer Sekunde zahlreiche Blitzschläge fahren, die sich alle zu einem Blitz addieren. Der durchschnittliche Blitz hat drei oder vier Schläge in Abständen von jeweils etwa vier Hundertstelsekunden. Aber es gibt auch Blitze mit 20 oder 30 Schlägen. Die multiplen Schläge bringen das Licht im Kanal zum Leuchten, doch diese sind – wie bei den Einzelaufnahmen eines Films – nicht immer sichtbar: Der Schlag (aber nicht der ganze Blitz) ist schneller als das Auge.

Etwa hundert Blitzschläge treffen jede Sekunde die Erde und machen Blitze zu einer ernsten Bedrohung. Flugzeuge und Wolkenkratzer haben uns den Wolken näher gebracht, und beide werden häufig von Blitzen getroffen. Ein im Landeanflug auf Chicago kreisendes Flugzeug wurde in 20 Minuten viermal getroffen. Das Empire State Building wird jährlich im Durchschnitt 23mal getroffen. In einem einzigen Gewitter sogar achtmal in 24 Minuten. Der Campanile auf dem Markusplatz in Venedig wurde dreimal durch Blitzschlag zerstört; nachdem 1766 ein Blitzableiter angebracht wurde, wurde der Turm nicht mehr beschädigt. Leider glaubten die Europäer bis zu dieser Zeit allgemein, daß Blitzschläge durch das Läuten der Kirchenglocken beim ersten Anzeichen eines aufziehenden Gewitters verhindert werden könnten. Im Zeitraum von 33 Jahren starben 100 Glöckner durch Blitze. Lang nach der Zeit des Glockengeläuts haben Wissenschaftler darauf hingewiesen, daß hohe Gebäude in Wahrheit sogar eine Transformationsleiter nach oben auslösen und die Reaktion aus der Wolke mit einem umgekehrten Blitzschlag auf sich ziehen.

Die Temperaturen in einem Blitzkanal können 30 000 °C erreichen. Zum Glück ist der Kanal nur etwa 2,5 Zentimeter dick. Dieser schmale Kanal kann ohne weiteres einen Baum zerstören: Wenn ein Baum von einem Blitz getroffen wird, bietet das Holz dem plötzlichen Spannungsstoß Widerstand, was dazu führt, daß

BLITZ UND DONNER

■ Mit Blitzen blendet ein Gewitter die Augen und dröhnt in den Ohren. Die plötzliche Erhitzung in einem Blitzkanal läßt die Luft drumherum in einer Detonation explodieren, die langlebige Schallwellen erzeugt – Donner.

■ Schallwellen breiten sich mit nur 1 200 Stundenkilometern aus und lassen in der Atmosphäre mit der Entfernung nach. Das führt zu einer Vielzahl von Effekten. Donner kann mit einem Knall von nahen Teilen eines Kanals beginnen, dann rollen, wenn das Geräusch von weiter entfernt kommt. Ein Blitz, der in einem Winkel auf Sie zukommt, kann langsam ausrollen und verstummen; bei einem Blitz, der direkt über Ihnen beginnt, doch weit entfernt einschlägt, kann der Donner von oberen und unteren Bereichen des Kanals Ihre Ohren gleichzeitig mit einem kurzen, abnehmenden Geräusch erreichen.

■ Donner ist in der Regel ab etwa 25 Kilometer Entfernung nicht mehr zu hören, weil das Sinken der Temperaturen mit zunehmender Höhe in der Atmosphäre die Schallwellen nach oben von Ihren Ohren weglenken. So kann eine ferne Wolkenspitze geräuschlos blitzen – manche Leute bezeichnen dies fälschlicherweise als Wärmeblitz – einfach, weil der Donner weit über uns hinwegrollt.

■ Anders als der Schall erreicht uns das Licht fast sofort. Jeweils drei Sekunden zwischen Blitz und Donner bedeuten etwa einen Kilometer zwischen uns und dem nahesten Teil des Blitzkanals. Natürlich kann man durch Zählen nicht herausbekommen, wo der Blitz das nächste Mal einschlägt.

■ Und lange nachdem das Grollen aufhört, der Regen nachgelassen hat und sich der Himmel aufzuklaren beginnt, können Blitze einschlagen. Diese scheinbar unerklärlichen Blitze aus heiterem Himmel können manchmal von der Rückfront eines Gewitters weit am Horizont stammen; ein Blitz kann seinem gezackten Weg kilometerweit folgen.

CHRIS SAUNDERS/THE STOCK MARKET

Während eines starken Gewitters durchschlägt ein Blitz den Stamm eines Baumes. Bäume sind oft Ziele von Blitzen und können darunterstehende Menschen direkt in die Feuerlinie bringen. Der kurzzeitig unter Spannung stehende Blitzkanal – mit der vierfachen Temperatur der Sonnenoberfläche und dem 20fachen Druck der ihn umgebenden Luft – kann Bäume und andere Objekte, die seinem furchteinflößenden Stromschlag im Wege sind, verdampfen oder sprengen.

die Temperatur entlang des Kanals stark genug steigt, um das Holz zu verdampfen. Wenn der Kanal durch den Stamm des Baumes verläuft, kann dieser explodieren. Jedes Jahr werden in den USA etwa 10000 Waldbrände durch Blitzschlag ausgelöst, und schon die Hälfte einer Blitzentladung – jene mit Stromstößen, die bis zu Hundertstelsekunden dauern, nicht nur Millionstelsekunden – können einen Baum in Brand setzen. Eine zusätzliche Feuergefahr stellen die trockenen Gewitter dar, die typisch für den amerikanischen Westen sind, wo die Blitze Brände auslösen, ohne den dazugehörenden Regen, der sie löschen könnte.

Heute wird intensiv erforscht, was geschieht, wenn Blitze positiv, nicht negativ, geladen sind. Diese positiven Entladungen kommen vom Amboß eines Unwetters oder von anderen positiv geladenen Bereichen. Diese Schläge sind gewaltig, wenn auch selten und bringen die verstärkten Stromstöße, die Waldbrände entfachen. Sie leiten dreimal oder mehr Ladung zur Erde als negative Blitze – und dies mit einem einzigen Schlag.

Die Blitze machen Gewitter zum spektakulärsten Teil des unendlichen elektrischen Dialogs zwischen Erde und Atmosphäre. Insgesamt ist die Erdoberfläche eine negative Verbindung im globalen Stromkreislauf, und die Atmosphäre ist – insbesondere in der Höhe von 48 Kilometern und mehr – positiv. Gewitter sind die Batterien, die die Erde ständig neu aufladen. Darüber hinaus wirft ein Gewitter einen »Schatten« positiver Ladung auf die Erdoberfläche. Manchmal ist das elektrische Feld eines Unwetters zu schwach, um Blitze auszulösen, aber stark genug, um Elmsfeuer zu bilden, eine Corona positiver Glimmladung, die von scharfen Objekten wie Flugzeugflügeln oder Schiffsmasten ausgestrahlt wird.

In den letzten Jahren bestätigten Wissenschaftler einige bizarre Gewitteremissionen Richtung Himmel. Jahrelang behaupteten nachts fliegende Piloten, daß sie blaue Blitze über Gewittern sehen würden, aber keiner konnte diese kurzen und scheinbar seltenen Erscheinungen fotografieren. Dann zeigten Schwarzweißaufnahmen, die vom Spaceshuttle aus aufgenommen wurden, einige nach oben gerichtete Blitzstrahlen, die weit in die Stratosphäre hinaufreichten. Jetzt filmen Forscher durch Flugzeugfenster und von Berggipfeln diese Entladungen und dokumentieren eine ganz neue Klasse blitzähnlicher Phänomene – rote Feen, Elfen, blaue Jets und mehr – die den Sagenreichtum von Gewittern noch vergrößern.

GEWITTER / PLÖTZLICHE FALLWINDE

Die mächtigen Aufwinde waren einst die Stars der Gewitterschau mit elektrischer Zauberei, zerstörerischem Hagel und sintflutartigem Regen. Abwinde erregten dagegen wenig Aufmerksamkeit. Nur wenige Wissenschaftler glaubten, daß die regengekühlte Luft, die aus einem Gewitter sinkt, eine ernste Gefahr darstellt. Dann kamen zwischen 1970 und 1985 bei einer Reihe von Flugzeugabstürzen 500 Menschen ums Leben. Jede dieser Tragödien ereignete sich während eines Gewitters. Und eine davon führte zu einem meteorologischen Durchbruch.

Am 24. Juni 1975 verschleierte Gewitterregen den Landeanflug auf den Kennedy-Flughafen von New York. Eine Maschine der Eastern Airlines stürzte ab, und bis auf elf Insassen kamen alle Menschen an Bord ums Leben. Ein leitender Angestellter der Fluggesellschaft, der annahm, daß eine Windscherung beteiligt war, bat T. T. Fujita von der Universität Chicago, die Untersuchungen durchzuführen.

RONALD D. BREWER

Am Ende der Piste fand Fujita Beweise für drei kleine starke Fallwinde, die Oberflächenwinde mit 88 km/h ausbreiteten. Eigenartigerweise waren kurz vor dem Absturz elf Maschinen durch die regenreichen Abwinde erfolgreich gelandet. Lediglich drei Maschinen, die unter 210 Metern durch die Abwinde flogen, bekamen mit dem sehr schnellen horizontalen Wind zu tun. Fujita bezeichnete die tödliche Kombination als Fallausbruch – ein Fallwind mit einem niedrigen Ausbruch zur Seite.

Ein Fallausbruch ist eine Strömung dichter Luft im Fallwind eines ausgewachsenen Gewitters. Diese Strömung kann mit etwa 65 km/h Richtung Erde verlaufen, und wenn sie auf Land auftrifft, kann sie nirgendwo hin, sie muß notgedrungen zur Seite ausweichen. Ein Mikroausbruch ist ein Fallwind von weniger als vier Kilometern Breite. Diese lokalen Winde sind schwer vorhersagbar. Ein Mikroausbruch ging bei der Andrews Air Force nieder, kaum zehn Minuten, nachdem Präsident Reagan mit der Präsidentenmaschine gelandet war. Umgeknickte Bäume wiesen auf Winde von 210 km/h hin, doch nahe Windmesser registrierten keine Winde, die stärker als 17,6 km/h waren. Die Entdeckung der mächtigen Mikroausbrüche öffnete den Meteorologen die Augen für eine ganz neue Klasse von Unwetterschäden. Kurz nach dieser Analyse beim Kennedy Airport bewies Fujita, daß vermeintliche Tornadoschäden in einer Stadt in Wisconsin in Wahrheit durch Mikroausbrüche verursacht worden waren. Schließlich hatten auch Seeleute und Feuerwehrmänner eine Erklärung für die plötzlichen Gewitterwinde, die ihnen zu schaffen machten. Untersuchungen zeigten, daß es in Chicago im Frühjahr durchschnittlich mehr als einen Mikroausbruch pro Tag gibt; bei Denver ergab eine weitere Studie 186 Mikroausbrüche in weniger als drei Monaten.

Die Kompaktheit von Mikroausbrüchen sind eine besondere Bedrohung für Piloten, die plötzliche Änderungen von Windgeschwindigkeit und -richtung nicht immer ausgleichen können. Die Windströmung kann in einem Mikroausbruch bis zu 160 km/h erreichen, aber selbst eine durchschnittliche Strömung, etwa halb so schnell, bereitet Probleme. In der Gegend von New Orleans

THIERRY CAMPION/SYGMA

Ein in einen Gewitterregen bei Rutland, Illinois, eingebetteter Mikroausbruch gibt sich dadurch zu erkennen, daß er am Rand in Bodennähe einen Staubschleier aufwirbelt (linke Seite). Schnelle Abwinde, die einen Düsenjet herunterholen können, verursachten möglicherweise den Absturz von Delta 191 (links), dessen verkohltes Wrack direkt neben einer Piste von Dallas – Fort Worth – liegt. Die Katastrophe forderte 137 Menschenleben.

startete 1982 eine Maschine der Pan America bei Wind von 17 Knoten, sackte nach Sekunden unter einem Fallwind ab und verlor durch 31 Knoten schnelle Rückenwinde an Auftrieb. Über 150 Menschen kamen ums Leben.

Forscher belegten, daß ein Ausbruch einen ringartigen Wirbel erzeugte, der eine Windschere intensivierte. Nach dem Auftreffen auf die Erde dreht sich der vordere Rand des Abwindes nach oben, und die Basis der Gewittersäule rollt sich deutlich sichtbar auf. Dieser Wirbelring dehnt sich auf dem Boden aus.

Je stärker der Fallausbruch, um so mehr Ringe kann er in Abständen von Minuten erzeugen. Eine Maschine der Delta Airlines traf 1985 beim Landeanflug auf Fort Worth vielleicht auf mehrere Fallausbruchringe. Die Crew kämpfte mit zu- und abnehmender Fluggeschwindigkeit, als die Maschine in einen Fallwind geriet und wenig später bei weiterem Verlust an Fluggeschwindigkeit nur 1,5 Kilometer von der Landebahn entfernt zerschellte.

Nicht alle Mikroausbrüche kommen mit starkem Regen daher. Bei Denver können Gewitter über der Hochprärie Basen von 3000 Meter Höhe haben. Der Niederschlag verdunstet, bevor er die Erde erreicht, aber der Fallwind, den er verursacht, kann einen »trockenen« Mikroausbruch hervorrufen.

Unter dem Gewitter kann sich ein verräterischer Sandring ausbreiten. Heute sind die großen Flughäfen alle mit Doppler-Radar und anderen Instrumenten ausgestattet, die die Oberflächenwinde von Mikroausbrüchen messen. Doch noch 1994 führte möglicherweise ein Mikroausbruch zu einem Flugzeugabsturz in Charlotte, North Carolina.

Ironischerweise stammt unser Wissen über solche Unwettergefahren von einem noch tödlicheren Ereignis der Geschichte. Als Fujita sich vorzustellen versuchte, daß ein kleiner Gewitterwind einen Jet zum Absturz bringen kann, studierte er die gewaltigen Schäden, die er nach einem Tornado in West Virginia fotografiert hatte. Er erkannte das Muster der Zerstörungen als Folgen heftiger Winde, zum Teil, weil es einem Muster entsprach, das er früher in Japan untersucht hatte – im Schutt von Nagasaki.

GEWITTER / DERECHOS

Wenn sich Gewitter vereinigen, ist Vorsicht geboten. Am frühen Morgen des 15. Juli 1995 trauten die Meteorologen im Hinterland von New York ihren Augen nicht. Satelliten- und Radaraufnahmen zeigten eine Reihe von Gewittern, die mit 130 Stundenkilometern über den Eriesee zogen. Da die Sturmlinie von den Adirondacks heiße, feuchte Luft aufsteigen ließ, löste sie weitere Konvektionen aus, während sie Richtung Atlantik raste; 3000 Blitzschläge pro Minute erhellten den Nachthimmel.

Die Gewitterfront beschleunigte auf 136 km/h, mit 170 km/h schnellen Windböen in Watertown. Fronten produzieren häufig starke Böen, aber diese Winde behielten über 20 Minuten lang eine Geschwindigkeit von mehr als 80 km/h bei. Millionen von Bäumen wurden im Adirondack State Park entwurzelt oder umgeknickt.

Eine breite, lange Schneise zerstörerischer Winde bezeichnet man als *Derecho*, dem spanischen Wort für »gerade« (im Gegensatz zu Tornado, das vom lateinischen Wort für »drehen« stammt). Dieser Wind wird in der Regel von einer Gewittergruppe verursacht, die ein Miniwettersystem mit einem bis zu 480 Kilometer breiten Band von ausströmenden Winden bildet. Derechos, die eine Schneise zerstörerischer Winde verursachen, können selbst Tornados auslösen. Sie sind das beste Beispiel dafür, was passiert, wenn sich Gewitter gegenseitig verstärken.

Wenn die vom Regen gekühlten Abwinde eines Gewitters auf die Erde treffen, können sie eine kleine Front von Böen verbreiten, die Staub aufwirbelt und örtlich die Temperaturen sinken läßt. Die Böenfront dringt in warme, feuchte Luft vor dem Gewitter vor, zwingt sie aufzusteigen und verursacht manchmal neue Konvektionen.

Wenn mehrere Gewitter in der Nähe das gleiche tun, dann bläst die vordere Linie der gekühlten ausströmenden Luft vor den Gewittern her und bildet eine weit größere Böenfront. Ein Derecho ist eine sehr breite, langlebige Böenfront, die auf ihrem Weg wie ein Pflug Luft anhebt und damit hilft, die ursprüngliche Gewittergruppe fortbestehen zu lassen. Zwölf Stunden dauerte ein Derecho im Juli 1993, der von Colorado 800 Kilometer zurücklegte und eine Geschwindigkeit von 122 km/h erreichte. Seine 200 km/h schnellen Böen stießen in Nebraska Lastwagen von der Interstate 80, entwurzelten Bäume und verursachten Schäden von mehr als 100 Millionen Dollar. Kühle Luft stoppte in Iowa endlich diesen sich selbst antreibenden Wind.

Im Jahre 1980 identifizierten Wissenschaftler einen anhaltenden Typus von sich selbst erhaltenden Gewitterallianzen, die heute die schwerfällige Bezeichnung »mesoskalige konvektive Komplexe« (MKKs) tragen. Ein System kann einen ganzen Bundesstaat bedecken, es ist jedoch kleiner als die großen Frontensysteme, die durch die großen Ls auf den Wetterkarten zu erkennen sind, aber weit größer als der Tiefdruckbereich unter einem einzelnen Gewitter. Zwischen März und September suchen bis zu 80 Derechos die Vereinigten Staaten östlich der Rocky Mountains heim.

Die meisten MKKs dauern 12–24 Stunden und ziehen nach Sonnenuntergang über die Prärie und das Ohio Valley, aber der gleiche MKK kann den ganzen Tag über verschwinden, um Nacht für Nacht am Abend wiederzukommen. Dieser mysteriöse Zyklus setzt ein, wenn Gewitter die Luft um sie herum allmählich erwärmt. Weit entfernte Luft beginnt, in mittleren und höheren Wolkenschichten zu dieser turbulenten Region hinzuströmen und machen damit den MKK zu einem großen Bereich warmer, feuchter Luft, die reichlich Regen produziert. Unterdessen verbreitet sich die ausströmende Luft an der Oberfläche der zentralen Gewittertürme in einer vereinten antizyklonischen Zirkulation, wodurch die oberen Luftströme in dem Gebiet blockiert werden. Winde, die sich einem MKK nähern, müssen darum herumströmen, ein Auseinanderlaufen in der Höhe, das das Feuer der Konvektion in dem MKK schürt. Mit ihrer Reife schafft die Zirkulation eine wohlgerundete Konvektionsmasse – Gewitter, die ihre Luftmassen in der Prärienacht kreisen lassen.

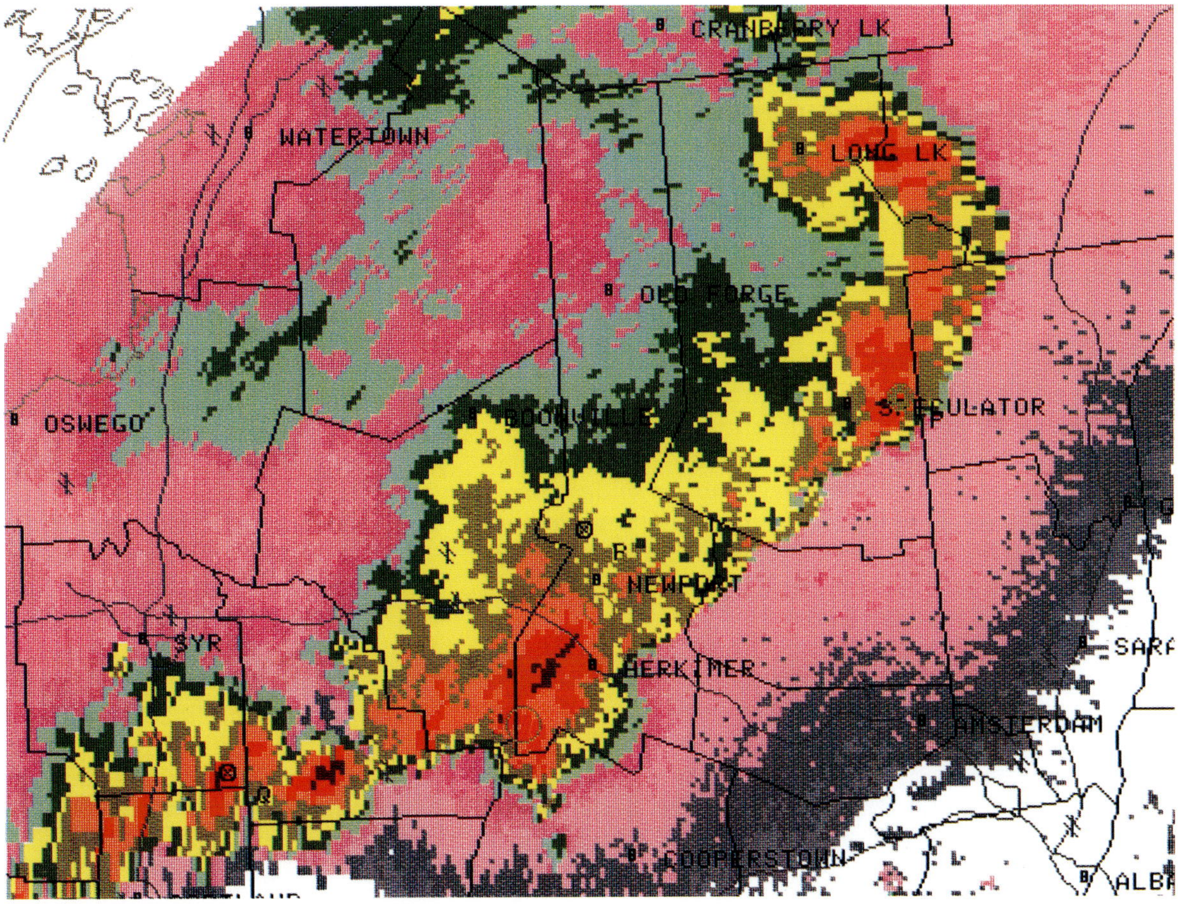

COURTESY PATRICK E. HUGHES

Die sich hoch auftürmende Gewitterfront, die am 15. Juli 1995 in eine Höhe von 21 000 Meter stieg, erschien bereits auf den Radarschirmen, als sie noch Hunderte von Kilometern entfernt war. Der daraus resultierende Derecho konzentrierte seine Winde an der gebogenen Nordostseite der Gewitterlinie (gelb und rot), hier um 4.51 Uhr, die östlich von Watertown, New York, die Wälder übel zurichtete.

Die nächtlichen Bedingungen über der Prärie und dem Südosten fördern diese Gewitter. Jede Nacht bildet sich in mehreren tausend Metern Höhe eine schnelle Strömung feuchter Luft. Dieser Luftnachschub vom Golf von Mexiko ist den tiefen feuchten Luftströmungen über den Atlantikküsten wie auch denen der Küsten Chinas, Argentiniens und Australiens ähnlich. Dieser Wind, niedriger Jetstream genannt, hilft, den Verlust der Sonnenerwärmung nach Sonnenuntergang zu kompensieren, und löst die nächtlichen MKKs aus. Das Ergebnis ist, daß die meisten MKKs ihren Höhepunkt erreichen, wenn auch die südliche Strömung am stärksten ist – um Mitternacht.

Die MKKs helfen, die Kornkammern des Landes zu füllen. Ein durchschnittlicher, sich langsam mit etwa 30 km/h ausbreitender MKK verteilt etwa 800 000 Tonnen Regen über einem Areal von der doppelten Größe Iowas. Zwischen den Rocky Mountains und dem Mississippi kommen bis zu 70 Prozent der Regenfälle im Frühjahr und Sommer von MKKs oder ähnlichen, aber weniger starken Gewittersystemen.

Diese nächtlichen Sturmsysteme bringen starken Regen, Hagel und Tornados zu einer Zeit, in der die Menschen am wenigsten vorbereitet sind – jeder vierte MKK fordert Todesopfer, viele durch plötzliche Überschwemmungen. Ein MKK brachte am 20. Juli 1977 wieder in Johnstown, Pennsylvania, Blitzfluten, als in sieben Stunden mehr als 20 Zentimeter Regen fielen und 77 Menschen ums Leben kamen.

Eine Gewitteranhäufung kann als Böenfront beginnen – einer Reihe von Gewittern, vielleicht 160 Kilometer lang, die parallel zu einer Kaltfront und vor ihr hinwegjagt. Manchmal regnet es aus relativ flachen Wolken, die sich hinter der Böenfront erstrecken. Aber dadurch, daß Böenfronten Unwettern die Gelegenheit bieten, sich gegenseitig zu verstärken, können sie mitunter die größten Unwetterschäden der Welt verursachen. Im April 1974 überquerte ein voll entwickeltes Gewittersystem den Mississippi; es verursachte drei der mächtigsten Böenfronten der Geschichte und löste in weniger als 24 Stunden 148 Tornados aus.

GEWITTER / DER AUSBRUCH VON TORNADOS

Am 3. April 1974 ereigneten sich seltsame Dinge. Manche Leute sahen, wie fliegende Holzpflöcke ihre Häuser durchbohrten. Manche sahen grüne, rosafarbene und schwarzgelbe Wolken Hagelkörner in der Größe von Baseballen herunterschleudern. Andere hörten Geräusche, die sie für überladene Güterzüge hielten. »Ich sah ein großes, zweistöckiges Haus den Berg herunterkommen.«

Eine Frau lief, vom Anruf einer Freundin gewarnt, zum Fenster und sah einen Tornado heranziehen. Sie warf sich unter einen Billardtisch und überlebte. Der Stuhl, auf dem sie noch Sekunden zuvor gesessen hatte, war vom einstürzenden Kamin zerschmettert. Eine andere Frau zog und zog, aber bekam die Tür des Sturmkellers nicht zu, als die Winde über ihr zu kreischen begannen.

In weniger als 20 Stunden, beginnend um ein Uhr am 3. April, suchten 148 Tornados die Vereinigten Staaten östlich des Mississippi heim, töteten 315 Menschen und verletzten 5000. Fast 10000 Häuser wurden zerstört und 15000 beschädigt. Der größte Tornadoausbruch der Geschichte zog über 13 Staaten und eine Provinz vom Mississippi bis Ontario, Kanada. Aneinandergereiht erstreckten sich die Tornados über 4000 Kilometer – das entsprach an einem Tag etwa dem gesamten Umfang aller Wirbelstürme von 1972.

Solche Ausbrüche hinterlassen fast jedes Jahr ihre Spuren. Die 51 Tornados, die am Palmsonntag 1965 von Iowa bis Michigan zogen, töteten 356 Menschen. Im Juni 1992, einem Monat, in dem durchschnittlich ein Dutzend Tornados am Tag tobten, zogen am 15. und 16. 123 Tornados von Kansas bis Minnesota, und ein ähnlicher Ausbruch suchte im April 1996 den Mittleren Westen und den Süden heim. Aber keiner dieser Tage war mit dem Jumbo-Ausbruch zu vergleichen, als sich die Atmosphäre mit Gewalt historischen Ausmaßes hervortat.

Die Meteorologen sahen schon mehr als einen Tag zuvor die Tornadogefahr für diesen Mittwoch voraus. Schon am Montag hatte ein Ausbruch von 20 Tornados die Gegend heimgesucht, und weitere Tiefdruckgebiete zogen von den Rockies mit kalter Luft nördlich und westlich, aber warmer, feuchter Luft östlich und südlich davon heran. Das Wirbelsystem bedeckte mehr als 2560000 Quadratkilometer.

Über Nacht entwickelten sich typische Unwetterbedingungen: Ein Strom feuchter Golfluft zog vor dem starken Oberflächenzyklon in den Mittleren Westen und das Ohio Valley. Trockene Luft aus dem Südwesten legte sich über die Oberflächenfeuchtigkeit. Unterdessen drang sinkende Luft in der Höhe auf die dunstige Inversionsschicht. Bereit, beim kleinsten Anlaß aufzusteigen, brodelte das Gewitter, während sich das Tief von Südwesten näherte.

Am Mittwoch zog das Tief nach Norden, gelenkt vom Jetstream, der von Texas über Oklahoma und Missouri scharf nach Nordosten, nach Illinois, abbog. Um 13 Uhr hatte das zentrale Oberflächentief die Grenze zwischen Ilinois und Iowa erreicht und brachte den nördlichen Prärien und dem Norden Michigans Schnee. Der starke Südwind weit darüber erwies sich unterdessen für das Gewitter als günstig, das sich zu einem komplizierten Gebilde zweier Kalt- und zweier Warmfronten entwickelt hatte.

Vor einer dieser Kaltfronten lag eine scharfe Feuchtigkeitsgrenze, Trockenlinie genannt, die nördlich durch Louisiana nach Illinois verlief. Diese Grenzen und die starken Divergenzen um den Jetstream schoben die warmen Oberflächengewitter in die Oststaaten. Drei Böenfronten brachen in dem warmen Sektor des Zyklons aus, als er sich ausbreitete. Im warmen Sektor eines sich ausbreitenden außertropischen Systems schießen viele Gewitter über lokalen heißen Stellen hinauf und brodeln dann, bis sie den Wärmenachschub von unten abgestellt haben. Aber Böenfronten, die durch hohe Windströmungen vorangetrieben werden, können diese Wärmestellen in einem riesigen Gebiet aufzehren. Je schneller sie nach Osten ziehen, um so mehr Feuchtigkeit nehmen sie auf. In dem Jumbo-Ausbruch bewegten sich die Böenfronten mit

Wie schwere Gewitter ziehen, so ziehen auch Tornados. Die Tornadowege vom Jumbo-Ausbruch von 1974 verliefen weitgehend parallel zueinander und steuerten die Gewitter. Die über 190 Stundenkilometer schnellen, in 4 500 Meter Höhe nach Nordosten ziehenden Winde trieben die Gewitter pro Minute 1,6 Kilometer voran. Insgesamt bedeckte das Ursprungswirbelsystem etwa 2 560 000 Quadratkilometer der Vereinigten Staaten, wobei die Schneisen im Durchschnitt 25,5 Kilometer lang waren.

88 Stundenkilometern fort. Die Gewitterreihen stiegen in unglaubliche Höhen auf, manche erreichten sogar 19500 Meter. Jeder Tornado entstand durch eine dieser Konvergenzlinien, die die warme, feuchte Oberflächenluft nach oben pflügten.

Bevor einer dieser Wirbelstürme ankam, hatten bereits Hagelkörner in der Größe von Baseballen in St. Louis 25 Menschen verletzt. Dann, um 13.10 Uhr, zeigte sich ein schwacher Tornado für nur eine Minute in Morris, Illinois. Nach 50 Minuten trügerischer Ruhe begann das Unwetter ernsthaft Tornados loszuschicken. Fast zeitgleiche Tornadoangriffe in Illinois, Indiana, Tennessee und Georgia eröffneten das Hauptfeuer: 93 Wirbelstürme in acht Staaten innerhalb von nur sieben Stunden. Die schnellen Winde in großen Höhen lösten viele der Tornados mit 96 Stundenkilometern aus, die zumeist nordostwärts zogen.

Im Norden Alabamas schlug ein Killerwirbelsturm eine 80 Kilometer lange Spur des Grauens und fegte Häuser fort. Nachdem er den Wheeler Lake als riesige Wasserhose überquert hatte, warfen die 410 km/h schnellen Winde mobile Häuser um. Einen Verletzten brachte man lieber in eine weniger als 1,5 Kilometer entfernte Kirche, als auf einen Krankenwagen zu warten. Eine halbe Stunde später wurde er getötet, als ein zweiter Tornado in die Kirche raste.

Der verheerendste Tornado schlug um 16.32 Uhr bei Xenia, Ohio, zu. Die Winde erreichten Spitzengeschwindigkeiten von 410 km/h und zerstörten oder beschädigten die Häuser von fast der Hälfte der 25000 Einwohner der Stadt, töteten 34 Menschen und verletzten weitere 1.150.

Xenia konnte dankbar sein, daß es Tag war und Warnungen gegeben hatte, so daß eine noch schlimmere Tragödie verhindert wurde: Sechs Schulen wurden schwer beschädigt – drei davon völlig zerstört – kurz nachdem die meisten Schüler fort waren. Drei Schulbusse wurden auf die Bühne des Auditoriums der High School geschleudert, als die Schüler des Theaterkurses gerade in die Halle geflüchtet waren. Das Dach stürzte auf die Sitze hinter ihnen. Ein Schüler, der einen Tornado auf den Schulbus zukommen sah, überzeugte den Fahrer im letzten Augenblick, anzuhalten und den Bus zu evakuieren. Kaum lagen die Schüler im Graben, wurde der Bus umgeworfen.

Nicht alle Kinder hatten so viel Glück. In Lexington, Indiana, wurde ein Dutzend Kinder verletzt, als ihr Schulbus von einem Tornado umgeworfen wurde. Ein anderer Bus wurde 120 Meter von der Straße weggeschleudert, der Fahrer verletzt, seine Frau getötet.

Zwei Brüder, die auf einer Landstraße in Madison, Indiana, unterwegs waren, hielten auf der Standspur, als Hagel auf ihr Auto zu hämmern begann. Nach zehn Minuten fuhren sie weiter, erstaunt über die Verwüstung um sie herum. Der Hagel war so schlimm gewesen, daß sie gar nicht gemerkt hatten, daß sie im Zentrum eines 1,5 Kilometer breiten Tornados überlebt hatten.

Als der Wind stärker wurde, kam eine Frau in einem Schallplattengeschäft in Louisville, Kentucky, durch den Laden geschleudert, während eine zersplitterte Glaswand auf die Ware und die Kunden herabregnete. Eine Familie aus Xenia saß bereits am Mittagstisch, als der Vater hinausging, um zu sehen, warum die Hintertür ständig schlug. Er schaute hinaus und sah, daß das Nachbarhaus in dem Wirbelwind verschwand. Die Familie warf sich auf den Boden und überlebte, obwohl das Dach abgehoben wurde und die Wände einstürzten.

Ein Mann fuhr in diesem unheilvollen Wetter von der Arbeit nach Hause. Als er in seine Straße einbog, sah er einen Tornado herankommen. Der Trichter hob ihn an; sein Volkswagen überschlug sich zweimal und landete im Garten eines Nachbarn. Der Mann stürzte – mit schweren Schnittwunden durch herumfliegendes Glas – in die Ruine seines Hauses, und fand seine Familie wohlbehalten im Keller.

An diesem Tag waren einzelne Wirbelstürme ebenso erschreckend wie das gesamte Ausmaß des Ausbruchs. Der Tornadoexperte T.T. Fujita

DIE FUJITA-SKALA

■ F0: Leichter Sturm (65–115 km/h). Leichte Schäden an Kaminen; reißt Äste von den Bäumen; wirft schlecht verwurzelte Bäume um; beschädigt Schilder.

■ F1: Mäßiger Tornado (116–180 km/h). Die untere Grenze ist der Beginn von Hurrikan-Windgeschwindigkeit; deckt Dachziegel oder -schindeln ab; mobile Häuser werden von ihren Fundamenten gerissen oder umgeworfen; fahrende Autos werden von der Straße gefegt; angebaute Garagen können zerstört werden.

■ F2: Starker Tornado (181–253 km/h). Von Holzhäusern werden Dächer abgerissen; mobile Häuser zerstört; Güterwagen werden umgestoßen; große Bäume werden erfaßt und entwurzelt; leichte Objekte werden in Geschosse verwandelt.

■ F3: Verwüstender Tornado (254–332 km/h). Das Dach und manche Wände massiv gebauter Häuser werden zerstört; Züge werden umgeworfen; die meisten Bäume eines Waldes werden entwurzelt; schwere Fahrzeuge werden angehoben und umgeworfen.

■ F4: Vernichtender Tornado (333–418 km/h). Massiv gebaute Häuser werden dem Erdboden gleichgemacht; Bauten mit schwachen Fundamenten werden ein Stück fortgeweht; Autos werden herumgeschleudert und schwere Geschosse fliegen herum.

■ F5: Katastrophaler Tornado (419–508 km/h). Starke Holzhäuser werden von ihren Fundamenten gerissen, beachtliche Strecken fortgetragen, bevor sie auseinanderfallen; Geschosse in der Größe von Autos fliegen im Umkreis von 100 Metern durch die Luft; Bäume werden entrindet; stahlverstärkte Betonbauten werden schwer beschädigt.

■ F6: Unvorstellbarer Tornado (510–600 km/h). Solche Winde sind höchst unwahrscheinlich. Das kleine Gebiet der Verwüstung, das sie hinterlassen würden, wäre angesichts der Schäden, die die F4- und F5-Winde im Umkreis der F6-Winde anrichten würden, kaum zu erkennen. Geschosse wie Autos und Kühlschränke würden schwere sekundäre Schäden verursachen, die nicht direkt als F6-Schäden zu identifizieren sein würden. Falls diese Stärke jemals erreicht wird, könnten Beweise nur in einer Art von Boden-Wirbelmuster gefunden werden, da sie mit technischen Mitteln nie identifizierbar sein wird.

von der Universität Chicago legte mehr als 16 000 Kilometer mit dem Flugzeug zurück, um die Gegend zu inspizieren. Die Fotos waren eine »Goldmine« unheilvoller Wetterkapriolen. Felder zeigten übereinander liegende Wirbelsturmspuren, die auf multiple, innerhalb größerer Trichter kreisende Strudel hinwiesen. In einem Fall kreisten zwei Tornados wie bei einem Squaredance umeinander. Ein Tornado zog bei Blue Ridge, Georgia, einen Hang des Betty Mountain, einem 990 Meter hohen Berg, hinauf und tauchte dann in das Tal auf der anderen Seite hinab. Ein anderer Tornado in Alabama überlebte den Sprung von einer 60 Meter hohen Klippe. Ein Tornado in North Carolina begann seinen Weg bei einem 990 Meter hohen Bergrücken und wälzte sich einen 360 Meter hohen Steilhang nach Stecoah hinunter. Ein tödlicher Tornado in Brandenburg, Kentucky, überquerte den Ohio River, und drei andere verbanden sich zu einem 194 Kilometer breiten, fast ununterbrochenen Wirbel, der den Tippecanoe River in Indiana überquerte, wo fünf Menschen in einem von einer Brücke gefegten Kleinbus umkamen.

Aufnahmen lieferten weitere wertvolle Erkenntnisse. Ein Video zeigte, wie ein 220 km/h schneller Aufwind einen Teil eines Tornados verschlang. Die vielen Fotos des Xenia-Tornados legen nahe, daß seine Trichterwolke während seiner zerstörerischsten Phase wohl nicht ganz bis zur Erde reichte. Bei seinem Ausbruch hatten sich zwei Wirbel von etwa neun Metern Durchmesser kreuzweise umeinandergeschlungen. Minuten später fegte ein Windstoß voller Staub über den Boden, mit klarer Luft zwischen ihm und der Wolke. Viele Augenzeugen schworen, daß sie sechs oder acht Wirbel in diesem Tornado gesehen haben. Ein Teenager filmte den Sturm, als er auf die Stadt Ohio herabkam: Das Foto zeigte in dem Staub Winde von 350 km/h. Der Tornado von Xenia war einer von fünfen, die Fujita an diesem Tag der seltenen Kategorie F5 auf seiner Schadensskala zuordnete. Das sind mehr F5-Winde an einem Tag als in den gesamten achtziger Jahren.

Ein Überlebender in Charlottesville, Indiana, sah die Sache von der positiven Seite, während er sich durch den Schutt kämpfte, der einst sein Haus war. »Naja, über Plünderer brauchen wir uns heute Nacht keine Gedanken zu machen«, sagte er. »Es ist nichts Lohnenswertes mehr da.«

GEWITTER / TORNADOFORSCHUNG

Ein Tornado in Kansas riß 1879 eine Eisenbrücke aus ihrer Verankerung, schleuderte sie zu Boden und zerstörte sie vollständig. Das Wasser darunter wurde aus dem Flußbett gesaugt, und das schlammige Bett war zu sehen. 1990 schleuderte ein anderer Tornado in Kansas Eisenbahnwaggons von den Schienen, und häufte vier Waggons übereinander. Und das war bei weitem nicht der stärkste Tornado in diesem Jahr in diesem Staat.

Tornados sind die stärksten Winde der Natur, und sie wirbeln Luft, Wasser und Trümmer in unglaublicher Geschwindigkeit um einen hohen, röhrenartigen Tiefdruckkern. Diese gewaltige Kraft kann nicht überall zur gleichen Zeit zuschlagen, sondern bildet sich in der Regel nur unter den Aufwinden der stärksten Gewitter. Die Meteorologen, mutig genug, um von Ballons getragene Instrumentenpakete in schweren Stürmen auszusetzen, haben Aufwinde von mehr als 160 km/h gemessen. Ein schneller Aufwind ist entscheidend für die Bildung von Tornados, zum Teil, weil er den Tiefdruckkern erhält. Die Bedingungen, die zu diesen Monsterstürmen führen, wurden beim Jumbo-Ausbruch von 1974 ganz offenkundig: Feuchtigkeit in tiefen Schichten und Hitze, Jetstream-Energie und Störungen wie zum Beispiel starke Fronten.

Die Meteorologen der Tinker Air Force Base bei Oklahoma City begannen in den vierziger Jahren, den Ausbruch von Tornados zu untersuchen, als sie nach Zeichen für die Vorhersage starker Stürme suchten. Dann, im Jahre 1948, traf ein Tornado Tinker. Major Ernest Fawbush und Hauptmann Robert Miller begannen, ihre Forschungsergebnisse einzusetzen, und fünf Tage später machten sie eine erste zutreffende Vorhersage. Ihre Methoden zur Erkennung der Regionen, in denen wahrscheinlich gefährliche Aufwinde entstehen, wurden zur Grundlage der Vorhersage starker Stürme – und Prognosen über Tornados, große Hagelkörner und häufige Blitze –, die vom nationalen Wetterdienst herausgegeben werden.

Meteorologen-Vorhersagen sehen schwere Gewitter voraus, indem sie nach Instabilität suchen – die Voraussetzung für warme, feuchte Oberflächenluft, in höhere, kühlere aufzusteigen. Oft ist diese Instabilität in den südlichen Bereichen eines Gewittersystems am größten, aber das bedeutet nicht, daß Tornados wahrscheinlich weiter südlich auftreten – auch andere Faktoren sind entscheidend.

Ironischerweise ist einer dieser Faktoren eine stabile Schicht, eine Kappe, in der die Temperaturen mit zunehmender Höhe steigen. Das ist eine Inversion, eine Umkehrung der üblichen Temperaturverhältnisse der Atmosphäre, oft in mehreren tausend Metern Höhe. Die Kappe hält die Konvektion lange genug in Schach, bis die Oberflächenluft reichlich Feuchtigkeit und Wärme aufgenommen hat und damit die Voraussetzungen für Aufwinde gegeben sind. Die Feuchtigkeit muß konzentriert werden, und über den weiten Prärien geschieht das oft folgendermaßen: Eine feuchte Luftzunge vom Golf von Mexiko bildet eine deutliche Grenze, eine »trockene Linie« in der Nähe trockenerer Luft aus dem Südwesten. Sogar ohne Temperaturkontraste wirkt die trockene Linie aufgrund der Differenz der Dichte zwischen der leichteren, feuchten Luft und der dichteren, trockenen Luft (Wasserdampf hat etwa zwei Drittel des Molekulargewichts der anderen Moleküle in der Luft) wie eine Kaltfront.

Irgend etwas muß die Kappe aufbrechen, um konvektive Energie auszulösen. Große Tiefdrucksysteme liefern die nötigen Störungen. Ihre Fronten schieben die Oberflächenschicht unter dem Rand der Kappe hinaus, oder sie heben sowohl die Oberflächen- als auch die Kappenschichten an, bis die Kappe nicht mehr stabil ist – nicht länger wärmer ist als die Schicht darunter. Manchmal ist die trockene Linie schon Störung genug, wenn sie in dem größeren warmen Sektor eines größeren Tiefdruckzyklons Böenfronten bildet. Eine Böenfront, die sich über Hunderte von Kilometern erstreckt, schafft mehrere bevorzugte Stellen für Wirbelstürme: an der Schnittlinie zwischen der Böenfront und einer Front beziehungsweise trockenen Linie; im Zentrum und an der Front der typisch bogenförmigen

HOWARD BLUESTEIN/PHOTO RESEARCHERS

In drei Kilometern Entfernung erproben Wissenschaftler der Universität von Oklahoma ihr tragbares Radar an einem Tornado bei Hodges, Texas. Fortschrittliche Ausrüstungen, die Gewittercharakteristika in und um Tornadotrichter sammeln können, helfen den Meteorologen herauszufinden, warum weniger als die Hälfte der schweren Gewitter Tornados auslösen. Die relative Seltenheit von Tornados bedeutet, daß selbst erfahrene Tornadojäger bei nur zehn Prozent ihrer Expeditionen nahe an einen Wirbelsturm herankommen.

Linie; und an der Südseite einer Böenfront (keine ernstzunehmende Konkurrenz für feuchte Golfluft).

Weil große Störungen die Voraussetzung sind, nimmt die Tornadoaktivität mit dem saisonalen Zyklus starker Fronten zu und ab. Große Temperaturkontraste machen den März und den April zu den Spitzenmonaten der stärksten Tornados über den Prärien, und die Wiederkehr großer Fronten im Oktober und November führen im Herbst zu einem Wiederaufflammen der Tornados. Doch insgesamt treten drei Viertel der Tornados über den USA zwischen März und Juli auf.

Doch es ist unwahrscheinlich, daß selbst eine starke Kaltfront einen Tornado auslöst, wenn die Steuerung und Energie eines starken Jetstreams fehlt. Ein Jetstream an der richtigen Stelle verstärkt ein Tiefdruckzentrum und treibt die Kaltfront vorwärts, die sich wiederum durch die warme, von oben gedeckte Luft drängt und sie zur Konvektion anregt. Weil solche Jets häufig Richtung Nordosten blasen, ziehen auch die Stürme nordostwärts. Etwa zwei Drittel der Tornados von Iowa ziehen in diese Richtung, und weniger als zwei Prozent kommen aus dem Osten.

Die großen Prärien, die vom Jetstream und im Frühjahr von mächtigen Gewittersystemen überquert werden, bieten die besten Bedingungen für schwere Stürme – die Region ist die Tornadoallee der Welt. Da es keine von Ost nach West verlaufende Bergkette (wie zum Beispiel in Europa die Alpen) gibt, dringt warme, feuchte Luft von Süden weit nach

Die dominante Zelle stellt höchste Tornadogefahr dar; die zweite bringt häufig Hagel.

In den frühen siebziger Jahren waren die Wissenschaftler aufgrund besserer Straßen und Vorhersagetechniken in der Lage, Gewitter zu jagen und zu versuchen, die Entwicklung eines Tornados aus der ursprünglichen Gewitterrotation auf Film festzuhalten. Dann begannen sie, die Gewitter mit Instrumenten zu messen, die sie vor die Stürme plazierten (oder mit Hilfe von Ballons und Raketen aussetzten). Neue Supercomputer kamen auf, die in der Lage waren, die Meßergebnisse für Gewittermodelle zu nutzen. Die Kombination aus Beobachtungen und Modellen hat den Meteorologen geholfen, langsam eine Erklärung zu finden, wie Tornados entstehen.

Doppler-Radargeräte, neuestens auch tragbar, sind bei dieser Aufgabe mit die wichtigsten Instrumente, weil sie Bewegungen in der Atmosphäre messen können. Mit Doppler können die Wissenschaftler superschnelle Rotationen in mittleren und oberen Regionen von Superzellen messen. Die Tornadojäger, deren Erkenntnisse die Radarergebnisse ergänzten, machten wichtige Beobachtungen über wesentliche Merkmale von Superzellen. Sie entdeckten zum Beispiel, daß sich Tornados meist an der Südwestseite eines Gewitters bilden, in der Wandwolke und in der Nähe des vom Regen gekühlten Abwindes, der sich um den Aufwind hüllt. Oft sahen sie in der Nähe des Tornados weder Blitz noch Regen, was den Theorien widersprach, daß diese Phänomene Tornados auslösen würden. Und die sich im Uhrzeigersinn drehenden Tornados, die sie in den Prärien fanden, halfen zu beweisen, daß der Wirbel des Tornados oder seines Ursprungsgewitters nicht primär mit der Erdrotation zusammenhängt.

Das ist zutreffend, obwohl bis auf ein paar wenige alle Tornados der nördlichen Hemisphäre gegen den Uhrzeigersinn, auf der Südhemisphäre im Uhrzeigersinn wirbeln. Die Tornadojäger und Radarspezialisten fanden heraus, daß Superzellen ihre Tornadoabsichten etwa 20 Minuten im voraus kundtun, indem sie einen kleinen Wirbel innerhalb und entlang des Randes des rotierenden Aufwindes bilden. Dieser Schlauch, Signatur des Tornadowirbels genannt, kann sich mit 240 Stundenkilometern drehen und hoch genug hinaufreichen, um vom Doppler-Radar des Wetterdienstes erfaßt zu werden (niedrigere Erscheinungen werden häufig durch den Horizont blockiert).

Die am Lebenszyklus von Tornados interessierten Wissenschaftler testeten ihr Jagdgeschick zunächst an den harmloseren Wasserhosen und flogen tatsächlich mit Flugzeugen durch einige hindurch. Diese vom Wasser verursachten Wirbelwinde erreichen im Durchschnitt nur Windgeschwindigkeiten von 80 km/h und können bei schönem Wetter entstehen. Viele schwache Tornados sind Wasserhosen, die an Land ziehen. Sie haben ähnliche Lebenszyklen wie Tornados, die ihren Höhepunkt als keilförmiger Trichter erleben, dann am Ende erratisch werden und sich nur zäh auflösen.

In Wasserhosen bildet die Windscherung unter dem Aufwind einer Wolke kleiner Wirbel, die sich nach oben drehen und zu Wirbelwinden verstärken. In den achtziger Jahren fanden die Tornadojäger in den Hochprärien ähnliche Landtornados, die sich in der Windbewegung entlang den Böenfronten nach oben drehten und sich dann vertikal unter dem Aufwind eines Gewitters erstreckten.

Nach jahrelanger Jagd nach Superzellen war die Entdeckung schwacher Tornados unter schnell aufquellenden Kumuluswolken – Wolken ohne Rotation – eine Überraschung. Howard Bluestein, ein Forscher der Universität von Oklahoma, nannte die nicht-superzelligen Tornados »Landhosen«.

Tornadobildung ohne Superzellen legte nahe, daß die Zirkulationen in tiefen Schichten unter einem Mesozyklon eine wichtige Rolle bei der Auslösung eines superzelligen Tornados spielen. Computermodelle zeigten die Bedeutung des regengekühlten Abwindes, der nahe der Wandwolke auf den Boden trifft. Andere Computer-

DAVID J. SAMS/TONY STONE IMAGES

Die Wände wackelten und das Dach stürzte ein, als ein Wirbelsturm ein Haus in Lancaster, Texas, erfaßte, aber die Bilder an der Wand und eine Reihe von Trophäen blieben an Ort und Stelle. Die Auswirkungen des Sturms von 1994 belegt die kapriziösen Kräfte von Tornados. Eine verbesserte Verankerung von Bauten, die das Anheben des Hauses verhindern, und aerodynamischere Dachformen könnten dazu beitragen, daß viele Häuser Tornadowinden – bis auf den allerstärksten – standhalten.

simulationen legten nahe, daß Tornados Ergebnis starker, tiefer Rotationen sind, die sich selbst zu erkennen geben, indem sie Luft vom Inneren des Mesozyklons heruntersaugen. Aber andere Theoretiker blieben dabei, daß sich die Oberschichtenrotation des Tornadowirbels schließlich dem Boden nähert und sich ausdehnt und beschleunigt, so wie Schlittschuhläufer ihre Drehungen beschleunigen, indem sie die Arme anziehen.

Eines der Ziele des Vortex-Projektes, einer Reihe von Sturmjagden in 1994 und 1995, lag darin herauszufinden, was in tiefen Schichten geschieht, um die Bildung eines Tornados auszulösen. Wissenschaftler der Universität Oklahoma, des National Severe Storms Laboratory und anderer Gruppen arbeiteten zusammen, um Gewitter mit einer ganzen Horde mit Instrumenten ausgestatteter Fahrzeuge zu umstellen. Sie brachten die allerneuesten tragbaren Doppler-Radargeräte und Empfangsschüsseln auf Flugzeugen und Lastwagen mit. Die Forscher beobachteten schließlich aus einem Radarflugzeug in nur 300 Meter Höhe, wie Tornados Asphalt aufrissen und Hagel auf die Fahrzeuge ihrer Kollegen prasselte.

Die neuen, genauen Radarbilder zeigten drehende Spiralen innerhalb einer Wolke und einen Tornadowirbel, der sich von der Erde bis fast zu Oberseite eines anderen Gewitters erstreckte. Die Auflösung mancher Bilder war gut genug, um die Abwinde darzustellen, die, so hatten die Männer, die die Supercomputermodelle entworfen hatten, vermutet, durch die tiefe Rotation verursacht würden, was bedeutete, daß Tornados sich eher »nach oben drehen« als »herunterkommen«. In einem Trichter konnten die Forscher konzentrische Ringe von Trümmerstücken sehen, die durch die Rotation vielleicht später nach außen zentrifugiert wurden. Und letztlich sahen die Forscher tatsächlich in einen Tornado hinein, und bestätigten, was früher nur wenige Überlebende, wie Roy Hall, feststellen konnten.

GEWITTER

DER DREI-STAATEN-TORNADO VON 1925

Ein Augenzeuge hielt ihn fälschlicherweise für rollenden Nebel an der Unterseite eines Gewitters. In den Städten entlang der Eisenbahn dachten viele, das Getöse käme von einer Dampflok, die schwarzen Rauch ausstoße. Als der Wirbelwind näher kam, sahen die Leute eigenartiges Gelb, Grün und Rot in den Wolken, dann starken Hagel, und dann flogen Stühle, Hühner, Bretter, Bücher und Schindeln durch die Luft. Dann wußten sie alle, was die schwere, feuchte Luft gemacht hatte, die die alten Leute den ganzen Tag über schon mißtrauisch betrachtet hatten.

In einer Gewitterwolke versteckt, die über den Boden zog, überraschte der Tornado die meisten seiner Opfer auf schreckliche Weise. Der Wetterhistoriker David. M. Ludlum bezeichnet den Drei-Staaten-Tornado vom 18. März 1925 als »die größte physische Gewalt eines Tornados, die sich jemals in den Vereinigten Staaten entwickelt hat«. Gewiß ist nichts Vergleichbares mehr geschehen, seit der mörderische Wirbelsturm seine dreieinhalbstündige Orgie, in der er 689 Menschen tötete und mehr als 2000 verletzte, beendete. Vier Städte wurden nahezu vollständig zerstört.

Dieser am längsten dauernde, tödlichste Tornado der amerikanischen Geschichte war auch einer derjenigen, der die weiteste Strecke zurücklegte, der von einer Farm bei Redford, Missouri, bis einige Meilen östlich von Princeton, Indiana, eine ununterbrochene Schneise der Verwüstung von erstaunlichen 350 Kilometern schlug. Im Durchschnitt war der Wirbelwind etwa 400 Meter breit und raste an einer Stelle mit 120 Stundenkilometern dahin.

Das vorausziehende Gewitter, das den Tornado auslöste, machte eine lange Reise, beginnend in Alberta, Kanada, am 16. März, nach Texas und dann am Morgen des 18. März in den Südwesten von Missouri. Eine Kaltfront erstreckte sich südlich nach Iowa und Kansas. An diesem Tag löste das mit 48 Stundenkilometern nach Ostnordost ziehende Gewitter acht Tornados aus und tötete in Kentucky, Tennessee und Alabama 97 Menschen.

Der Tornado raste bei seinem Start mit 112 Stundenkilometern los und machte Annapolis, Missouri, dem Erdboden gleich. Aber der Tornado verursachte die schlimmsten Schäden, nachdem er den Mississippi überquert und eine Tiefdruckverbindung zu dem voranziehenden Gewitter gebildet hatte. Der Wirbelsturm verlangsamte sich auf weniger als 96 Stundenkilometer und tötete innerhalb von 40 Minuten 541 Menschen, als er entlang einer Eisenbahnlinie Stadt um Stadt zerschmetterte. Um 14.26 machte der Tornado Gorham, Illinois, buchstäblich dem Erdboden gleich und tötete Dutzende von Menschen. Die Kinder im Schulhaus sahen, wie der Himmel »schwarz wie die Nacht« wurde. Dann traf der Tornado das Gebäude – die Wände und die Stockwerke stürzten ein. Fast die ganze Innenstadt von Gorham wurde zerstört – eine Kuh landete im Restaurant der Stadt. Dann jagte der Tornado nach Murphysboro, zerstörte fast 100 Häuserblocks, bevor Feuer weitere 70 verschlang. Viele Leute, die in ihre Keller geflüchtet waren, kamen ums Leben, als die Häuser einstürzten. Menschen, die unter den Trümmern eines Hotels eingeschlossen waren, kamen im Feuer um. Für die Feuerwehren war es unmöglich, etwas zu unternehmen, weil die Straßen voller Trümmer und viele Hydranten geborsten waren. Minuten später zerstörte der Tornado die Stadt Parrish. Die Häuser, die nicht in Schutt und Asche lagen, wurden von ihren Fundamenten gerissen.

In Crossville, Illinois, beobachteten Schüler durch die Fenster ihrer Klassenzimmer, wie sich der Tornado teilte und dann in ihrer Nähe wieder zu einem verschmolz. Sie sahen, wie Häuser in der wirbelnden schwarzen Wolke verschwanden oder einfach einstürzten. Griffin, jenseits des Wabash River in Illinois, wurde völlig zerstört – nicht ein Gebäude hielt dem Angriff stand. Sowohl Überlebende als auch Tote waren mit dem Schlamm des Flußufers bedeckt. Ein stadtbekannter Spaßvogel sah den Tornado kommen und rannte zum Bahnhof. »Als ich den Türknauf in der Hand hatte, riß mir dieser Sturm doch buchstäblich den Bahnhof aus der Hand!«

Zu einer Zeit ohne fortschrittliche Sturmwarnungen führte der große Drei-Staaten-Tornado am 18. März 1925 zur größten Tornadotragödie der amerikanischen Geschichte. An diesem Tag zog ein Tornado über drei Staaten hinweg und tötete fast 700 Menschen. Die schrecklichen Bilder nach diesem warmen Frühlingstag in Griffin, Indiana, wo mehr als zwei Dutzend Menschen starben, erinnerten einheimische Veteranen an die kampfzerstörten Landschaften Europas nach dem Ersten Weltkrieg.

NATIONAL ARCHIVES/COURTESY THE TORNADO PROJECT

Kurz bevor sich der Wirbel nach oben auflöste, überraschte er vier Minenarbeiter, die gerade in der Nähe von Princeton, Indiana, nach Hause fuhren. Sie wurden auf den Boden geschleudert, als ihr Auto unter ihnen fortgeblasen wurde. Das Bündel Gehaltsschecks im Büro der nahen Heinz-Ketchup-Plantage wurde dagegen mehr als 80 Kilometer davongetragen.

Es bot sich ein Bild des Grauens – Leichen hingen in den Bäumen, Hühner waren nacktgerupft und Kühe von Pfählen aufgespießt. In Gorham verstrichen fünf Stunden, bevor Ärzte die Stadt erreichten, um die Verletzten zu versorgen. Die Eisenbahngesellschaft stellte einen Zug bereit, der die Opfer rasch die 80 Kilometer nach Cairo, Illinois, brachte, ins nächstgelegene Krankenhaus, das nicht schon mit Verletzten überfüllt war.

Viele Männer der Region arbeiteten in Kohleminen, und sie kamen aus der Erde hervor und waren völlig verblüfft über die Verwüstungen. Veteranen des Ersten Weltkriegs betrachteten die farblose Landschaft mit entlaubten Bäumen und kahlen Baumstümpfen an diesem tragischen Nachmittag mit einem traurigen Gefühl des Wiedererkennens. Doch dieses Mal waren die Opfer zumeist Frauen und Kinder.

Starke Windschäden bedeckten ein größeres Areal als die Schneise des Hurrikan Andrew in Florida. Auch heute, mit den fortschrittlichen Warnsystemen, würde seine Geschwindigkeit und sein harmloses Aussehen den Drei-Staaten-Tornado zu einem gefährlichen Killer machen. Als Schneeschauer in der Gegend niederzugehen begannen, brach für die Bewohner eine neue Ära an. In Murphysboro, wo die meisten Fabriken zerstört wurden, sagte ein Bewohner später: »Wenn wir uns unterhielten, sprachen wir immer von der Zeit ›vor dem Tornado‹ oder ›nach dem Tornado‹.«

HURRIKANS

Im Jahre 1274 entsandte Kublai Khan eine Invasionsstreitmacht von 40 000 Männern, um Japan zu erobern. Aber ein Novembersturm, wahrscheinlich ein Taifun, ertränkte 13 000 Invasoren, und der Rest der Mongolenflotte kehrte nach Hause zurück.

Khan, als Gott in Menschengestalt betrachtet, war unbeeindruckt. Am Höhepunkt der Monsunsaison von 1281 schickte er 140 000 Krieger in den Kampf. Am 15. August massierten sich seine 4 400 Schiffe in der Hakata-Bucht. Aber wieder taten sich die Winde mit den Samurai zusammen: Ein weiterer Sturm vertrieb die Invasoren, seine hohe Flut zerschmetterte ihre Schiffe an den Felsen. Chronisten behaupten, daß zwischen den Wracks so viele Leichen und Planken schwammen, daß man die Bucht zu Fuß überqueren konnte.

MIKE LACA / WEATHERSTOCK

Stürme wie der Kamikaze, der göttliche Wind, der Japan von Kublai Khan befreite, haben die Menschheit jahrhundertelang in Angst und Schrecken versetzt. Nicht zufällig übernahmen die Spanier ein Wort der Eingeborenen für böse Geister und Wettergötter, *huracan*, um jene tropischen Stürme zu benennen, die Tausende ihrer Schiffe auf den Grund der Karibik schickten. Heute haben diese Stürme verschiedene Namen: Hurrikans, Taifune und so weiter. Der Name spielt keine Rolle. Ein früher Siedler auf Martinique schrieb: »Sie sind die schrecklichsten und gewaltigsten Stürme, die man sich vorstellen kann; wahre Abbilder des Fegefeuers und der Zerstörung.«

Wenn man ein Gewitter als einen Berg aus Luft bezeichnet, dann ist der Hurrikan eine ozeanische Gebirgskette. Seine charakteristische Spirale, die uns heute durch Satelliten- und Radaraufnahmen bekannt ist, wurde früher als eine Schlange des Himmels betrachtet, daher ihr Name »Zyklon«.

Ein Hurrikan erzeugt jede Sekunde die Energie von zehn Hiroshima-Bomben. Deshalb ging der Chef des staatlichen Wetteramtes kurz vor Ausbruch des Karibikkrieges 1898 zum Oberbefehlshaber, um die Navy vor der Hurrikangefahr zu warnen. Präsident McKinley war beeindruckt. »Ich habe mehr Angst vor einem westindischen Hurrikan als vor der gesamten spanischen Flotte«, erklärte er und richtete ein bahnbrechendes Netzwerk zur Sturmwarnung ein.

Vielleicht erinnerte sich McKinley an den Versuch der Navy, die deutsche Herrschaft über Samoa zu vereiteln. 1889 lagen sechs Schiffe der beiden Nationen im Hafen der Insel, als ein Taifun hereinbrach. Alle Schiffe sanken, doch dank der tapferen Rettungsbemühungen der Samoaner ertranken nur 150 Seeleute. Die Parteien kehrten prompt an den Verhandlungstisch zurück, und der Krieg war abgewendet.

Mehr als ein halbes Jahrhundert später steuerte der listige Admiral William F. »Bull« Halsey ein amerikanisches Kriegsschiff um einen Taifun herum, der den Japanern stark zusetzte. Der

THIERRY BOCCON-GIBOD/BLACK STAR

Der Sturm von 1991 war der sechste Zyklon seit 1960, der in Bangladesch mindestens 10 000 Menschen tötete. Der schlimmste schlug am 12. November 1970 mit Winden von 200 km/h gegen die Küste. Das Wasser stieg bei dem 15-stündigen Ansturm auf Chittagong, Noakhali, Patuakhali und anderen Distrikten um mehr als 60 Zentimeter. Mindestens 300 000 Menschen kamen ums Leben. Der Sturm trug zur Auslösung der Revolution bei, die die Unabhängigkeit von Pakistan brachte.

Mit Wettersatelliten, die die Bucht überwachen, geben vor solchen Katastrophen Warnungen heraus, aber viele Menschen weigern sich, ihre Häuser zu verlassen. Der Sturm von 1991 entwickelte sich vor den Andamanen als tropische Störung und wurde am 25. April, 1 440 Kilometer von Bangladesch entfernt, zu einem Zyklon. In den folgenden Tagen hing er über dem Golf von Bengalen. Am 28. war er bereits ein ausgewachsener tropischer Zyklon. Der Wirbel brodelnder Wolken zog sich zusammen und wurde langsamer, bevor er zur Küste abdrehte. Am 29. nahm er an Tempo zu, als Wellen seinem Auge vorausrasten.

Die Meteorologen im nationalen Wetteramt von Bangladesch, in Dakka, beobachteten, wie die Wolkenspirale nach Nordosten zog. Sie gaben 30 Stunden im voraus Warnungen. Aber keine Vorbereitungen sind bei einer Sturmflut ausreichend – außer, sich davonzumachen. Doch viele Leute, an die häufigen schwächeren Zyklone gewöhnt, sträubten sich, die fernen Schutzräume aufzusuchen.

Am 30. um drei Uhr warteten die Meteorologen in Dhaka auf Meldungen des Landfalls. Einer, der die Schreckensnacht vom November 1970 miterlebt hatte, studierte in aller Ruhe die Satellitenbilder, die das neue Leid in der Bucht ankündigten. Er konnte nur noch weinen.

CHRIS JOHNS, NATIONAL GEOGRAPHIC PHOTOGRAPHER

UNSICHERES LAND
DIE SCHRECKEN VON ERDBEBEN UND VULKANAUSBRÜCHEN

von Stephen L. Harris

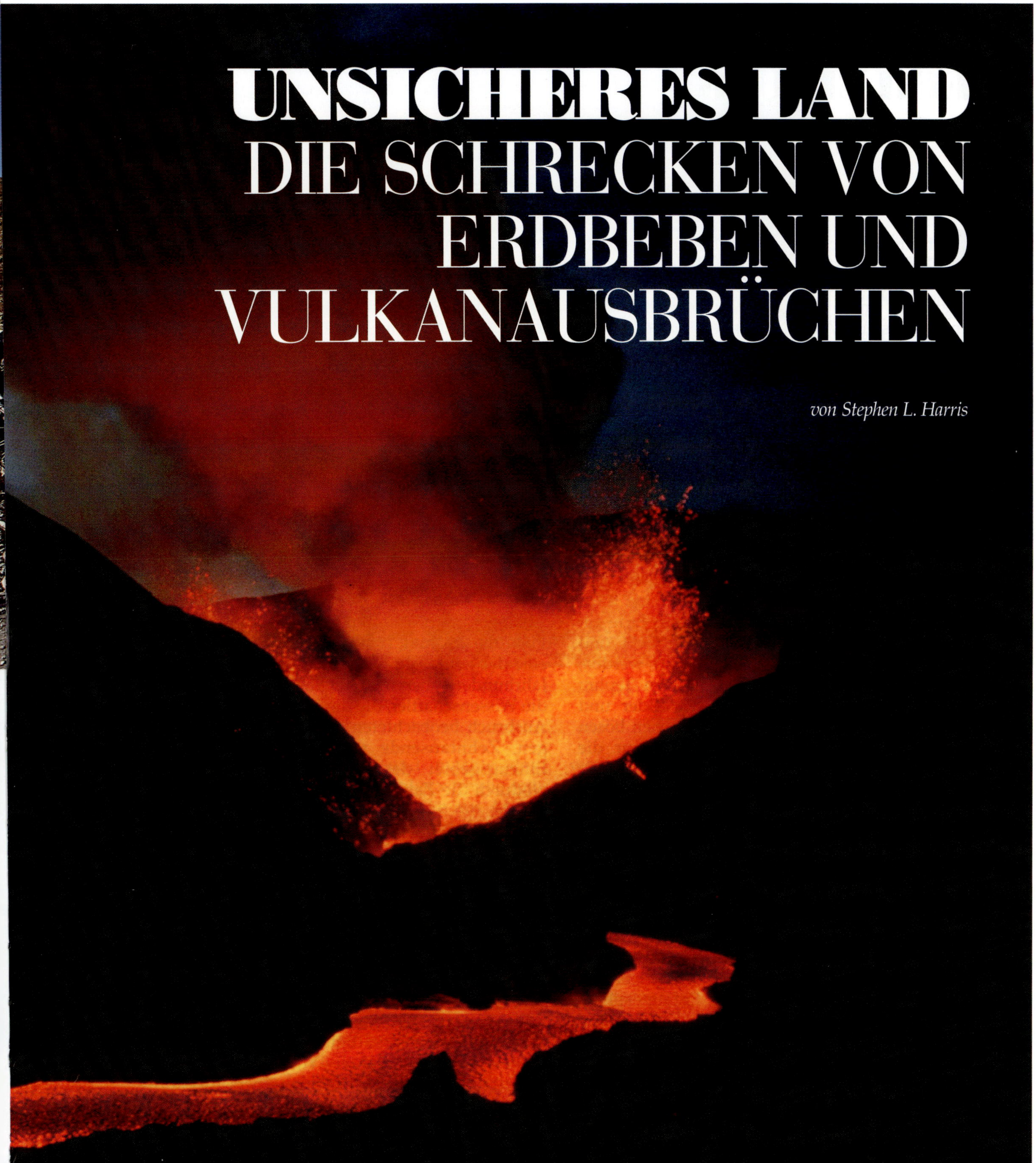

PLATTENTEKTONIK

Erdbeben und Vulkanausbrüche sind weltweite Phänomene, aber sie ereignen sich nicht zufällig überall auf der Erde. Die meisten konzentrieren sich im Bereich von Plattengrenzen, wie zum Beispiel dem »Ring aus Feuer« im Pazifik.
Die Mehrzahl aller Erdbeben ereignet sich in diesem Gebiet, und hier befinden sich auch etwa 70 Prozent der 1 511 potentiell aktiven Festlandvulkane. Annähernd 80 Prozent der weltweiten Vulkanaktivität hängen mit Schwellenbildungen mitten im Ozean zusammen, untermeerischen Gebirgsketten, die sich als aktive Zonen, in denen Spalten und Vulkanismus auftreten, um die Erdkugel erstrekken.

Diese linearen Gürtel markieren Grenzen zwischen riesigen tektonischen Platten, Bruchstücken der Erdkruste, die ständig in Bewegung sind. Nach der Theorie der Plattentektonik besteht die Erdkruste aus 16 großen und mehreren

Die brüchige Erdkruste, die vergleichsweise etwa so dick wie die Schale eines Apfels ist, wird in 16 große und mehrere kleine Gesteinstafeln oder lithosphärische Platten unterteilt. Durch dynamische Kräfte in der Erde angetrieben, bewegen sich die Platten ständig, drängen an Driftzentren wie dem mittelatlantischen Rücken auseinander, schieben sich an Transformstörungen entlang aneinander vorbei oder kollidieren an den kontinentalen Rändern. Die meisten Erdbeben und Vulkanausbrüche ereignen sich im »Feuerring« des Pazifik, einem Streifen entlang der Plattengrenzen, der auf dieser Karte rot eingezeichnet ist.

kleineren Platten. Diese bilden sowohl die Meeresbecken als auch die Kontinente. Die Erdkrustenplatten bewegen sich langsam über den Erdmantel, eine 280 Kilometer dicke Schicht aus halbfestem Gestein, die sich zwischen dem metallischen Kern der Erde und der äußeren Erdkruste befindet.

Kräfte innerhalb der Erde versetzen die Platten in Bewegung. Aus unbekannten Gründen ist die innere Hitze des Planeten ungleich verteilt, so daß manche Teile im Inneren heißer sind als andere. An den Stellen der stärksten Hitzekonzentration bilden sich Konvektionszellen, ähnlich wie die in einem Topf mit kochendem Wasser. Dieser Kreislauf von Strömungen im Erdmantel, die an einer Stelle die Erdkruste heben und sie an anderen nach unten ziehen, liefert die Energie für die Bewegung der Platten.

Mit einer Geschwindigkeit von etwa fünf Zentimetern pro Jahr driften die Platten auseinander, kollidieren oder gleiten aneinander vorbei. Die länglichen Zonen, in denen Platten sich trennen, nennt man divergente Grenzen oder Driftzentren; dort quillt Magma hervor und wird neue Erdkruste gebildet, wodurch die Meere allmählich größer und die Kontinente auseinandergeschoben werden.

Obwohl der Erdoberfläche neue Substanz angelagert wird, nimmt unser Planet nicht an Größe zu. Die Erde zerstört nämlich soviel Kruste, wie sie neu bildet, da sie altes Gestein entlang der Grenzen, an denen ozeanische und kontinentale Platten konvergieren, sozusagen recycelt.

Wenn Platten, die Ozeane tragen, mit kontinentalen Platten zusammenstoßen, erzeugt die Konvergenz typischerweise eine Unterschiebungszone, in der dichter Meeresboden aus Basalt unter relativ leichte Kontinentalplatten aus Granit geschoben wird. Indem die ozeanischen Platten in den Erdmantel hinabstoßen, lösen sie Beben aus und bilden lange Streifen küstennaher Vulkane.

Stoßen hingegen zwei Kontinentalplatten zusammen, wird keine unter die andere geschoben, weil beide relativ leicht sind und oben auf dem Erdmantel gleiten. Starke Drücke entlang der Konvergenzzone können die Ränder der Erdkruste himmelwärts stoßen und schließlich große Gebirgszüge bilden.

An manchen Stellen bilden benachbarte Platten eine Längs-Verwerfungsgrenze, eine Region, in der eine Platte horizontal an einer anderen vorbeigleitet, manchmal unmerklich und andere Male unter Auslösung großer Erdbeben.

PLATTENBEWEGUNGEN

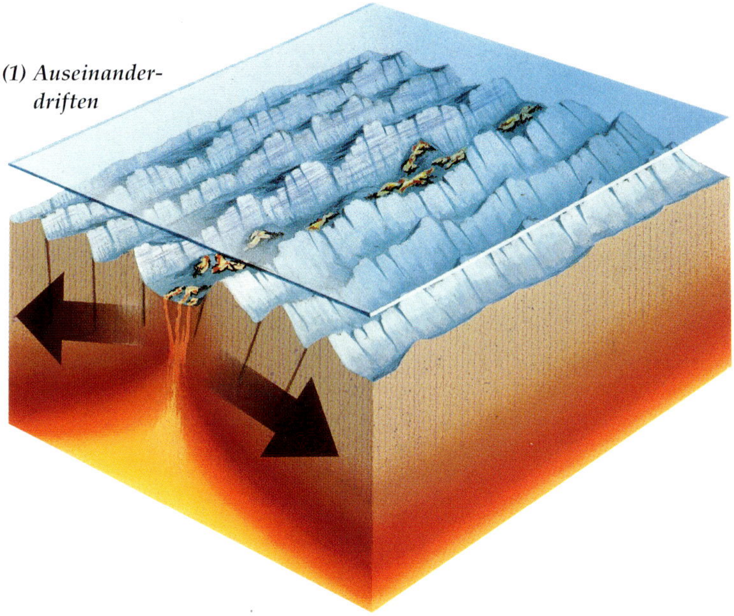

(1) Auseinander-
driften

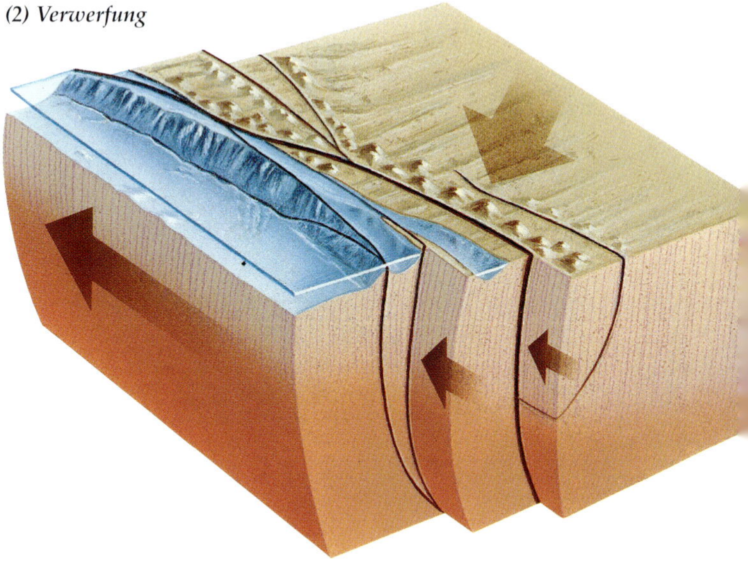

(2) Verwerfung

Eines der am besten erforschten Driftzentren, der Mittelatlantische Rücken, begann sich vor etwa 200 Millionen Jahren zu bilden, zu einer Zeit, da alle Kontinente als ungeheure Landmasse, Pangaea genannt, zusammenhingen. Diese Landmasse begann zu bersten, als ein großer Rift, ein Streifen tiefer Risse in der Erdkruste, den Urkontinent auseinandersprengte. Als Platten nach entgegengesetzten Seiten des Rifts voneinander wegtrieben, durch aufsteigendes Magma auseinandergedrängt, begann sich das Becken des Atlantischen Ozeans zu formen. Untermeerische Eruptionen ereignen sich bis heute und bewirken, daß sich der Boden des Atlantik ausdehnt und die beiden amerikanischen Kontinente immer weiter nach Westen verschoben werden.

Obgleich sich die meisten Driftzentren unter den Meeren verbergen, ist die Bruchspaltenbildung in Afrika deutlich zu erkennen. Dieselben Kräfte, durch die der Atlantische Ozean entstand, spalteten die arabische Platte von dem übrigen Kontinent ab, um das Rote Meer zu bilden. Möglicherweise entwickelt sich ein neues Driftzentrum innerhalb des ostafrikanischen Rift-Systems, einer Region zahlreicher Erdbeben und mehrerer aktiver Vulkane. Wird die Erdkruste gedehnt und dadurch dünner, durchlöchern Spannungsrisse das Erdkrustengestein, in das dann Magma eindringt. Selbst wenn das Magma nicht an die Oberfläche gelangt, um Vulkanausbrüche zu verursachen, verstärkt es den Druck auf die Erdkruste, erzeugt dadurch zusätzliche Risse und vergrößert die Riftzone. Falls sich der Ostafrikanische Rift weiter verbreitert und vertieft, wird die entstehende Senke schließlich durch den Indischen Ozean überflutet werden, so daß die östlichste Ecke Afrikas in eine große Insel umgewandelt wird.

Wenn ozeantragende Platten und kontinentale Platten konvergieren oder kollidieren, entstehen gewöhnlich Unterschiebungszonen. Hier sinkt die schwere ozeanische Erdkruste unter die Ränder von Kontinenten. Derartige Zonen umgeben einen großen Teil des Pazifik-Beckens und sind alljährlich für die Auslösung von Erdbeben in Japan, Indonesien, im Westen Südamerikas, in Mexiko und Alaska verantwortlich.

Die Unterschiebung erzeugt auch die ausgedehnten vulkanischen Gebirgsketten rund um den

Plattenbewegungen formen die Oberfläche der Erde. (1) Magma, das durch Brüche in der Erdkruste aufsteigt, bildet in den Driftzentren mitten im Ozean untermeerische Schwellen. (2) Platten schieben sich an Transformstörungen entlang aneinander vorbei. (3) Unterschiebung des Meeresbodens erzeugt Magma, das Vulkane speist. (4) Kontinente werden größer, wenn konvergierende Platten an ihren Ränder Erdkrustengeröll anlagern.

(3) Unterschiebung

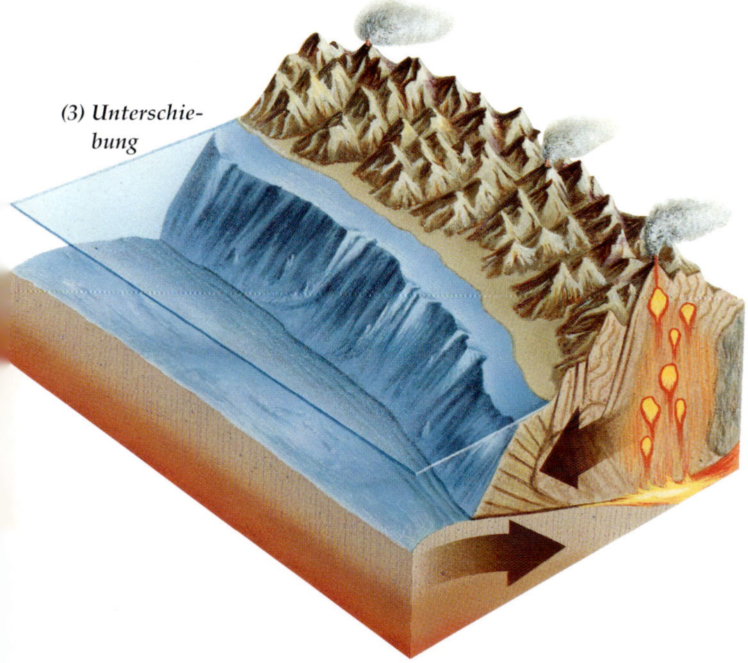

(4) Anlagerung

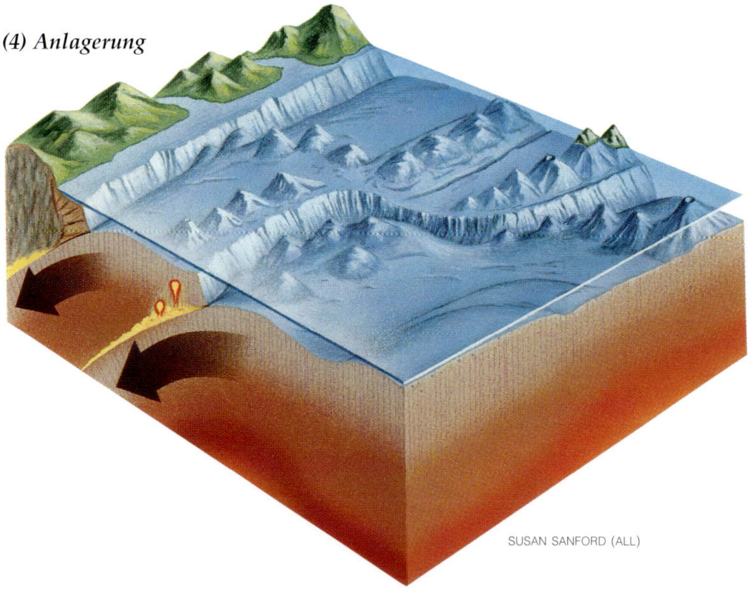

SUSAN SANFORD (ALL)

Pazifik. Wenn wassergesättigter Meeresboden tiefer in den Erdmantel hineinstößt, trifft die absteigende Gesteinsplatte auf zunehmend höhere Temperaturen. Gelangt Wasser zu unterirdischem heißem Gestein, setzt es dessen Schmelzpunkt herab und erzeugt neues Magma. Da das Magma heißer und leichter ist als das umgebende Gestein, steigt es in die Erdkruste empor und bildet charakteristische unterirdische Reservoire geschmolzenen Gesteins, die Magma-Kammern. Wenn das durch chemische Reaktionen entstehende Magma leichter wird als das umgebende Gestein und zur Erdoberfläche wandert, bildet sich entweder ein neuer Vulkan, oder ein bestehender Vulkan wird größer.

Wenn kontinentale Platten kollidieren, kommt es bei keiner von beiden zur Unterschiebung. Als z.B. vor 50 Millionen Jahren die Platte, die Indien trägt, in Asien hineinstieß, schob sich der südliche Rand der eurasischen Platte teilweise über Indien und zerknautschte und faltete das Gestein der Erdkruste zur Himalaja-Gebirgskette auf. Manchmal kollidieren untermeerische Berge und anderes Erdkrustenmaterial mit kontinentalen Platten und verschmelzen mit ihnen, wobei sie sich an den Rändern vergrößern. Diesen Vorgang bezeichnet man als Anlagerung.

An den Grenzen der Transformstörung schieben sich die Platten aneinander vorbei, wie dies bei dem San-Andreas-Verwerfungssystem der Fall ist. Bei diesem System handelt es sich um eine komplexe Zone parallel verzweigter, bis zu 95 Kilometer breiter Verwerfungen, die nordwärts von der mexikanischen Grenze bis Cap Mendocino ziehen und so die Grenze zwischen diesem Teil des westlichen Nordamerika und der östlichen Pazifikplatte bestimmen.

Die Pazifikplatte, die sich langsam nach Nordwesten bewegt, trägt an ihrem Rand einen Zipfel von Kalifornien einschließlich des Gebietes von Los Angeles, das in ein paar Millionen Jahren eine Vorstadt von San Francisco sein wird. Heute liegt die City Hall von Los Angeles etwa drei Meter näher an der Bucht als in ihrem Baujahr 1924. Dieses Teilstück wird sich schließlich vom Rest Kaliforniens ablösen und nach Norden in Richtung Alaska wandern. In der Zwischenzeit, während sich die Platten aneinander vorbeischieben, erzeugt das San-Andreas-Verwerfungssystem einige der größten Beben des Westens.

ERDBEBEN

Ein Erdbeben ist die Vibration oder Erschütterung des Bodens, die durch eine plötzliche Bewegung oder einen Bruch großer Gesteinsmassen in der Erdkruste oder dem äußeren Erdmantel verursacht wird. Die meisten Erdbeben haben ihren Ursprung in den oberen 25 Kilometern des Mantels und der Kruste, der sogenannten Lithosphäre. Starke Kräfte in der Lithosphäre, wie etwa die Bewegung der Platten, üben Druck auf das Erdkrustengestein aus. Das Gestein ist elastisch genug, um riesige Mengen an Druck aufzunehmen, wobei es seine Form und sein Volumen verändert. Übersteigt der Druck die Stärke des Gesteins, wie wenn ein Gummiband gedehnt wird und zurückschnellt, dann bricht das Gestein entlang einer schon bestehenden oder neuen Bruchfläche, der sogenannten Verwerfung. Von dem Ort seiner Entstehung, dem Herd oder Hypozentrum, breitet sich der Bruch rasch nach außen aus.

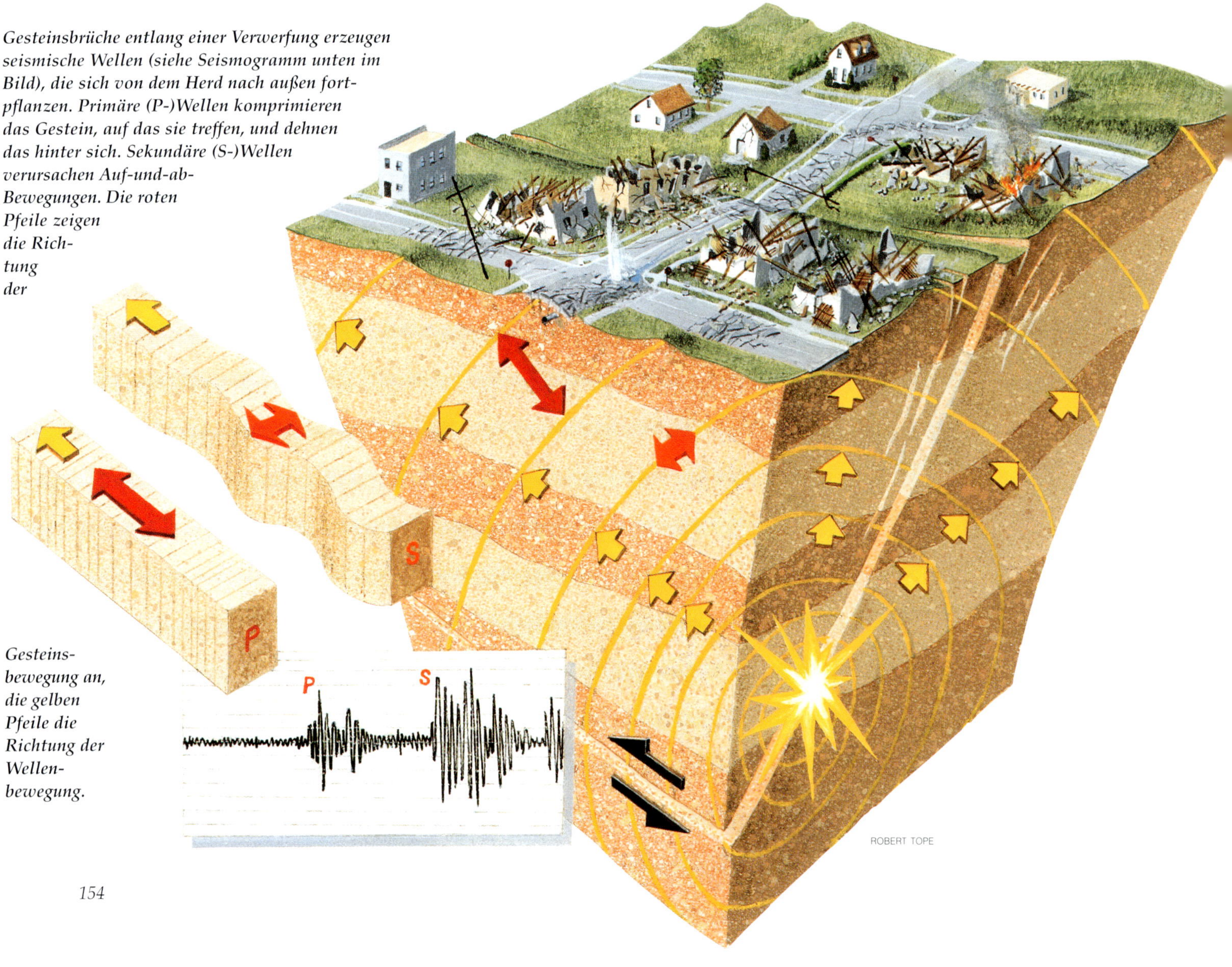

Gesteinsbrüche entlang einer Verwerfung erzeugen seismische Wellen (siehe Seismogramm unten im Bild), die sich von dem Herd nach außen fortpflanzen. Primäre (P-)Wellen komprimieren das Gestein, auf das sie treffen, und dehnen das hinter sich. Sekundäre (S-)Wellen verursachen Auf-und-ab-Bewegungen. Die roten Pfeile zeigen die Richtung der Gesteinsbewegung an, die gelben Pfeile die Richtung der Wellenbewegung.

Wenn Gestein birst, strahlen Energiewellen – seismische Wellen – durch die Erde und über ihre Oberfläche und verursachen dadurch ein Erdbeben. Den Punkt an der Erdoberfläche, der direkt über dem Hypozentrum liegt, bezeichnet man als Epizentrum. Dort ist die Erschütterung des Bodens charakteristischerweise am heftigsten.

Seismische Wellen

Die Reibung und Zerquetschung, die durch Massen von Grundgestein verursacht wird, welche entlang einer Verwerfung aneinander vorbeigleiten, erzeugen zwei Grundformen seismischer Wellen: die Raum-Wellen und die Oberflächen-Wellen.

Raum-Wellen breiten sich in alle Richtungen aus; dabei bewegen sie sich rasch durch das Innere der Erde. Diese Wellen gelangen zu entfernten Punkten an der Erdoberfläche und werden in Primäre (P-) und Sekundäre (S-)Wellen unterteilt. Die P-Wellen (man nennt sie auch Kompressionswellen [Druckwellen]) pflanzen sich am schnellsten fort: Sie drücken das Gestein vor sich zusammen und ziehen das hinter sich auseinander, während sie mit einer Geschwindigkeit von etwa sechs Kilometern pro Sekunde durch den Planeten rasen. Das nächste sind die S-Wellen (oder Scherwellen), die undulierend laufen, wobei sie Auf-und-ab- und Seitwärtsbewegungen verursachen, während sie mit etwa zwei Meilen pro Sekunde durch die Erde fahren.

Die größten Schäden an menschengemachten Bauwerken richten die Oberflächen-Wellen an, die zweite Grundform seismischer Wellen, die sich vom Epizentrum über die Erdoberfläche verbreiten wie Wellen auf einem Teich. Oberflächen-Wellen werden in Rayleigh- und Love-Wellen (R- und Q-Wellen) unterschieden. Da sie die Erde sowohl vertikal (R-Wellen) als auch horizontal erschüttern, können sie ein sichtbares Rollen und Wogen der Erdoberfläche wie auch eine ruckartige Zickzackbewegung erzeugen, die Hochhäuser zerstört. Von allen seismischen Wellen bewegen sich die Oberflächen-Wellen am langsamsten, richten aber die schlimmsten Verheerungen an. Sie beschleunigen die Bodenbewegung und brauchen länger, bis sie ein bestimmtes Gebiet passiert haben. Während eines Bebens, das sich 1992 an der nördlichen Küste Kaliforniens ereignete, beschrieb ein Beobachter die Oberflächen-Wellen als heftig ruckartig durch den Boden schneidend, »so wie ein Kolben auf und nieder geht«.

Seismographen und Seismogramme

Die von Erdbeben erzeugten Vibrationen werden mit Hilfe von Instrumenten, sogenannten Seismographen, nachgewiesen und aufgezeichnet. Wenn die Erde bebt, registriert der Seismograph die Bodenbewegung als eine Folge von Sinuswellen, die sich im Seismogramm als dichte Zackenreihe darstellen. Das Muster der Zacken entlang einer Grundlinie spiegelt die wechselnde Intensität der Vibrationen während der Aufzeichnung.

Über den gesamten Planeten spannt sich ein internationales Netzwerk seismographischer Stationen, so daß bei einem großen Erdbeben innerhalb nur weniger Minuten die Seismographen an vielen, weit verstreuten Orten die erzeugten seismischen Wellen registrieren.

Da sich die verschiedenen Arten seismischer Wellen mit unterschiedlichen Geschwindigkeiten fortpflanzen, werden sie vom Seismographen in einer festgelegten Reihenfolge aufgezeichnet. Obwohl die Raum-Wellen und die Oberflächen-Wellen im Erdbebenherd (dem Hypozentrum) zur gleichen Zeit entstehen, kommen die P-Wellen zuerst an, danach die S-Wellen und an dritter Stelle die Oberflächen-Wellen. Die zeitlichen Abstände zwischen dem ersten Eintreffen der P-, S- und Oberflächen-Wellen nehmen mit der Entfernung vom Hypozentrum zu.

Durch Analyse der Zeitspanne zwischen dem nacheinander erfolgenden Eintreffen der Raum- und Oberflächen-Wellen können die Geowissenschaftler schnell die ungefähre Entfernung einer seismographischen Station vom Ursprung des Erdbebens berechnen. Außerdem können die Seismologen, indem sie die Aufzeichnungen von drei oder mehr Stationen vergleichen, weltweit den Ort eines Erdbebens lokalisieren.

ERDBEBEN / MESSMETHODEN

Die Seismologen haben verschiedene Verfahren entwickelt, um die Stärke eines Erdbebens zu bestimmen. Die Richter-Skala, die Charles F. Richter und Beno Gutenberg in den 1930er und 40er Jahren entwickelten, um die relative Stärke von Beben in Südkalifornien zu messen, wird allgemein benutzt, um die Magnitude oder Energiemenge zu berechnen, die bei einem bestimmten Erdbeben frei wird. In den letzten Jahren haben die Seismologen eine neue Skala entwickelt, die Moment-Magnitude-Skala, um außergewöhnlich schwere Erdbeben zu messen.

Diese Methode, die von der Wissenschaftsgemeinde zunehmend anerkannt wird, errechnet die Energiefreisetzung eines Erdbebens mit Hilfe einer Formel, welche die Oberflächenausdehnung der Verwerfungsruptur und das Ausmaß der Bodenverrückung entlang der Verwerfung einbezieht. Eine weitere Skala, die Modifizierte Mercalli-Intensitäts-Skala, mißt die Intensität oder die Auswirkungen eines Erdbebens an einem spezifischen Ort.

Die Richter-Skala

Die Richter-Skala ist eine logarithmische Skala. Sie ordnet den Erdbeben Zahlen in ansteigender Größenordnung zu, von Null bis knapp unter neun. Nimmt die Erdbebenstärke um eine ganze Zahl zu, etwa von fünf auf sechs, bedeutet dies, daß die freigesetzte Verformungsenergie zehnmal größer ist.

Die Größe der seismischen Wellen, die den Grad der Bodenerschütterung bestimmt, nennt man allgemein Amplitude. Dieser Begriff bezeichnet die maximale Höhe eines seismischen Wellenkamms und die Tiefe des Wellentals, die im Seismogramm dargestellt sind.

Die Geowissenschaftler schätzen, daß ein zehnfacher Anstieg einer seismischen Amplitude eine etwa 32fache Zunahme der freigesetzten Energie bedeutet. So war z.B. das Beben von Loma Prieta, das im Oktober 1989 das Gebiet der San Francisco Bay erschütterte, mit einer Magnitude von 7,1 auf der Richter-Skala viele Male heftiger als fünf Jahre später das mit 6,4 ausgewiesene Beben, das Northridge in Südkalifornien verwüstete. Das schwere Erdbeben in San Francisco im Jahr 1906, mit einem Wert von 8,3 auf der Richter-Skala, war Hunderte Male stärker. Diese logarithmische Zunahme bedeutet jedoch nicht, daß ein Beben der Magnitude sechs Ihr Haus tausendmal heftiger erschüttern wird als eines der Magnitude vier. Das erstere Erdbeben wird schlicht länger dauern und seine ungeheure Energiemenge in einem viel größeren Gebiet freisetzen.

Die Richter-Skala wird auch verwendet, um Erdbeben zu klassifizieren. Beben, die mit einem Wert von zwei oder weniger registriert werden, heißen Mikro-Erdbeben und sind für menschliche Beobachter gewöhnlich nicht wahrnehmbar. Ein Erdbeben, bei dem eine Magnitude um sechs gemessen wird, gilt als »mittelschwer«, obwohl ein solches Beben durchaus imstande ist, beträchtlichen Schaden anzurichten, wenn es sich mitten in einer dicht besiedelten Gegend ereignet. Ein Ereignis der Magnitude 7,1 – wie das Erdbeben von Loma Prieta oder das Beben, das 1949 das Gebiet um den Puget Sound im Staat Washington erschütterte – wird als »schwer« klassifiziert. Wenn ein Beben einen Wert von acht oder darüber auf der Richter-Skala hat, setzt es eine ungeheure Menge an Deformationsenergie frei und wird dann als »sehr schweres« Erdbeben qualifiziert.

Indes bestimmt die Magnitude eines speziellen Bebens zwangsläufig seine Zerstörungskraft. Sofern ein großes Beben, das weit weg auf einer der ozeanischen Platten der Erde seinen Ursprung hat, nicht eine Reihe langsamer Meereswellen, sogenannter Tsunamis, erzeugt, muß es an der Küste gar nicht bemerkt werden. Ein vergleichsweise schwaches Beben jedoch, dessen Hypozentrum sich nahe bei einem dicht besiedelten Gebiet befindet, wie z.B. das Beben der Magnitude 6,4, das 1994 Northridge traf, oder das Beben der Magnitude 6,8, das 1995 die japanische Stadt Kobe verwüstete, kann ganz erhebliche Schäden anrichten.

DIE MODIFIZIERTE MERCALLI-INTENSITÄTS-SKALA (RASTER)

■ I. Wird von Menschen selten wahrgenommen.

■ II. In Innenräumen nur von ruhenden Personen wahrgenommen. Hängende Gegenstände können zu pendeln beginnen.

■ III. Von einigen Menschen in Innenräumen bemerkt. Hängende Gegenstände können pendeln. Erschütterung wie beim Vorbeifahren leichter Lkws. Dauer wird geschätzt. Muß nicht als Beben erkannt werden.

■ IV. Von vielen Menschen in Häusern, von wenigen im Freien bemerkt. Hängende Objekte können pendeln. Erschütterung wie beim Vorbeifahren schwerer Lkws. Oder Gefühl des Rüttelns, wie wenn eine schwere Kugel gegen die Wände schlägt. Stehende Autos wackeln. Fenster, Geschirr, Türen klappern. Hölzerne Wände und Rahmen können knarren.

■ V. Drinnen und draußen von nahezu jedem wahrgenommen. Richtung wird geschätzt. Schlafende werden aufgeschreckt. Flüssigkeiten getrübt, manche verschüttet. Kleine unstabile Gegenstände verrückt oder umgeworfen. Einiges Geschirr und Glas zerbrochen. Türen schwingen, Fensterläden, Bilder bewegen sich. Pendeluhren bleiben stehen, gehen wieder, langsamer oder schneller. Hohe Bäume und Masten schwanken.

■ VI. Wird von allen wahrgenommen. Geringe Schäden. Viele erschrocken, rennen ins Freie. Die Menschen gehen unruhig umher. Fenster, Geschirr und Glas zerbrochen. Nippsachen und Bücher fallen aus den Regalen, Bilder von den Wänden. Möbelstücke wandern oder kippen um. Verputz und Mauerwerk bekommen Risse.

■ VII. Es ist schwierig, sicher zu stehen. Unerhebliche Schäden an gut geplanten und solide gebauten Gebäuden; leichte oder mäßige bei einigermaßen soliden Gebäuden; bei schlecht entworfenen oder Billigbauten Schäden beträchtlich. Beben wird von Fahrern im Pkw registriert. Hängende Gegenstände zittern. Möbel brechen auseinander. Schwache Kamine bersten. Schäden am Mauerwerk. Verputz fällt herab, lose Backsteine, Steinbrocken, Dachziegel, schlecht verankerte Brüstungen. Kleine Erdrutsche und Einbrüche auf Sand- oder Kiesufern. Große Glocken läuten.

■ VIII. Menschen erschrocken. Schaden gering an soliden Bauwerken; erheblich an normalen soliden Bauten, teilweiser Einsturz. Große Schäden an schlechter Bausubstanz. Lenken von Pkw beeinträchtigt. Beschädigung oder teilweiser Einsturz von Mauerwerk und Stuck. Zusammenbruch von Kaminen, Fabrikschächten, Monumenten, Türmen, oberirdischen Tanks. Holzhäuser aus den Fundamenten gehoben, falls nicht fest verankert. Lose Paneele herausgebrochen. Morsche Pfahlwände brechen zusammen. Äste brechen von Bäumen. Veränderung der Strömung oder Temperatur von Quellen und Brunnen. Risse in nassem Boden und an steilen Hängen.

■ IX. Allgemeine Panik. Schaden erheblich an gut gebauten Häusern; groß an soliden Gebäuden, mit einigen Einstürzen. Allgemeine Beschädigung von Fundamenten. Nicht verschraubte Rahmenkonstruktionen aus Fundamenten gerissen und aus dem Lot. Schwere Schäden an Staubecken. Unterirdische Rohrleitungen zerbrochen. Auffällige Bodenrisse. Verflüssigung des Bodens.

■ X. Großteil des Mauerwerks und der Rahmenstrukturen zerstört. Etliche gut gebaute Holzhäuser zerstört. Schwere Schäden an Dämmen, Deichen, Kanälen. Starke Erdrutsche. Wasser aus Kanälen, Flüssen, Seen schwappt über die Erddämme. Sand und Schlamm schieben sich horizontal über Strände und flaches Land. Eisenbahnschienen leicht verbogen.

■ XI. Nur wenig Mauerwerk, wenn überhaupt, bleibt stehen. Brücken zerstört. Breite Risse im Boden. Verbreitet Erdstürze und Erdrutsche. Unterirdische Rohrleitungen vollständig außer Betrieb. Eisenbahnschienen insgesamt verbogen.

■ XII. Schaden nahezu total. An der Erdoberfläche Wellen sichtbar. Große Gesteinsmassen verrückt. Ziellinie und Horizont verzerrt. Gegenstände fliegen durch die Luft.

Moment-Magnitude-Skala

Um die bei schwersten Erdbeben freigesetzte Energie zu messen, haben Wissenschaftler vor einiger Zeit die Moment-Magnitude-Skala entwickelt; sie verwendet eine Formel, die auf der Bodenverrückung und der Bruchfläche beruht. Je größer der Bruch entlang der Verwerfung, desto größer ist im allgemeinen die Stärke des Erdbebens. Während die Richter-Skala die Magnitude berechnet, indem sie seismographische Werte von den Stationen in aller Welt vergleicht, bezieht die Moment-Magnitude-Skala Vor-Ort-Studien ein – die von den Geologen durchgeführten physikalischen Messungen der Verwerfungsbewegung und der durch sie beeinträchtigten Gebiete –, wenn sie den Beben Magnitudenwerte zuordnet.

Das heftigste Erdbeben, das jemals registriert wurde – mit der Moment-Magnitude 9,5 – suchte

SCHWERE ERDBEBEN DES 20. JAHRHUNDERTS

		Moment-Magnitude Skala	Todes-opfer
■ 1960	Südchile	9,5	5,700
■ 1964	Südalaska, USA	9,2	131
■ 1985	Michoacán, Mexiko	8,1	9,500
■ 1923	Tokio, Japan	7,9	142,810
■ 1906	San Francisco, USA	7,7	3,000
■ 1976	Tangshan, China	7,4	655,000
■ 1989	Loma Prieta, USA	7,0	62
■ 1995	Kobe, Japan	6,9	5,200
■ 1994	Northridge, USA	6,7	60

am 18. Mai 1960 die chilenische Küste heim. Das zweitgrößte und zugleich das stärkste jemals in Nordamerika registrierte Beben war ein Erdbeben der Moment-Magnitude 9,2, das am 27. März 1964 ein riesiges Gebiet in Alaska erschütterte. Beide Ereignisse waren Subduktionszonen-Erdbeben, und beide riefen Tsunamis hervor.

Messung der Intensität

Während die Magnituden-Zahl das gesamte Ausmaß und die Stärke eines Erdbebens ausdrückt, bezieht sich die Intensität auf die Auswirkungen eines Bebens an einem bestimmten Ort. Dem schweren Erdbeben von San Francisco im Jahr 1906 beispielsweise wurde auf der Richter-Skala ein einziger Wert, nämlich 8,3 zugeordnet, aber es hatte ein breites Spektrum von Intensitäten an verschiedenen Orten.

Wie heftig die Erde in einem bestimmten Gebiet erschüttert wird, hängt nicht allein davon ab, wie weit dieses vom Epizentrum des Bebens entfernt ist (dem Punkt an der Erdoberfläche direkt über dem unterirdischen Herd des Bebens), sondern auch von der geologischen Zusammensetzung des Bodens, durch den sich die seismischen Wellen fortpflanzen. Oberflächen-Wellen, die durch hartes Grundgestein wandern, können starke Erschütterungen auslösen, aber ihre Auswirkungen können sich katastrophal potenzieren, wenn sie durch lockere, ungefestigte Erde ziehen. Zu den schlimmsten Schäden kommt es typischerweise an Stellen, die durch Aufschütten von Erdreich auf früheren Sümpfen, See- oder Flußbetten entstanden, vor allem wenn der Grundwasserspiegel hoch ist. Die Amplitude (Wellenbewegung) nimmt in wasserdurchtränkten Sedimenten deutlich zu und führt zur Verflüssigung.

Bei dem Erdbeben 1985 in Mexico City kam es zu einer der schlimmsten Zerstörungen dort, wo das alte Bett eines Sees, das Gebiet der ursprünglichen Atztekenhauptstadt, aufgefüllt worden war, um neuen Baugrund für die Ausdehnung der Stadt zu gewinnen. An vielen Stellen war ganz deutlich eine Demarkationslinie zu erkennen, die verschiedene Grade der Bodenverflüssigung und somit der Gebäudeschädigungen markierte.

Landeinwärts von der Uferlinie des früheren Sees standen die meisten großen Gebäude relativ unversehrt. Ein bis zwei Häuserblocks weiter stürzten viele vergleichbare Bauten, die auf unstabilen Sedimenten des früheren Sees errichtet worden waren, zusammen, als wären sie aus Bauklötzchen zusammengesetzt.

Die enorme Ungleichheit zwischen gleichwertigen Gebäuden, je nachdem auf welchem Grund sie standen, ist bei den meisten Erdbeben, die städtische Gebiete treffen, ganz klar ersichtlich. Sowohl 1906 als auch 1989 wurden typischerweise diejenigen benachbarten Gebiete der San Francisco Bay am schwersten beschädigt, die auf Aufschüttungen standen, wo die Verflüssigung allgemein war. Dies gilt auch für Kobe im Jahr 1995.

Schwere Erdbeben, wie das Beben der Moment-Magnitude 8,1, das 1985 Mexico City verwüstete, können Einrichtungen zerstören, die benötigt werden, um die Krise zu bewältigen. Der Einsturz des Benito-Juarez-Hospitals drückte die Stockwerke der Klinik platt und begrub an die tausend Patienten und medizinisches Personal unter sich. Ungefähr 9 500 Menschen starben bei der Katastrophe, wobei die schlimmsten Verluste sich im Gebiet eines alten Seebeckens konzentrierten, wo die Erschütterung zur Verflüssigung führte.

HERMAN KOKOJAN/BLACK STAR

Die Modifizierte Mercalli-Intensitäts-Skala

Das am häufigsten verwendete System, um die Intensität eines Erdbebens einzuschätzen, ist neben der Richter- oder Magnituden-Skala die Mercalli-Skala (nach dem Vulkanologen Giuseppe Mercalli). International gebräuchlich ist heute die Modifizierte Mercalli-Intensitäts-Skala, die zwölf Schweregrade unterscheidet. Die Einschätzungen gründen sich auf direkte Beobachtung und Bewertung. Zum Beispiel wurde die maximale Intensität während des Bebens 1964 in Alaska mit X bewertet, der Schaden durch die Beben in San Francisco und New Madrid mit XI bewertet.

ERDBEBEN / SAN FRANCISCO 1906

Wie das Erdbeben von 1906 auf die Stadt zukam, sah vermutlich als erster Mensch ein Eisenbahnmechaniker, der an der Westküste San Franciscos im Meer schwamm. Am 18. April um 5.12 Uhr brach eben die Morgendämmerung an, als Clarence Judson aus der Brandung des Pazifiks stieg – nur um festzustellen, daß der Boden unter ihm bebte. Während Judson darum kämpfte, auf den Beinen zu bleiben und zu seinen Kleidern zu gelangen, sah er seismische Wellen landeinwärts rollen. »Die Bewegungen des Bebens waren wie Meereswellen – etwa sieben Meter zwischen den Kämmen –, aber sie kamen schnell und stoßweise«, erinnerte er sich, »mit einer Art knirschendem Geräusch…«

Einige Kilometer weiter östlich, im Geschäftsviertel von San Francisco, erlebte dann der Polizeisergeant Jesse Cook das Einsetzen des Bebens. Er hatte auf seinen morgendlichen Runden innegehalten, um mit einem Fabrikarbeiter zu plaudern, und hörte plötzlich ein fernes, leises Rumpeln, das »tief und schrecklich« klang. Als er die Washington Street hinaufschaute, sah er, daß der Boden sich warf und wogte, »als kämen Meereswellen auf mich zu und würden dabei immer mehr anschwellen«. Etwa fünfundvierzig bis sechzig endlos erscheinende Sekunden lang wurde San Francisco vom stärksten Erdbeben erschüttert, das je eine Großstadt auf dem Festland der Vereinigten Staaten traf.

Das prächtige Rathaus mit seinen griechisch-römischen Säulen und einer höheren Kuppel als jener des Kapitols in Washington, D.C., fiel in sich zusammen wie getrockneter Zuckerguß auf einer kunstvollen Hochzeitstorte. Zerbrochene Säulen und riesige Betonblöcke krachten auf die Erde, als das größte Gebäude im Westen seinen falschen Marmorglanz verlor und lediglich verbogene Stahlträger als Stützen der Kuppel übrigblieben. Das zerstörte Verwaltungszentrum San Franciscos wurde zum ausdrucksvollen Symbol für den Untergang der Stadt.

Gemäuer, Brüstungen und Grabmäler stürzten überall in der Stadt ein oder um, aber in manchen Stadtteilen war das Beben tödlicher als in anderen. Solide konstruierte Gebäude auf gewachsenem Fels wie die Villen auf dem Nob Hill kamen fast unbeschädigt davon, während schlecht gebaute Ziegel- und Holzhäuser auf dem durch Aufschüttung gewonnenen Land an der Bucht von San Francisco schwerste Schäden erlitten.

Touristen, die in Hotels der Spitzenklasse wohnten, wurden zwar auch gehörig durchgerüttelt, waren aber wesentlich besser daran als viele jener Durchreisenden, die in den zahllosen billigen Hotels und Pensionen abgestiegen waren. Zu den Gästen im luxuriösen Palace Hotel, einer der am reichsten verzierten Sehenswürdigkeiten der Stadt, zählten der weltberühmte Tenor Enrico Caruso und andere Künstler der New Yorker Metropolitan Opera Company, die zu der Zeit in San Francisco auftraten. Caruso, jäh aus seinem Bett geschleudert, erwachte in einem Chaos: »Alles im Zimmer drehte und drehte sich im Kreis. Der Leuchter versuchte die Decke zu berühren, und alle Stühle jagten einander. Krach – krach – krach!… Überall fielen die Mauern ein, und Wolken aus gelbem Staub stiegen hoch… Ich

EDITH IRVINE IMAGE P-585, #41, PHOTOGRAPHIC ARCHIVES, HAROLD B. LEE LIBRARY, BRIGHAM YOUNG UNIVERSITY, PROVO, UTAH

CORBIS-BETTMANN

Soldaten aus dem Presidio, der Garnison, patrouillieren am 18. April 1906 auf der Market Street, während sich das Feuer zum achtzehnstöckigen Telefongebäude der Stadt durchfrißt. Links weht eine Fahne tapfer über dem Palace Hotel, in dem Enrico Caruso während dem verheerenden Erdbeben wohnte, das eine Stärke von 8,3 auf der Richterskala erreichte. Pferde, die von Ziegeln der einstürzenden Mauern erschlagen worden sind, liegen mitten in den Trümmern (Seite gegenüber).

dachte, das würde nie aufhören.« Andere Gäste registrierten ein starkes Rotationsgefühl und hoben »die Drehbewegung des riesigen Gebäudes« hervor, das den Eindruck erzeugte, es »tanze eine Gigue«.

Das siebenstöckige Palace Hotel, das einen ganzen Block der Market Street einnahm, überstand das Beben ziemlich mitgenommen, aber mit intakter Struktur. Sein Erbauer William Ralston hatte Lehren aus dem Beben von 1868 in Hayward gezogen und für 3000 Tonnen »erdbebensicherer« Eisenstreben zur Verstärkung der dicken Ziegelmauern des Palace ein Vermögen ausgegeben. Andere Unterkünfte in dem bevölkerungsreichen Arbeiterviertel südlich des Markts waren nicht so solide gebaut, und ihre Gäste hatten kein solches Glück. Das vierstöckige Valencia Hotel, auf ehemaligem Sumpfland errichtet, versank so tief im Boden, daß sein oberstes Stockwerk auf einer Ebene mit der Straße lag. Dutzende Gäste ertranken, als Wasser aus geborstenen Hauptleitungen die ineinandergeschobenen unteren Stockwerke überflutete. Weitere Tote gab es, als ein Gebäude mit Holzstruktur einstürzte und Feuer fing. Verzweifelte Versuche, die in den Ruinen eingeschlossenen Menschen zu retten, waren größtenteils erfolglos. Augenzeugen schätzten, daß allein im Brunswick House zwischen 150 und 300 Personen umkamen.

Offizielle Schätzungen begrenzten die Zahl der Opfer auf einige Hunderte, aber jüngste Studien lassen auf eine viel höhere Zahl von Toten schließen. Gladys Cox Hanson, Archivarin der Stadt und des Bezirks San Francisco, fand Beweismaterial, dem zufolge bei dem Erdbeben und seinen Nachwirkungen mehr als 3000 Menschen umkamen.

Das Erdbeben wirkte sich bis weit außerhalb San Franciscos aus. Als am 18. April der San-Andreas-Graben brach, riß der nördlichste Abschnitt von einem Punkt bei San Juan Bautista bis Cape Mendocino auf, in einer Länge von etwa 450 km. Die pazifische Platte, die an der nordamerikanischen Platte entlangschrammt, bewegte sich bei Point Reyes horizontal 76 m nach Nordwesten und bei Shelter Cove bis zu 85 m, wobei die Erdoberfläche entlang großer Teile der Dislokationslinie sichtbar zerfurcht wurde. Im Gegensatz dazu betrug die durchschnittliche Verwerfung im südlichen Sektor nur 27 bis 36,5 m.

Die Bewegung des Erdbodens, die San Francisco zerstörte, richtete auch in anderen Küstenorten und -städten schweren Schaden an. Besonders hart wurde der Campus der Stanford University getroffen; massive neoromanische Bauwerke, einschließlich der Bibliothek und der Gedächtniskirche, wurden praktisch vernichtet. Hundert Menschen starben, als das schlecht gebaute Agnews Hospital für Geisteskranke fast völlig einstürzte. An verschiedenen Punkten der Küste kippten steile Klippen ins Meer, in der Erde brachen klaffende Risse auf, Eisenbahnloks und -wagen wurden aus ihren Geleisen geschleudert, und die Schienen verbogen sich zu grotesken Formen. Südlich von Santa Clara wurde das Loma-Prieta-Sägewerk durch Erdrutsche von beiden Seiten der Schlucht, in der es lag, völlig verschüttet, samt der neun Männer, die dort arbeiteten.

Wenige Augenblicke, nachdem die Erde in San Francisco zu beben aufgehört hatte, lösten umgestürzte Öfen, gebrochene Gasleitungen und beschädigte Stromkabel überall in der Stadt Brände aus. Innerhalb von 15 Minuten nach dem Beben wurden schätzungsweise 50 Brände gemeldet, die meisten in dem dichtbevölkerten Bereich südlich der Market Street. Am Mittag des 18. April standen dann 2,6 Quadratkilometer des Stadtkerns in Flammen. Während der nächsten drei Tage wüteten die Brände praktisch unkontrolliert in der Stadt und lösten einen Feuersturm aus, der schlußendlich mehr als 28 000 Gebäude verschlang.

Am Mittwochnachmittag betrachtete der Romanautor Jack London die Verwüstung San Franciscos von der Bucht aus. »Tödliche Stille herrschte«, schrieb er. »Kein Lüftchen regte sich. Doch von allen Seiten strömte Wind in die Stadt... Die aufsteigende erhitzte Luft hatte eine ungeheure Sogwirkung. Dadurch baute sich das Feuer selbst seinen riesigen Kamin durch die Atmosphäre. Die tödliche Stille hielt tagsüber und nachts an – dennoch, in der Nähe der Flammen war der Wind oft ein halber Sturm, so stark wirkte der Sog.« Das von London geschilderte Phänomen ist typisch für den Feuersturm, der eine Säule aus äußerst heißer Luft und brennenden Gasen erzeugt, die über dem Feuer aufsteigt. Während das Feuer Sauerstoff verbraucht, zieht es von allen Seiten Luft heran, um ihn zu ersetzen. Augenzeugen berichteten, daß der so entstehende Sog Dächer von den Häusern riß und sie zum Himmel trug, als seien es Funken. Die ungeheure Hitze der vorrückenden Feuersbrunst ließ ganze Gebäude explosionsartig in Flammen aufgehen, noch bevor das Feuer sie erreichte. Im Inneren dieses Infernos näherten sich die Temperaturen 1 000 °C, so daß Stahl sich verbog und schmolz und Glas sich in formlose Klumpen verwandelte.

Das Erdbeben hatte viele der städtischen Hauptwasserleitungen zerstört, wodurch sich die zur Bekämpfung des Feuers verfügbare Wassermenge dramatisch verringerte. Obwohl der Feuerwehrhauptmann von San Francisco, Dennis T. Sullivan, seinen bei dem Beben erlittenen Verletzungen erlag, scharten sich seine Leute rasch zusammen und führten einen langen, mutigen Kampf; sie pumpten Wasser aus der Bucht sowie den Abwasserkanälen und Gräben, die aus gebrochenen Leitungen überflutet wurden. Die ersten Versuche, durch Sprengung von Gebäuden Feuerbarrieren zu schaffen, schlugen größtenteils fehl; meist entfachten umherfliegende Funken nur neue Brände. Erst am dritten Tag der Feuersbrunst, als eine Mannschaft der US-Marine anrückte, kam es zu einem effektiven Einsatz von Dynamit.

Als am 21. April gegen 7 Uhr die letzten bedrohlichen Flammen erloschen, lagen über zehn Quadratkilometer – darunter das ganze Geschäfts- und Finanzviertel San Franciscos sowie die meisten großen Wohnbezirke – in Schutt und Asche. Etwa 250 000 Menschen waren obdachlos.

Wie Lokalhistoriker vor kurzem herausfanden, schwelten die Trümmer in der Stadt noch, als mehrere große Gesellschaften eine Kampagne der Fehlinformation über die Katastrophe begannen. In der Annahme, daß die Finanziers von der Ostküste kein Kapital in eine durch Erdbeben gefährdete Region investieren würden, formu-

BANCROFT LIBRARY

Während die Flammen eines der größten Stadtbrände in der Geschichte Amerikas rasch näherrücken, gehen oder fahren Menschenscharen die Golden Gate Avenue San Franciscos hinab, um in den Parks und auf den offenen Plätzen der Stadt Zuflucht zu suchen. Die umgestürzten Holzbauten sind charakteristisch für Hunderte ähnlicher Gebäude, die von ihren Fundamenten kippten oder zusammenfielen, als das Erdbeben ihrem lockeren, feuchten Untergrund die Konsistenz von Treibsand gab.

lierte die Leitung der Southern Pacific Company, die bei ihren Eisenbahnanlagen gewaltige Dollarverluste erlitten hatte, eine wirksame Taktik des Herunterspielens der Erdbebenfolgen. Danach wurde die Katastrophe von 1906 offiziell als »das Feuer« bezeichnet und das Erdbeben buchstäblich ignoriert.

Wo immer möglich, tilgte man auf Fotos, die für die Presse freigegeben wurden, sorgfältig alle Anzeichen von Erdbebenschäden. Dank solcher Retuschen stand der Turm der Hall of Justice, der am 18. April um 8.14 Uhr bei einem starken Nachbeben umgestürzt war, auf Fotos, die das heranrückende Feuer zeigten, wunderbarerweise wieder aufrecht. Der Turm des Ferry Building, eines berühmten Wahrzeichens am unteren Ende der Market Street, hatte eine gefährliche Neigung und wies schwere Risse in der Steinfassade auf, doch für sein Erscheinen auf Ansichtskarten aus der Zeit nach dem Beben wurde er mittels fototechnischer Tricks wieder ins Lot gebracht. Das Rathaus war eine zu spektakuläre Ruine, als daß man sie durch Kamerazauberei hätte »verkleiden« können, aber bald kursierten Gerüchte, denen zufolge das Gebäude nicht wegen des unglaublich heftigen Bebens eingestürzt war, wie es den Tatsachen entsprach, sondern infolge schlechter Bauweise – eine falsche Behauptung, die Versicherungsinspektoren später widerlegten.

Nur eine Woche nach dem Erdbeben brachte der *San Francisco Chronicle* eine Resolution, die vom Amt für Immobilien ergangen war: Die Formulierung »das große Beben« solle nicht mehr gebraucht und durch »das Großfeuer« ersetzt werden. Während Erdbeben befremdliche, angsterregende Ereignisse waren, sah man große Brände – wie den Brand von 1871, der Chicago weitgehend zerstörte, und jenen von 1904, der in Baltimore Verheerungen anrichtete – als bekannte und, wie man meinte, bezwingbare Gefahren an. Herb Caen, seinerzeit Kolumnist des *Chronicle*, schrieb Jahre später, das Unglück von 1906 sei zum einzigen Brand der Welt geworden, der eine Stärke von 8,3 auf der Richterskala hatte.

ERDBEBEN / LOMA PRIETA

Am 17. Oktober 1989 konzentrierte sich das Interesse der Amerikaner auf die Gegend um die San Francisco Bay, wo das dritte Baseballspiel der World Series zwischen San Francisco und seinem Rivalen jenseits der Bucht, Oakland, beginnen sollte. Die Fans im vollen Candlestick Park warteten auf das erste Zuspiel, als um 17.04 Uhr das Stadion plötzlich zu vibrieren begann. Als dann der Strom ausfiel, wurden die Bildschirme dunkel, und die Zuschauer im ganzen Land rätselten, was da wohl passiert sei.

Fünfzehn schreckliche Sekunden lang wurde Nordkalifornien von einem Erdbeben mit der Moment-Magnitude 7 erschüttert. Wenig später mußten die sich zerstreuenden Baseballfans und die zur Hauptverkehrszeit nach Hause strebenden Pendler feststellen, daß viele Straßen und Highways unpassierbar waren. Eine Säule aus Rauch und Flammen breitete sich rasch über den Marina District San Franciscos aus, und in der East Bay loderten ebenfalls Feuer auf. Mit dem Einbruch der Nacht versank das ganze Gebiet in nahezu völliger Dunkelheit, nur die Autoscheinwerfer und die roten Lichter von Rettungsfahrzeugen durchdrangen die Finsternis.

Die mit Notstrom arbeitenden Fernseh- und Rundfunkstationen trugen nach und nach Meldungen zusammen und verbreiteten sie: Ein etwa siebzehn Meter langes Teilstück des Oberdecks der Straßen- und Stadtbahnbrücke zwischen San Francisco und Oakland war eingebrochen. Der Embarcadero Freeway im Küstenbereich San Franciscos hatte schweren Schaden gelitten. Erdrutsche und instabil gewordene Brücken blockierten die Highways 1 und 101 nach Süden. Zweiundsechzig Menschen waren umgekommen oder lagen im Sterben, 3800 weitere hatten Verletzungen erlitten und benötigten medizinische Versorgung.

Die größten Verluste an Menschenleben gab es auf der Brücke der Interstate 880 in Oakland, wo 44 Segmente des Betondecks, von denen jede 600 Tonnen wog, auf die Autos darunter fielen. Augenzeugen berichteten, das Erdbeben sei wie eine riesige Meereswelle durch die zweistöckige Brücke gelaufen, wonach ein Betonsegment nach dem anderen auf die Straße darunter gestürzt sei und die Autos dort auf eine Höhe von etwa 45 Zentimetern zusammengedrückt habe. Trotz der Befürchtungen, daß Nachbeben das ganze Bauwerk zum Einsturz bringen könnten, versuchten in der Nähe wohnende Menschen, die Autoinsassen aus dem Betongrab zu retten, zu dem die Brücke geworden war. Später arbeiteten Feuerwehr- und andere Fachleute tagelang, um die 41 Toten aus den Trümmern zu bergen.

Das Erdbeben, das 24000 Wohnhäuser und Etagenhäuser sowie etwa 4000 Geschäftshäuser beschädigte, hatte seinen Ursprung südlich von San Francisco in den Santa Cruz Mountains. Benannt wurde es nach einem Gipfel in der Nähe seines Epizentrums. Der Auslöser war, daß sich ein etwa 50 Kilometer langes Segment der San-Andreas-Verwerfung plötzlich verlagerte und den Krustenblock westlich des Grabens um 15 bis 18 Meter nach Norden schob. Der Herd lag etwa 18000 Meter unter der Erdoberfläche, die nicht barst, auch wenn sich in einem etwa 48 Kilometer langen und knapp 20 Kilometer breiten Gebiet Risse bildeten.

Die größte Spalte, in den Santa Cruz Mountains gelegen, war 650 Meter lang und 2,5 Meter breit. Bei vielen Häusern an den Berghängen neigte sich das Fundament oder sie stürzten teilweise oder ganz ein, als der Boden sich ausdehnte, einsank oder Risse bekam. Die einige Kilometer vom Epizentrum entfernte Stadt Santa Cruz wurde besonders schwer getroffen. Einstürzende Mauern in der Pacific Garden Mall, einer sechs Blocks langen Reihe von Ziegelgebäuden aus der viktorianischen Zeit, erschlugen drei Menschen.

Das Ausmaß der Schäden in einer Entfernung von 60 bis 100 Kilometern könnte man als überraschend groß ansehen. Doch die seismischen Wellen wurden zwar schwächer, als sie sich dem Buchtgebiet näherten, aber die von ihnen verursachte Erschütterung des Erdbodens verstärkte sich in hohem Maß, als die Wellen durch das mit

Das Loma-Prieta-Beben von 1989 erteilte San Francisco wieder die gleichen Lektionen wie das Beben von 1906. Das Erdgeschoß dieses Etagenhauses, das im Marina District auf instabilem Aufschüttungsgelände stand, brach zusammen, so daß sich der erste Stock auf Straßenhöhe befand. Werden die untersten Stockwerke als Garagen, Geschäfte oder große Büros genutzt, fehlen ihnen in der Regel innere Stützmauern, weshalb es ihnen an der nötigen Festigkeit mangelt, um die horizontalen Schütterbewegungen des Bebens zu überstehen.

ROGER RESSMEYER/CORBIS

Wasser gesättigte Aufschüttungsland am Rand der San Francisco Bay nach oben liefen. Die Aufweichung des Bodens im Marina District, der größtenteils auf dem Schutt des Bebens und des Brandes aus dem Jahr 1906 errichtet worden war, führte zum Einsturz von 35 und zur Beschädigung von 150 Gebäuden. Die meisten standen auf aufgeschütteten Grundstücken, die einst Teil von Sumpfland, Mooren oder Flußbetten gewesen waren.

Die ungleichmäßige Verteilung der Schäden unterstreicht die Notwendigkeit strenger Bauvorschriften für Gebiete an einer Verwerfung oder mit weichem Untergrund. Während im Zentrum von Santa Cruz, das auf alten Flußsedimenten stand, viele Holz- und Ziegelhäuser einstürzten, gab es in der unweit des Zentrums auf gewachsenem Fels errichteten University of California nur geringe Schäden. An den Gebäuden der Stanford University, die bereits 1906 schwer gelitten hatten, verursachte eine starke Erschütterung Schäden in Höhe von 165 Millionen Dollar. In der sich ausbreitenden Großstadt San Jose gab es nur geringe Verluste. Selbst in San Francisco und Oakland beschränkten sich die schweren Schäden auf einzelne Zonen.

ERDBEBEN / NORTHRIDGE

REUTERS / CORBIS-BETTMANN

Das Erdbeben der Moment-Magnitude 6,7, das am 17. Januar 1994 Northridge in Kalifornien erschütterte, klang nach einer seismischen Warnung für die ganze Region um Los Angeles. Diese 33 Kilometer nordwestlich des Zentrums von Los Angeles gelegene Vorstadt hatte als seismisch gut vorbereitet gegolten. Doch das Beben zerstörte 12 500 Gebäude und zehn Brücken und machte drei große Freeways unpassierbar. Die wirtschaftlichen Verluste überstiegen 40 Milliarden Dollar, das Beben kam somit teurer zu stehen als der Hurrikan Andrew.

Ursache der hohen Kosten waren zwei entscheidende Faktoren: Das Epizentrum befand sich nahe an einer Großstadt, und das Beben verursachte einige der stärksten je registrierten Erschütterungen. Es entstand an einer verborgenen abnormen Verwerfung – jener Art, die schlimme Vertikalbewegungen auslösen kann. Eine solche Verwerfung verläuft fast horizontal zu einer sanft abfallenden verborgenen Verwerfung, deren eines Ende in einem flachen Winkel zur Oberfläche hin geneigt ist. Bricht eine abnorme Verwerfung an einem flachen Herd entlang, schiebt sich eine Seite

LEVERETT BRADLEY/TONY STONE IMAGES

Das verheerende Erdbeben vom 17. Januar 1994, das viele Häuser in Northridge, Kalifornien, in Trümmer legte (links), war eine Art Generalprobe für die Katastrophe, die eintreten wird, wenn es unter dem Zentrum von Los Angeles zu einem vergleichbaren oder stärkeren Erdstoß kommt. Nach dem Beben der Moment-Magnitude 6,7 schießen aus einer geborstenen Gasleitung Flammen, und neben den bis auf die Grundmauern abgebrannten Häusern fließt Wasser aus gebrochenen Hauptleitungen (Seite gegenüber).

nach oben; die Freisetzung seismischer Spannungsenergie so nahe an der Erdoberfläche ruft starke Bodenbewegungen hervor.

Weil das Beben Northridge um 4.31 Uhr an einem Feiertag traf, gab es nur 60 Tote. Wäre es mittags aufgetreten, hätte es wesentlich mehr Opfer gefordert, besonders in den Einkaufszentren und Warenhäusern, von denen einige fast völlig eingestürzt waren.

Inspektoren beschrieben die Schäden an vielen der modernen Stahlbetonbauten als generell »ungeheuer«, und ältere Ziegelbauten wiesen solche Schäden auf, daß man sie einreißen mußte. Der Campus der California State University in Northridge, der fast genau über dem Herd im Epizentrum des Bebens lag, litt schweren Schaden.

Eine aus dem Erdbeben von Northridge zu ziehende Lehre ist, daß Südkalifornien zahlreiche seismische Gefahren drohen. Nachdem nun eine zunehmende Zahl bisher unbekannter Verwerfungen entdeckt und kartiert wird, gelangen Geologen zu dem Schluß, eine weitere große Gefahr liege in einem ganzen Netz von Verwerfungen, die sich durch das Becken von Los Angeles ziehen. Verstärkt wird das Problem noch durch etwas, das sie als die »große Biegung« bezeichnen. Dort, wo sich der San-Andreas-Graben von Süden her Los Angeles nähert, macht er eine Biegung nach Westen, bevor er eine nördliche Richtung entlang der Küste einschlägt. Als Folge dieser Biegung, die knapp 50 Kilometer östlich der Stadt verläuft, kommt die nordamerikanische Platte Südkalifornien in den Weg, das auf der pazifischen Platte nordwärts gleitet.

Wegen der enormen seismischen Spannung im Becken von Los Angeles glauben einige Geologen, in dieser Region hätten sich zu historischer Zeit nicht genügend Erdbeben ereignet. »Wir brauchen noch 15 weitere Beben wie das von Northridge, um aufzuholen in bezug auf die Spannung, die sich in den vergangenen 200 Jahren aufgebaut hat«, behauptet Jim Dolan, ein Geologe an der University of Southern California. »Oder aber ein einziges großes Beben. Das könnte sogar noch stärker sein.«

»Früher meinten wir, die größte Gefahr für Los Angeles sei ein großes Beben, das seinen Ursprung auf der San-Andreas-Verwerfung hat, die mindestens 50 Kilometer von Zentrum weg verläuft«, sagt Kerry Sieh von Caltech. »Aber San Andreas ist nicht mehr der einzige mögliche Auslöser eines großen Bebens. Wir haben den Feind jetzt genau unter der Stadt sowie an ihren Rändern.«

Ein Stoß der Stärke 7 oder 7,5 auf einer abnormen Verwerfung kann hier mehr Schaden anrichten als einer der Stärke acht auf San Andreas. Eine der möglichen Ursachen für eine Katastrophe ist das System von Verwerfungen und Faltungen unter dem Zentrum von Los Angeles. Eine weitere ist die Hollywood-Verwerfung, deren Bewegung zum Bruch der angrenzenden Santa Monica-Verwerfung führen könnte, was einen Erdstoß der Magnitude 7+ auslösen würde und wahrscheinlich die Zerstörung eines Gebiets vom Osten des Zentrums über Beverly Hills bis Malibu zur Folge hätte. Ein Beben auf der Newport-Inglewood-Verwerfung würde vermutlich noch größere Schäden anrichten. Die Verwerfung erstreckt sich vom Meeresboden südlich von Laguna Beach nach Nordwesten, bis Beverly Hills. Glitte sie mit durchschnittlich einem knappen Meter an einem 72 Kilometer langen Bruch entlang, würde die Erde 25 Sekunden beben, und im Gebiet von Los Angeles hätten die Stöße eine Mercalli-Stärke von mehr als VIII.

ERDBEBEN / NEW MADRID 1811-1812

Die meisten großen Erdbeben der Welt treten an klar umrissenen, bekannten Plattengrenzen auf, und die stärksten konzentrieren sich typischerweise auf Subduktionszonen. Einige große Beben schlagen jedoch tief im Inneren eines Kontinents zu, weit entfernt von einer Plattengrenze.

Während des Winters 1811–1812 erschütterten mehrere heftige Beben das zentrale Mississippital und lösten Wirkungen aus, die einmalig sind in der seismischen Geschichte Amerikas. Bekannt sind sie als Beben von New Madrid, Missouri, weil ihre Epizentren in der Nähe der Kleinstadt New Madrid in Missouri lagen und zwei der stärksten registrierten Stöße eine geschätzte Moment-Magnitude von 8 oder mehr erreichten. Schäden an Ziegelbauten – vor allem Kaminen, die barsten und einstürzten – traten überall im Südosten Missouris auf, ebenso im Süden von Illinois sowie im Westen von Kentucky, Indiana und Tennessee. Große Gebiete hoben sich, noch größere tauchten auf Dauer ab, so daß sich Land in Seen oder Moore verwandelte. Der 29 Kilometer lange Reelfoot Lake in Tennessee entstand beim dritten Beben, am 7. Februar 1812, oder wurde von ihm wesentlich vergrößert. Der Naturwissenschaftler John J. Audubon aus Kentucky erinnerte sich, daß »sich der Boden zu aufeinanderfolgenden Furchen hob und senkte wie das wellige Wasser auf einem See. Die Erde wogte wie ein Kornfeld im Wind«. In einem 160 Kilometer langen Landstrich von New Madrid bis Marked Tree, Arkansas, kam es zu einer Aufweichung, niedriges Land wurde überflutet, und die Erdoberfläche riß zu gähnenden Spalten auf.

Während der Erdboden von Stößen erschüttert wurde und sich krümmte, schossen Fontänen aus Sand und Wasser vom Grund auf wie Geysire, stiegen zehn Meter in die Höhe und verbreiteten Schwefelgeruch von verfaulten Pflanzen, die zuvor in der Bodenkrume vergraben gewesen waren. Bei Blytheville, Arkansas, bedeckte eine ein Meter hohe Schicht aus ausgestoßenem Sand eine Fläche von etwa 65 Quadratkilometern.

Schiffe, Boote und Flöße, die auf dem Mississippi fuhren, bekamen es mit riesigen Wellen zu tun, die angeblich stromaufwärts liefen, entgegen der normalen Strömung, einige der Wasserfahrzeuge versenkten und andere auf das Flußufer hinaufspülten. Als sich die Wasserfluten zurück in den Mississippi ergossen, brachen sie Tausende Bäume ab und rissen sie in den Fluß, so daß ein Gewirr aus Trümmern, Booten und Kanus entstand. Ganze Inseln gingen unter, während urplötzlich gefährliche neue Stromschnellen und Wasserfälle entstanden, verursacht durch Aufwölbungen und Einsackungen im Flußbett. Den schottischen Naturwissenschaftler John Bradbury, der sich 160 Kilometer südlich von New Madrid auf einem Boot befand, weckte am 16. Dezember 1811 »ein gewaltiger Lärm… der dem lautesten Donner gleichkam, aber hohler klang und stärker vibrierte«. Ihm schien, daß »sich die ganze Natur in einem Zustand der Auflösung befand«.

In Erinnerung bleiben die Erdbeben von New Madrid nicht nur wegen ihrer ungeheuren Umgestaltung des Geländes im Mississippi-Tal, sondern vor allem wegen der ungeheuren Entfernungen, in denen sie wahrgenommen wurden. Im fast 1800 Kilometer nordöstlich davon gelegenen Boston bebte die Erde, ebenso im mehr als 1100 Kilometer östlich gelegenen Washington, D.C., und im 740 Kilometer südlich gelegenen New Orleans. Etwa 2,6 Millionen Quadratkilometer wurden gewaltsam in Bewegung versetzt.

Die Beben unterschieden sich von anderen auch durch ihre ungewöhnliche Zahl und Schwere. Bei den meisten großen Erdbeben ist der erste Stoß der heftigste, und auf ihn folgen Nachbeben von langsam abnehmender Intensität. Bei den Beben von New Madrid jedoch gab es drei Hauptstöße, die in ziemlichem zeitlichem Abstand auftraten, und zerstörerische Nachbeben, die mit Unterbrechungen mehr als ein Jahr dauerten. Das erste große Beben ereignete sich am frühen Morgen des 16. Dezembers 1811, das zweite am 23. Januar 1812 und das dritte am 7. Februar 1812.

In den Jahren 1811 und 1812 erschütterte die am weitesten spürbare Erdbebenserie der amerikanischen Geschichte die Gebiete des Mississippitales bei New Madrid, Missouri. Die heftigsten Stöße, deren Stärke man auf eine Magnitude von mehr als acht schätzte, ließen das Land von Kanada bis New Orleans erbeben. Wissenschaftlern zufolge werden in der seismischen Zone New Madrids unausweichlich weitere starke Beben auftreten.

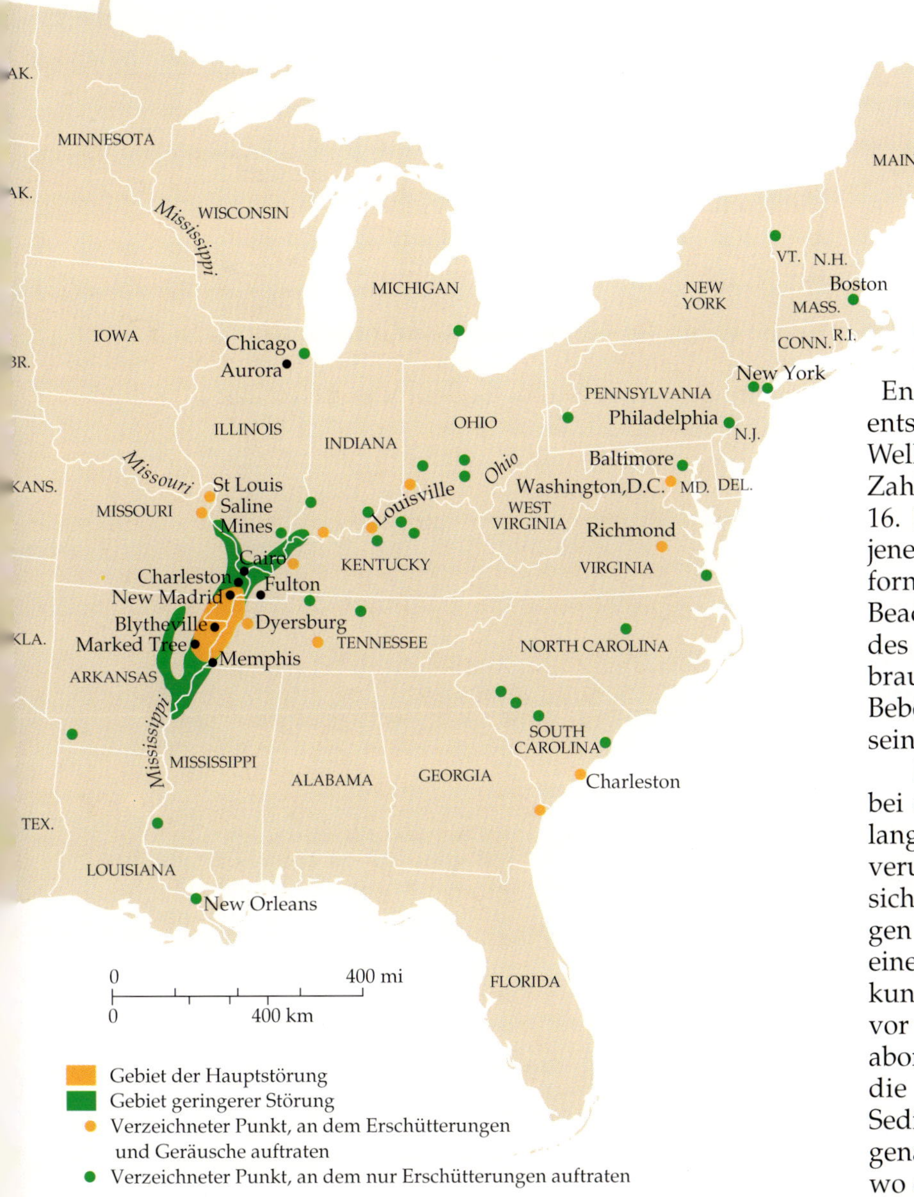

Damals gab es noch keine Seismographen, die genaue Meßdaten über diese chaotischen Ereignisse geliefert hätten, doch ein Ingenieur und Geometer, aus Louisville, Kentucky, ersann ein Mittel zur Bewertung ihrer relativen Größe und Stärke. Jared Brooks benutzte Pendel zum Messen der Horizontalbewegung und Federn zum Aufspüren vertikaler Bewegungen; damit registrierte er vom 16. Dezember 1811 bis zum März des folgenden Jahres 1874 Erdbeben. Neben den drei großen stufte er fünf andere als »gewaltig« ein, zehn als »stark« und fünfunddreißig als »generell alarmierend für die Menschen«.

Die Bewohner des Mississippitales müssen das Gefühl gehabt haben, ihr Land werde nie mehr eine »terra firma« sein. Rund um New Madrid bebte die Erde jeden Tag bis Ende 1812, und im Süden von Illinois entstanden zwei weitere Jahre lang seismische Wellen. Eine Studie aus jünster Zeit verglich die Zahl und die Magnitude der Erdbeben vom 16. Dezember 1811 bis zum 15. März 1812 mit jenen, die zwischen 1932 und 1972 in Südkalifornien auftraten. Obwohl die Beben von Long Beach und dem San Fernando Valley während des in der Studie erfaßten Zeitraums auftraten, brauchte Kalifornien 41 Jahre, um ebenso viele Beben zu erreichen wie New Madrid während seiner Serie in ganzen drei Monaten erlebt hatte.

Im Gegensatz zu vielen kalifornischen Beben, bei denen typischerweise die Erdoberfläche entlang einer erkennbaren Verwerfung aufbricht, verursachten die Beben von New Madrid keine sichtbare Dislokation der Erdoberfläche. Geologen glauben, daß die Beben ihren Ausgang in einem tief unter der Oberfläche liegenden Senkungsgraben nahmen, einem Krustenblock, der vor ungefähr 500 Millionen Jahren während einer abortiven Spaltung Nordamerikas absank. Weil die aktiven Verwerfungen von einer dicken Sedimentschicht bedeckt sind, lassen sie sich am genauesten lokalisieren, wenn man herausfindet, wo die gegenwärtigen Hypozentren konzentriert sind. Das Verwerfungssystem – das durchschnittlich 200 Erdstöße erzeugt, von denen die meisten zu gering sind, um wahrgenommen zu werden – erstreckt sich 250 Kilometer nach Süden, von Cairo, Illinois, durch New Madrid und Caruthersville, Missouri, bis Marked Tree, Arkansas. Es geht bei Fulton durch Kentucky, in der Nähe des Reelfoot Lake, dann durch Tennessee und reicht im Südosten bis Dyersburg, Tennessee.

Seit den katastrophalen Ereignissen von 1811–1812 hat das New-Madrid-System zahlreiche kleinere, aber ebenfalls zerstörerische Beben ausgelöst. Zwischen 1838 und 1976 verursachten mindestens 20 Erdstöße Risse in Mauern und brachten Schornsteine zum Einsturz. 1895 rief ein Beben mit einer geschätzten Moment-Magnitude von 6,6 in 23 Staaten und in Südostkanada wahrnehmbare Erschütterungen hervor. Es beschädigte nicht nur Gebäude bei Charleston, Missouri, sondern ließ auch einen See von 16 200 Quadratmetern entstehen. Ein Beben von 1909, dessen Epizentrum bei Aurora, Illinois, lag, war in einem Gebiet von 1,3 Millionen Quadratkilometern spürbar.

Geologen, die diese seismische Zone untersuchen, rechnen nicht mit einer Wiederholung der Beben von 1811–1812 in naher Zukunft. Erdbeben-Statistiken und -Wahrscheinlichkeitswerte deuten darauf hin, daß große Beben etwa alle 550 bis 1 200 Jahre auftreten. Aber wenn auch kein großes Beben zu drohen scheint, so bedeuten doch schwächere Beben weiterhin ein Risiko. Große Beben der Magnitude 7 oder mehr erschüttern das Gebiet alle 254 bis 500 Jahre, und kleinere Beben der Stärke 6 oder mehr treten alle 70 bis 90 Jahre auf. Heute leben in dem Gebiet, das 1811–1812 am stärksten erschüttert wurde, etwa zwölf Millionen Menschen. Wegen der großen Bevölkerungsdichte und weil Bauvor-

ÖSTLICHE VEREINIGTE STAATEN

■ Erdbeben im Osten betreffen außergewöhnlich große Gebiete, verglichen mit den Beben an der Pazifikküste, die in einer Entfernung von 90 bis 160 Kilometern von ihrem Ausgangsort nur selten bedeutende Schäden verursachen. Der Unterschied liegt in den Krustenfelsen, durch den seismische Wellen laufen. Die Kruste im Osten ist etwas kühler und weniger leitfähig, deshalb absorbiert sie die seismischen Wellen nicht in dem Maß wie die relativ heiße Kruste im Westen. Außerdem ist die Westküste geologisch gesehen ein Flickwerk aus »Einzelstücken«: Krustenblöcken, die eine verschiedene Zusammensetzung und einen anderen Ursprung haben als der Fels in ihrer Umgebung. Die Region östlich der Rocky Mountains ist jedoch homogener, sie besteht aus relativ altem Granit. Erdbeben in den östlichen Vereinigten Staaten senden seismische Wellen durch einen Krustenblock aus altem, brüchigem Fels. Deshalb werden seismische Wellen nicht von unzähligen Rissen behindert und setzen sich über große Entfernungen fort, wobei ihre Intensität kaum abnimmt.

■ Am 31. August 1886 ereignete sich bei Charleston, South Carolina, ein Beben der Moment-Magnitude 7,3. In der Zone der stärksten Erschütterung gab vielerorts der Boden nach, was zu Rissen in der Erdoberfläche und zu »Sandwehen« führte, wie die Ortsansässigen sagten: Fontänen aus Wasser und Sand, die hoch in die Luft schossen. In Charleston wurden 2 000 Ziegel- und Holzhäuser stark beschädigt, und mehr als hundert weitere mußten später eingerissen werden. Sechzig Menschen fanden den Tod. Obere Stockwerke von Gebäuden erlitten noch in weiter Entfernung geringfügige Schäden, so im 1 020 Kilometer nordöstlich liegenden New York und im 1 200 Kilometer nordwestlich liegenden Chicago.

■ Ein Erdbeben der Moment-Magnitude 5 erschütterte am 7. Oktober 1983 den Norden des Staates New York. Das Beben war von Südkanada bis New Jersey wahrnehmbar und das größte, das die Gegend seit einem ähnlichen Ereignis von 1944 heimsuchte. Zwischen 1720 und 1990 erlebten die Bewohner des Staates mehr als 350 verzeichnete Erdbeben.

■ Auch New England wurde von zerstörerischen Beben heimgesucht. Das erste verzeichnete große fand 1683 statt. Das vielleicht stärkste historische Beben in der Region war jenes, das 1755 Massachusetts traf. Damals stürzten in Boston Schornsteine um, und Kirchenglocken läuteten wild. Im gleichen Jahr erlitt jenseits des Atlantiks Europa sein katastrophalstes Beben, bei dem Lissabon in Portugal praktisch zerstört wurde. Die Tsunamis – seismische Meereswellen –, die über die Stadt hereinbrachen, und das Feuer, das die Ruinen verschlang, kosteten Tausende Menschenleben. Die Katastrophe zwang die europäischen Intellektuellen, die Anhänger der Aufklärung, ihre Auffassung von der Natur als gütig zu revidieren. Wie Voltaire aufzeigte, bewies die Zerstörung Lissabons, daß wir nicht in der »besten aller möglichen Welten« leben. Die Natur, so folgerte der Philosoph, kann ebensoviel willkürliche Gewalt ausüben wie die Menschheit selbst.

RICK RICKMAN

Ein Blitz zuckt über den Himmel von St. Louis, Missouri; er erinnert daran, daß die Natur sogar im angeblich stabilen Kernland Amerikas chaotische Kräfte sichtbar werden läßt. St. Louis, Memphis und andere Städte im Mississippital, die zur Zeit der Beben von New Madrid spärlich bevölkert waren oder noch gar nicht existierten, laufen Gefahr, beim nächsten großen Beben in dieser seismischen Zone zerstört zu werden.

schriften fehlen, die zur Errichtung erdbebensicherer Gebäude ermutigen würden, könnte sogar ein schwächeres Beben immensen Schaden anrichten. Eine vor kurzem durchgeführte Inspektion ergab, daß im Bezirk St. Louis 140 000 unverstärkte Ziegelbauten stehen, Gebäude jener Art, die bei einem Erdbeben mit größter Wahrscheinlichkeit einstürzen.

Viele Städte und Ortschaften in der seismischen Gefahrenzone, darunter Teile von Memphis, Tennessee, und St. Louis, Missouri, stehen im Überschwemmungsgebiet des Mississippi auf Sandsedimenten, die der Fluß dort abgelagert hat. Die Epizentren künftiger Beben dürften sich etwa so nahe an diesen Bevölkerungszentren befinden wie 1989 das Epizentrum des Loma-Prieta-Bebens an San Francisco, wo die Erschütterungen ungeheuer verstärkt wurden, als seismische Wellen im Marina District durch aufgeschüttetes Land liefen.

Ein Beben der Magnitude 6 oder 7 im Zentrum des Verwerfungssystems von New Madrid könnte katastrophale Folgen haben, die alten Holzbauten von ihren Fundamenten stürzen, Freeway-Überführungen zum Einsturz bringen und Tausende von Ziegelgebäuden in Schutthaufen verwandeln. Weil die meisten Gebäude von ihrer Konstruktion her nicht einmal einem mittleren Beben standhalten würden, dürfte ein solches Ereignis hier weit größere Schäden anrichten als in einigen westlichen Staaten, wo die Bauvorschriften für Gebäude und Brücken wesentlich strenger sind. Gegenwärtigen Studien zufolge könnte ein großes Beben hier Tausende Menschenleben fordern und etliche Milliarden Dollar an Besitzverlusten kosten. Wenn private Agenturen oder Regierungsämter dann nicht in der Lage sind, ausreichende Notdienste einzurichten, könnte das soziale Netz zusammenbrechen.

TSUNAMIS / ALASKA 1964

Allem Anschein nach genügten der Natur ein sich werfender Erdboden, einstürzende Gebäude und tobende Brände nicht als zerstörerische Auswirkungen des großen Bebens, das Alaska 1964 heimsuchte, denn sie setzte noch eine weitere tödliche Waffe ein: seismische Meereswellen. Man stelle sich den dreifachen Schlag von Erdbeben, Feuer und Überflutung vor, der Seward verwüstete, eine kleine Hafenstadt und Eisenbahn-Endstation auf der Halbinsel Kenai. Am 27. März um 17.36 Uhr bebte die Erde mit der Moment-Magnitude 9,2, der stärksten je in Nordamerika registrierten Erschütterung, und große Bereiche des Meeresbodens hoben sich plötzlich um viele Meter, während andere kippten und absanken, wodurch ungeheure Mengen Meerwasser in Bewegung gerieten.

Eine zehn Meter hohe Wasserwand brach über den Uferbezirk von Seward herein. Gene Kirkpatrick beobachtete voll Entsetzen, wie Feuer und Wasser sich zu einer Vernichtung größten Ausmaßes vereinigten. »Fast als erstes flog der Deckel des Öltanks im Lagerareal in die Luft«, erinnerte er sich. »Dann, als das Feuer wirklich toste, kam die Welle dort die Resurrection Bay herauf und verteilte es überall. Es war gespenstisch anzusehen: Eine riesige Feuerwoge schlug an die Küste, setzte eine Hochwassermarke in Brand und wurde wieder zurückgesogen.«

Die von brennendem Öl bedeckte Meereswelle fegte mit 160 Stundenkilometern landeinwärts, über Eisenbahngeleise hinweg und ins östliche Ende des Hafens. Die Feuerflut raste, Lokomotiven, Güterwagen, Ölfässer, Pierpfähle und andere Trümmer aufeinanderhäufend, über den Küstenbereich, die Docks, den Bahnhof und weit in die Stadt hinein. Mehrere Wellen rollten in rascher Folge durch, und als sie zurückwichen, nahmen sie das meiste dessen mit ins Meer, was kurz zuvor noch Seward gewesen war. In der kalten Dunkelheit sah der Stauer Jim Kirkpatrick, ein Bruder von Gene, daß brennende Wrackteile die Resurrection Bay sprenkelten wie Scheiterhaufen zur Leichenverbrennung. »Viele abgeknickte Trümmer der Verpfählungen schwammen aufrecht umher, weil sie unten voll Wasser gesogen waren. Dann fingen die oberen Teile mit ihrer Teer- und Ölschicht Feuer« und brannten als düstere Seezeichen.

Entlang des Golfs von Alaska schwemmten die Wellen Küstensiedlungen weg, und sie dehnten ihre tödliche Wirkung weit in den Süden hinunter aus, bis hinunter ins kalifornische Crescent City, wo zwölf Menschen ertranken, als Wasser in einer Höhe zwischen ein und sieben Meter landeinwärts rollte. Im alaskischen Hafen Valdez, der etwa 48 Kilometer vom Prince William Sound entfernt an einer schmalen Bucht liegt, waren viele Menschenleben zu beklagen. Als das Beben einsetzte, standen etwa 30 Hafenarbeiter und Zuschauer auf einer Pier; innerhalb von Sekunden verschwanden die Menschen und die Pier. Eine zehn Meter hohe Welle war herangerollt, und Jim Aubert hatte gesehen, »daß vielleicht ein Dutzend Menschen kehrtmachten und in Richtung Ufer rannten, doch die Pier war lang – vielleicht hundert Meter –, und die Leute hatten nicht die geringste Chance. Sie wurde sofort nach unten gesogen …«

An der Ostküste der Insel Kodiak verschwand das aleütische Fischerdorf Kaguyak von der Landkarte. Zuerst kam eine glatte hohe Woge, dann wich die See weit zurück, so daß Meerestiere auf dem plötzlich freiliegenden Küstenstreifen strandeten. Nachdem das Wasser ein zweites Mal hereingerollt und zurückgewichen war, raste die dritte, die höchste Welle heran und zerschlug alle Häuser sowie die Kirche.

Gewarnt durch die erste Welle, hatten sich die Einwohner Kaguyaks, insgesamt etwa zwei Dutzend, auf hohes Gelände geflüchtet; von dort beobachteten sie, wie die Welle weit über die normale Ebbemarke hinaus zurückwich. Weil sie wußten, daß sie die Nacht auf ihrer windigen Hügelkuppe würden verbringen müssen, rannten einige Männer in den Ort hinab, um Decken, Kofferradios und Taschenlampen zu holen.

Während die Männer Vorräte zusammenrafften, kam die schreckliche dritte Welle. Drei

Tsunamis, die in Alaska auf das Erdbeben vom 27. März 1964 – das größte in Nordamerikas Vergangenheit – folgten, richteten schwere Schäden in vielen Küstenorten an, so auch in Seward, einem Hafen und Endpunkt der Eisenbahnlinie (unten). Geleise der Alaska Railroad bei Seward (links), die durch Unterspülungen und Meereswellen von ihrem Untergrund losgelöst wurden, veranschaulichen die Kraft des Killer-Bebens und der Tsunamis.

UPI/CORBIS-BETTMANN (BOTH)

Männer, die das Unheil nahen sahen, konnten in zwei kleine, neben den Häusern auf dem Strand liegende Boote steigen und überlebten wunderbarerweise die Überschwemmung, die ihr Dorf in Vergessenheit riß. Der junge Dorfführer Roger Williams sagte, die Alëuten hätten die Warnung ihrer Vorfahren beherzigen sollen. Vor langer Zeit war deren Dorf bei einer ähnlichen Katastrophe weggespült worden, worauf sie die Redewendung geprägt hatten: »Die dritte Welle ist die schlimmste – gebt acht auf die dritte.«

Wolke aus Gas und weißglühender Asche, die von den Hängen des Pelée direkt auf ihn zukam. Als der französische Vulkanologe Alfred Lacroix später die Eruption untersuchte, gab er der tödlichen Wolke des Pelée den Namen *nuée ardente:* »glühende Wolke«; auch als pyroklastischer Erguß wurde sie bezeichnet. Heute sieht man diese Glutwolke, die Saint-Pierres Bevölkerung auslöschte, als eine der üblichen, aber eine der gefährlichsten vulkanischen Erscheinungen an.

Wie stark war die Explosion?

Vulkanologen haben zwar keine Instrumente, um die relative Stärke von Vulkanausbrüchen zu messen, aber sie können die relative Magnitude einzelner Eruptionen berechnen, indem sie Faktoren berücksichtigen wie das Volumen des ausgestoßenen Materials, die Entfernung, in die große Gesteinsfragmente geschleudert werden, und die Höhe der Eruptionswolke. Für die Berechnung der vergleichsweisen Stärke prähistorischer Ausbrüche, über die es keine schriftlichen Aufzeichnungen gibt, sowie der von Augenzeugen berichteten Eruptionen schufen Wissenschaftler den Volcanic Explosivity Index (VEI).

Gleich der Richter-Skala zum Messen von Erdbeben ist der VEI ein einfaches Zahlenbewertungssystem, das von null bis acht reicht, wobei jede Zahl gegenüber der vorhergehenden eine Steigerung um etwa den Faktor zehn darstellt. Je höher die Zahl ist, desto voluminöser und heftiger war die Explosion.

In der unlängst von der Smithsonian Institution herausgegebenen Publikation *Volcanoes of the World*, die eine vergleichende Liste der 1 511 bekanntesten Vulkane der Erde enthält, erkennen die Herausgeber keinem Eruptionsgeschehen der letzten 10 000 Jahre die VEI-Stärke acht zu.

Nur vier, darunter die Eruption des Tambora von 1815, erhalten den VEI-Wert sieben. Doch sogar der Tambora, der den auswurf-reichsten Vulkanausbruch in moderner Zeit produzierte – etwa 83 Kubikkilometer dichtes Magma –, wird völlig in den Schatten gestellt von einem anderen indonesischen Vulkan, dem Toba, der vor ungefähr 74 000 Jahren mehr als 2 500 Kubikkilometer Magma ausstieß und Lavaströme sowie Glutlawinen oder Surges bildete, die mindestens 26 000 Quadratkilometer mit Ablagerungen in einer Höhe bis zu 300 Metern bedeckte. Tobas Aschewolken dürften eine fast weltweite Verfinsterung bewirkt und eine schwere weltweite Abkühlung verursacht haben, die nach den Spekulationen einiger Geologen vielleicht der letzten Eiszeit einen neuen Impuls gab.

Der Vulkan Yellowstone in Nordamerika brachte vor etwa zwei Millionen Jahren eine vergleichbare Eruption zustande. In historischer Zeit ist es zum Glück für die Menschheit nicht zu einer Eruption dieses Ausmaßes gekommen. Während der letzten Jahrzehnte registrierte man bei den Vulkanen der Erde etwa 60 Ausbrüche pro Jahr.

Von diesen erreicht alle paar Wochen etwa eine Eruption den VEI-Wert zwei, was bedeutet, daß dabei etwa 5,4 Millionen Kubikkilometer Gesteinstrümmer ausgestoßen werden. Eine Eruption der VEI-Stärke drei, die etwa zwölf Millionen Kubikmeter Tephra (Lockerprodukte) produziert, wie 1985 jene des Nevado del Ruiz, bei der 23 000 Menschen umkamen, findet jährlich einige Male statt.

Nur einmal in einem Jahrzehnt treten VEI-5-Eruptionen auf, wie 1980 jene des Mount St. Helens, der etwa ein Kubikkilometer Magma ausstieß. Ein Ausbruch wie jener des Krakataus aus dem Jahr 1993, der zehn Millionen Kubikkilometer förderte – das Zehnfache des St. Helens –, erreicht VEI sechs und ereignet sich etwa einmal in hundert Jahren.

Wie die Smithsonian-Herausgeber aufzeigen, verwüstete der St. Helens Hunderte Quadratkilometer und stellte eine lokale Katastrophe dar, während der Krakatau eine regionale Katastrophe war, die 36 000 Menschenleben kostete, eines sogar in Indien.

Auf dem Gipfel des Unzen, eines der tödlichsten Vulkane Japans, umreißt ein unheimliches Glühen das Profil eines wachsenden Lavakegels. Im Juni 1991 erzeugte glühendes Gestein, das aus dem plötzlich zusammengebrochenen Kegel drang, einen Lavastrom und eine Glutlawine, die 41 Menschen töteten, darunter die Vulkanologen Katia und Maurice Krafft sowie Harry Glicken. Bei einem Ausbruch im Jahre 1792 kamen etwa 15 000 Menschen ums Leben.

ROGER RESSMEYER / CORBIS

Die Explosion des Tamboras im Jahr 1815 hatte globale Folgen, sie senkte die Temperaturen weltweit signifikant und verursachte das »Jahr ohne Sommer«, in dem Nachtfröste die Ernte von Europa bis New England verdarben. Die Auswirkungen, die eine Wiederholung der Yellowstone-Explosion von vor zwei Millionen Jahren heute hätte, können wir uns nur ungefähr vorstellen.

Damals regnete es 2 300 Kubikkilometer Asche über ein Gebiet, das heute 16 amerikanische Bundesstaaten umfaßt, darunter die späteren Standorte von Los Angeles, Tucson, El Paso und Des Moines. Das Wissen, daß auf solche gigantischen Lavaströme, die sporadisch die lange Geschichte der Erde markieren, gewöhnlich jahrhunderte- oder jahrtausendelange Ruheperioden folgen, ist keineswegs beruhigend.

VULKANE / ASCHEKEGEL

Milde explosive Eruptionen werden als strombolisch bezeichnet, nach der Vulkaninsel Stromboli, die vor der Küste Siziliens im Tyrrhenischen Meer liegt. Seit klassischer Zeit ist Stromboli als »Leuchtturm des Mittelmeers« bekannt, denn der Vulkan bricht fast regelmäßig in Zehn-Minuten-Abständen aus und weist den Seeleuten den Weg, tagsüber mit einer »Wolkensäule«, nachts mit einer »Feuersäule«.

Eine fast allgegenwärtige vulkanische Landform, der Aschekegel, entsteht durch strombolische Aktivität. Aschekegel findet man überall, von Mittelkalifornien und den Wüsten Arizonas bis zu den Lava-Öden Islands; sie entstehen, wenn Vulkane bei mäßig explosiven Eruptionen Trümmer teilweise geschmolzenen Gesteins in die Luft spucken. Diese durch die Luft getragenen Fragmente – deren Größe von Brocken mit einigen Metern Durchmesser bis zu Aschepartikeln reicht, die gerade einmal einen Millimeter messen – fallen rund um den Eruptionsschlot auf die Erde zurück und häufen sich im Lauf der Zeit zu einem steil geböschten Kegel auf.

In diesem Jahrhundert waren Geologen Zeugen der Geburt mehrerer Aschekegel. Am berühmtesten wurde der Parícutin, der überraschend am 20. Februar 1943 auf einer Farm in Mexiko aus dem Boden sproß. Nach einer Serie Erdbeben gähnte in Dionisio Pulidos Maisfeld ein Loch, das Dampf und heiße Asche zu spucken begann. Vierundzwanzig Stunden später erhob sich in dem Feld ein etwa zehn Meter Andesit-Tephra-Kegel. Man benannte ihn nach dem Dorf Parícutin, das er später unter einem Lavastrom begrub. Der Feuerberg wuchs rasch. Nach einer Woche maß er 168 Meter, nach einem Jahr 336 Meter.

Im Lauf der nächsten paar Jahre nahm der Parícutin vor allem an Volumen zu. Weil Aschekegel aus locker verdichtetem Vulkanschutt bestehen, sind sie instabil. Wegen der strukturellen Schwäche des Kegels kann in seinem Inneren keine umfängliche Säule aus geschmolzenem Stein hochsteigen, ohne daß sie seinen Einbruch verursacht. Die meisten Lavaströme des Parícutins traten deshalb aus Kanälen in der Nähe des Kegelfußes aus; einige strömten von ihrer Quelle mehrere Kilometer weit. Im Juni 1944 walzte ein Strom das Dorf San Juan Parangaricutrio nieder, zerdrückte seine Häuser und verbrannte die Kirche zur Hälfte, so daß nur noch der Glockenturm und ein kleiner Teil der Fassade aus der chaotischen Lavawüste ragen.

Nach neun Jahren fast ununterbrochener Aktivität, im Jahr 1952, stellte der Parícutin seine Tätigkeit unvermittelt ein. Dieser kurze Lebenszyklus ist charakteristisch für Aschekegel, die typischerweise in einer einzigen Eruptionsepisode entstehen und dann verstummen. Steigt in der gleichen Gegend frisches Magma an die Oberfläche, reaktiviert es keine existierenden Kegel, sondern sprengt einen neuen Schlot auf und erzeugt einen völlig neuen Vulkan.

Wie gefährlich es ist, neben einem geologisch jungen Aschekegel zu leben, zeigte sich in aller Dramatik am 23. Januar 1973, als die Einwohner von Vestmannaeyjar auf der Insel Heimaey vor der Südküste Islands vom Getöse eines neugeborenen Vulkans aus dem Schlaf gerissen wurden. Weniger als eineinhalb Kilometer von der Stadt entfernt hatte sich am Fuß des Helgafells, eines vor etwa 6000 Jahren entstandenen großen Aschekegels, eine Spalte geöffnet. Die Beamten Vestmannaeyars handelten gefaßt und effektiv, sie transportierten 5000 Einwohner auf das Festland und ließen nur 300 Freiwillige auf der Insel zurück, die ihre Stadt gegen die von niedergehenden rotglühenden Bomben entfachten Brände verteidigen wollten.

Helgafells lärmender Abkömmling, der bald zu einer Höhe von 224 Metern heranwuchs, stieß Basalt-Tephra aus, das rasch die ganze Insel mit einem Leichentuch bedeckte.

Im Gebiet unweit des Vulkans gingen 300 Häuser in Flammen auf und weitere 65 wurden unter einer bis zu sieben Meter dicken holzkohlegrauen Ascheschicht begraben. Weil die Eruption andauerte, drohten Lavaströme die ein-

ROBERT S. PATTON

Im Januar 1973 wurden die Einwohner von Vestmannaeyjar auf der isländischen Insel Heimaey aus dem Schlaf gerissen, weil unmittelbar vor ihrer Stadt ein neuer Vulkan entstand. In den folgenden Monaten kämpften die Einwohner gegen den wachsenden Aschekegel, sie gruben ihre Häuser aus den schwarzen Aschehaufen aus und sprühten Wasser auf die Lava, die ihren Hafen zu blockieren drohte.

zige Hafeneinfahrt zu verschließen, und das wäre tödlich gewesen für die Existenzgrundlage der Stadt, die von der Fischverarbeitung lebte.

Mit Hilfe isländischer Wissenschaftler kämpften die Inselbewohner gegen die Lava, indem sie sie mit Meerwasser bespritzten. Ein ausgeklügeltes System aus Pumpen, Rohren, Schläuchen und Sprinklern wurde geschaffen, in der Hoffnung, daß durch rasche Abkühlung der Lava das Vorrücken des Stroms verlangsamt werden könne. Als die Lava nur noch 150 Meter zur Hafeneinfahrt hatte, schwächte sich die Eruption ab und hörte auf.

Das Begießen des Stroms mit Meerwasser half wohl, seine Randbereiche genügend zu verfestigen, um seine Bewegung zu verlangsamen, ob es jedoch die Größe des Stroms beeinflußte, weiß man nicht.

Die Einwohner Vestmannaeyjars mußten zwar ihre Stadt aus 1,3 Millionen Tonnen grobkörniger Asche ausgraben, um in ihre Wohnungen zurückkehren zu können, aber der neue Aschekegel brachte auch etwas Gutes. Er hatte ihre Insel nicht nur um fast 2,6 Quadratkilometer vergrößert, sondern seine Lava bildete auch einen neuen Wellenbrecher und machte die Hafeneinfahrt sicherer, als sie zuvor gewesen war.

VULKANE / SCHICHTVULKANE

Bei den Schichtvulkanen können Eruptionen auftreten, die zu den heftigsten der Welt zählen. Der Explosion des indonesischen Inselvulkans Krakatau (unten) im Jahr 1883 fielen 36 000 Menschen zum Opfer. Ein Kegel auf der Halbinsel Kamtschatka stößt Tephra aus (Seite gegenüber).

PAUL CHESLEY

Der Schichtkegel oder Stratovulkan ist eine aus effusiven Lavaströmen und explosiv ausgestoßener Tephra aufgebaute vulkanische Struktur. Einige der am höchsten aufragenden und symmetrischsten Gipfel, darunter der Fujiyama in Japan, der Mount Mayon auf den Philippinen und der Mount Shishaldin in Alaska, sind Schichtvulkane. Der Mount Rainier im Staate Washington, der Mount Shasta in Kalifornien, Italiens Vesuv und Mexikos Popokatépetl sind zwar in der Form nicht so symmetrisch, gehören aber ebenfalls zum Typ der Schichtvulkane. Weil bei ihnen charakteristischerweise ruhiges Ausströmen von Lava und heftige Explosionen abwechseln, gehören Schichtvulkane zu den gefährlichsten und zu jenen, deren Verhalten sich am schwersten voraussagen läßt.

Eines der tödlichsten mit Schichtvulkanen verknüpften Phänomene ist die Glutlawine (Surge). In Erinnerung an das unsägliche Sterben von Saint-Pierre bezeichnen Geologen eine Eruption, bei der eine lateral strömende Glutlawine entsteht, als peléisch – nach ihrem Prototyp am Mont Pelée. Eine peléische Eruption findet statt, wenn dicke, zähe Lavamassen aus einem Schlot dringen, der sich hoch oben auf einem steilen Vulkankegel befindet. Weil die Lava zu träge ist, um weit zu fließen, häuft sie sich auf und bildet über dem Schlot einen Hügel, die

SYGMA

sogenannte Lavakuppel. Diese wird mit zunehmendem Wachstum instabil. Große Teile der Kuppel können plötzlich wegbrechen und eine Lawine aus Lavafragmenten bilden, die größtenteils schon verfestigt, aber teilweise noch immer geschmolzen sind. Weil die Fragmente schnell zerfallen, entsteht eine pyroklastische Strömung, die sengend heiße Gase und Lavafragmente mit Hurrikankraft den Berghang hinunterjagt.

Am 3. Juni 1991 explodierte eine Kuppel auf dem Unzen in Japan und erzeugte eine Glutlawine, die auf dem Vulkanhang abwärts raste und 41 Menschen tötete. Zu diesen zählten die französischen Vulkanologen Katia und Maurice Krafft sowie der amerikanische Geologe Harry Glicken, der eigens angereist war, um die Eruption zu studieren.

Der tragische Tod dieser Wissenschaftler entbehrt nicht der Ironie. Die Kraffts waren jahrelang durch die Welt gereist, hatten Vulkaneruptionen fotografiert und eben ihr Videoband *Understanding Volcanic Hazards* (Vulkanische Gefahren verstehen) fertiggestellt, das unter den im Clark Air Base auf den Philippinen arbeitenden militärischen Führern und Geologen verteilt wurde. Laut den Mitgliedern der U.S. Geological Survey war der Film der Kraffts sehr hilfreich bei der Warnung der Behörden vor den mit dem Pinatubo verbundenen Gefahren; der Vulkan befand sich zu dieser Zeit in einem Vorstadium vor dem späteren katastrophalen Ausbruch. Beeinflußt von der Arbeit der Kraffts, erstellten die philippinischen und amerikanischen Behörden eben zu einer Zeit, in der die Filmemacher den Tod fanden, Pläne zur Evakuierung der im Schatten des Pinatubos lebenden Bevölkerung, Pläne, die viele Tausend Menschenleben retten sollten.

Die Geschichte Harry Glickens ist sogar noch ergreifender. Er arbeitete im Frühling 1980 als graduierter Student für das Team der U.S. Geological Survey am Mount St. Helens und überwachte den kurz davor wieder aktiv gewordenen Vulkan; zu diesem Zweck kampierte er auf der Coldwater Ridge, etwa neuneinhalb Kilometer vom Gipfel des St. Helens entfernt. Am 17. Mai erbot sich David A. Johnston, ebenfalls von der USGS, mit seinem Freund den Standort zu tauschen, um Glicken eine Pause in seiner einsamen Aufgabe zu ermöglichen.

Um 8.32 Uhr am nächsten Morgen, dem 18. Mai, explodierte der Berg mit großer Heftigkeit und erzeugte eine riesige Glutlawine, die nördlich des Vulkans über ein Gebiet von 950 Quadratkilometern fegte und Johnston sowie 56 andere tötete. Obwohl ihn die Schuld des Überlebenden quälte, setzte Harry Glicken seine Tätigkeit fort – nur um elf Jahre später bei einer Eruption der gleichen tödlichen Art umzukommen wie sein Kollege.

VULKANE / PINATUBO

Die von dem VDAP (Volcano Disaster Assistance Program – siehe vorige Seite) entwickelten Strategien, um die von Vulkanen ausgehenden Gefahren zu mildern, mußten sich 1991 bewähren, als der Pinatubo, ein kaum beachteter Berg auf der Philippinen-Insel Luzon, plötzlich Zeichen des Erwachens aus einem langen Schlaf von sich gab. Am 2. April begann eine Serie von Dampfstößen eine kilometerlange Kette von Schloten hoch oben an der Nordwestflanke des Vulkans aufzureißen. Zehn Wochen später gipfelten diese vorbereitenden Aktivitäten des Vulkans in der heftigsten explosiven Eruption, die die Erde seit einem halben Jahrhundert erlebt hatte.

Die Nachrichtenmedien richteten ihr besonderes Augenmerk auf den Pinatubo, weil er zwei wichtige US-Militäreinrichtungen bedrohte: die Clark Air Base, die nur 25 Kilometer vom Fuß des Vulkans nach Osten hin entfernt war, und die Subic Bay Naval Station, die 40 Kilometer westlich lag. Diese beiden Militärbasen stellten das Kernstück der US-Präsenz in Asien seit dem Zweiten Weltkrieg dar und waren die größte US-Militäreinrichtung außerhalb der Vereinigten Staaten.

Sofort nach den ersten Dampfexplosionen stellte das Philippinische Vulkanologische und Seismologische Institut PHIVOLCS zahlreiche tragbare Seismographen nahe dem Nordwestfuß des Pinatubo auf, um die Hunderte von kleinen Erdbeben aufzuzeichnen, die von dem Magma ausgelöst wurden, das im Vulkankegel aufstieg. Gleichzeitig wurde ein Drittel der 5000 Menschen, die an den Hängen des Vulkans lebten, über einen Radius von zehn Kilometern um den Gipfel hinaus evakuiert. Gegen Ende April schloß

ALBERTO GARCIA/SABA

Am 15. Juni 1991 verdeckten sengende, aschebefrachtete Gaswolken den gesamten Horizont: ein tödlicher pyroklastischer Schwall, der aus dem Vulkan Pinatubo in einer der gewaltigsten explosiven Eruptionen des 20. Jahrhunderts emporbrodelte. Vielen Menschen gelang es – wie auf diesem Bild –, über schmale Schotterstraßen davonzurasen und sich gerade noch rechtzeitig in Sicherheit zu bringen.

sich den philippinischen Wissenschaftlern eine Gruppe von Vulkanologen des U.S. Geological Survey an, und das internationale Team richtete sein vorübergehendes Hauptquartier in der Clark Air Base als »Pinatubo Volcano Observatory« (PVO) ein.

Fest entschlossen, eine Wiederholung der Katastrophe von Armero zu vermeiden, untersuchten die PVO-Wissenschaftler schnellstens die Vulkanauswürfe rund um den Berg und erstellten eine Gefahrenkarte, auf der die Gegenden mit den höchsten Risiken genau geortet waren. Sie stellten fest, daß der Pinatubo reichliches Beweismaterial für eine gewalttätige Vergangenheit lieferte und die typischen pyroklastischen Ströme und Wogen an seinen Hängen hatte bergab fließen lassen, die ihn nun mit etliche Meter dicken Tephraschichten umgaben.

Die Instrumente, die das Verhalten des Pinatubo überwachten, lieferten deutliche Hinweise auf eine bevorstehende Eruption. Mit Hilfe ihrer Risikokarte und ihrer Analysen konnten die PVO-Wissenschaftler die Verantwortlichen für die zivile Verteidigung und die militärischen Befehlshaber davon überzeugen, daß der Pinatubo äußerst gefährlich sei.

Am 10. Juni verließ eine Autokolonne mit 14 500 Soldaten und ihren Angehörigen die Clark Air Base und fuhr zur Subic Bay Naval Station, von wo aus die meisten in die Vereinigten Staaten zurückflogen. Durch die Entscheidung, alle verbliebenen Militärflugzeuge, mit Ausnahme von drei Hubschraubern, ebenfalls von der Basis zu entfernen, wurden der US-Regierung Schäden von mehreren hundert Millionen Dollar erspart.

Bis zum 12. Juni, als die ersten einer Reihe schwerer explosiver Eruptionen begannen, waren Zehntausende von Menschen bereits außerhalb der tödlichen Reichweite des Pinatubo evakuiert worden, darunter auch das meiste verbliebene Personal der Clark Air Base. Der gewaltigste Ausbruch schleuderte am 15. Juni eine riesige Tephrasäule in die Stratosphäre, wo sie sich wie ein Regenschirm zu einem gigantischen Pilz von 200 Kilometern Durchmesser entfaltete. Bis zu diesem Zeitpunkt hatten bis auf einen einzigen alle am Fuß des Pinatubo eingerichteten Seismographen ihre Funktion eingestellt: ausgelöscht von den pyroklastischen Fluten, die an den Hängen des Vulkans herabstürzten und ganze Täler mit dicken Asche- und Bimssteinablagerungen erstickten. Einige dieser Ausflüsse gelangten bis zu einer Entfernung von 16 Kilometern vom Gipfel und stauten sich stellenweise zu einer Dicke von über 200 Metern auf.

Tephraniederschläge bedeckten an die 4 000 Quadratkilometer rund um den Pinatubo mit einer meist über fünf Zentimeter dicken Ascheschicht. Die zerstörerischen Auswirkungen des Vulkanausbruchs wurden durch das höchst unerwünschte Eintreffen des Taifuns Yunya verstärkt, dessen Regengüsse die auf den Dächern angehäufte Asche durchnäßten und Gebäude zum Einsturz brachten, wodurch sich die Zahl der Pinatubo-Todesopfer auf fast 1 000 erhöhte.

Die Platzregen des Taifuns Yunya mobilisierten auch die frisch ausgeworfenen pyroklastischen Niederschläge und verwandelten sie in heiße *lahars*, die in den Flußtälern hinabströmten. Sogar nachdem der Vulkanausbruch nachgelassen hatte, löste jeder starke Regenfall Fluten und *lahars* aus, die Dörfer und Farmen unter sich begruben, Häuser und Brücken zerstörten und zahlreiche Straßen versperrten. Als im Juni die Monsunzeit begann, nahmen die wirtschaftlichen Schäden noch einmal sprunghaft zu, da Sturzbäche von Regen noch größere Aschemengen von den lockeren Hängen des Pinatubo wegschwemmten und weite Gebiete wertvollen Ackerlandes überfluteten. Noch Jahre nach dem Vulkanausbruch bildeten sich immer wieder *lahars* und begruben weitere Dörfer und Anbauflächen unter sich.

Die Eruption des Pinatubo schleuderte auch eine große Menge winziger Schwefelsäure-Sprühpartikel in die Atmosphäre, welche schließlich vom Wind rund um den Erdball verteilt wurden und eine spürbare Auswirkung auf das Klima

Winzig vor dem Hintergrund der Dampfwolken wirkt die einsame Gestalt eines Wissenschaftlers, der in der Caldera – entstanden 1991 beim Ausbruch des Pinatubo – Gasproben entnimmt. Teilweise wird die Caldera (die kesselförmige Hohlform an der Stelle des Vulkangipfels) von einem See ausgefüllt. An diesem Ort explodierte plötzlich pulverisierte Materie, einschließlich schätzungsweise 20 Millionen Tonnen Schwefelpartikel. Alles wurde 40 Kilometer hoch in die Stratosphäre geschleudert; die Partikel schirmten das Sonnenlicht ab und verursachten vorübergehend eine Abkühlung auf der Erde.

ROGER RESSMEYER/CORBIS

hatten. Als feiner Nebel, der sich in einer breiten Schicht der Stratosphäre ausdehnte, schirmten die Sprühpartikel des Pinatubo die Sonneneinstrahlung ab und kühlten die Erdoberfläche während der ersten 18 Monate nach der Eruption um durchschnittlich 1 °C herunter.

Obwohl es unmöglich ist, die Zerstörung von Sachwerten in der Nähe eines aktiven Vulkans zu verhindern, haben die Wissenschaftler, die an dem Vulkan-Observatorium tätig sind, bewiesen, daß die Zusammenarbeit zwischen den den Vulkan beobachtenden Geologen und den örtlichen Behörden Menschenleben schützen und retten kann. Der Ausbruch des Pinatubo hätte zweifellos weitere Tausende von Menschen das Leben gekostet, wenn die Regierungsstellen nicht der Evakuierung der gefährdeten Gebiete zugestimmt hätten.

STEVE McCURRY

KLIMAVERÄNDERUNGEN ANZEICHEN EINER GLOBALEN ERWÄRMUNG?

von Michael H. Glantz

EINFÜHRUNG

Wenn Wissenschaftler vom Klimasystem reden, meinen die meisten Menschen, es ginge nur um Niederschläge und Temperaturen. Doch das Klimasystem umfaßt weitaus mehr Aspekte, beispielsweise Schnee und Eis, Vegetation und Böden, Ozeane und Seen, Vulkane und vieles mehr. In letzter Zeit haben die Regierungen das Klimasystem ausschließlich im Hinblick auf unsere natürliche Umgebung definiert, Tatsache ist jedoch, daß wir die Mechanismen des Klimasystems nur dann wirklich verstehen können, wenn wir auch die Auswirkungen berücksichtigen, die die Aktivitäten der Menschen auf dieses System haben.

In der Atmosphäre sammelt sich nicht nur Staub aus Wüstengebieten, sondern auch Gase und Partikel, die von natürlichen Quellen wie beispielsweise Vulkanen und von Aktivitäten des Menschen, beispielsweise von der Industrie und der Landwirtschaft, stammen. Diese Gase und Partikel können sich auf atmosphärische Vorgänge wie Erwärmung und Abkühlung, Wolkenbildung und Winde auswirken. Die Atmosphäre wurde als »schnelles« Klimasystem bezeichnet, da ihr »Gedächtnis« relativ kurz ist.

Ein wesentlicher Bestandteil des Klimasystems sind die Ozeane. Ihr Oberflächenwasser und die Atmosphäre interagieren ständig miteinander, indem sie sich gegenseitig erwärmen oder abkühlen und dadurch einen bedeutenden Einfluß auf die globalen und regionalen Klimabedingungen haben. Die Ozeane werden von Klimaforschern als das »langsame« Klimasystem bezeichnet, da sie für das globale System ein relativ langfristiges Gedächtnis – in der Größenordnung von Jahrhunderten – darstellen. Beispielsweise kann es 1 500 Jahre dauern, bis kaltes Tiefseewasser an die Oberfläche gelangt.

Schnee und Eis auf dem Land und im Meer sind für das Klimasystem besonders wichtig, da sie einen Großteil der einfallenden Sonnenstrahlung reflektieren. Dieses Rückstrahlvermögen von Schnee und Eis wird von Wissenschaftlern als Albedo bezeichnet. Die verschiedenen Bereiche der Erdoberfläche reflektieren die Sonnenstrahlung in unterschiedlichem Maße: Dunklere Flächen absorbieren die Strahlung stärker als hellere Flächen. Die von der Oberfläche absorbierte oder reflektierte Menge an Strahlung wirkt sich unmittelbar auf den Grad der atmosphärischen Erwärmung aus.

Die Erdoberfläche interagiert auf vielfältige Weise mit der Atmosphäre. Von der Vegetation wird Feuchtigkeit an die Atmosphäre abgegeben. Die Pflanzen ziehen während ihres Wachstums Kohlenstoff aus der Atmosphäre und geben ihn wieder an die Atmosphäre ab, wenn sie verrotten oder verbrennen. Die Vegetation gibt außerdem als Teil der sogenannten biogeochemischen Zyklen auch Stickstoff, Schwefel und Phosphor an die Luft ab. In einem Bericht der NASA wurde festgestellt, daß die Bewegung dieser wichtigen Elemente durch das System der Erde von wesentlicher Bedeutung für den Erhalt des Lebens ist.

In der Mitte der 70er Jahre stellte Professor Jule Charney vom Massachusetts Institute of Technology die Theorie auf, daß die verheerende Dürre in der westafrikanischen Sahelzone in den 60er und 70er Jahren dieses Jahrhunderts dadurch ausgelöst wurde, daß das Vieh einen zu großen Teil der Vegetation fraß.

Die Vegetation ist nicht nur in der Lage, Sonnenstrahlung zu absorbieren und Kohlenstoff aus der Atmosphäre zu ziehen, sie erfüllt darüber hinaus auch noch weitere Funktionen im Klimasystem. Ein gutes Beispiel ist der Amazonas-Regenwald in Brasilien. Ein Großteil des Regens, der im Amazonasbecken fällt, besteht aus Feuchtigkeit, die von der Regenwaldvegetation abgegeben wurde. Genauer gesagt stammt die Hälfte der Regenfälle in der Region von der Region selbst, und wenn große Teile des Waldes abgeholzt werden, werden die Regenfälle im Amazonasbecken abnehmen.

Die Regenwälder sind auch für das globale Klima von Bedeutung. Wenn Bäume gefällt werden, ziehen sie keinen Kohlenstoff mehr aus der Luft, und wenn ihr Holz verbrannt wird

JIM BRANDENBURG

MICHAEL NICHOLS/MAGNUM

Dunklere Flächen wie beispielsweise tropische Regenwälder (Bild links, unten) absorbieren mehr Sonnenstrahlung als hellere Flächen wie beispielsweise die Polargebiete (Bild oben). Welche Menge an Sonnenstrahlung von der Oberfläche der Erde absorbiert oder reflektiert wird, wirkt sich auf die Erwärmung der Atmosphäre aus. Außerdem ziehen Wälder Kohlendioxid aus der Atmosphäre und speichern es. Wenn die Bäume gefällt oder abgebrannt werden, wird der gespeicherte Kohlenstoff freigesetzt und verstärkt den Treibhauseffekt.
VORHERIGE SEITEN: Am Rande der Wüste in Niger fressen Herden die Vegetation, von der die empfindlichen Böden geschützt werden.

oder verrottet, wird der gespeicherte Kohlenstoff an die Atmosphäre abgegeben. Dieser Vorgang trägt mit zur vom Menschen herbeigeführten globalen Erwärmung der Atmosphäre bei.

Auch auf andere Weise beeinträchtigen die Aktivitäten des Menschen die natürliche Umgebung. Durch die Industrie gelangen Chemikalien in die Atmosphäre, die auf regionaler Ebene zu saurem Regen und auf globaler Ebene zu Klimaänderungen führen. In Zentralasien schrumpft der Aralsee, da den Zuflüssen dieses Sees Wasser entnommen wird. Durch das Schrumpfen des Sees ändert sich auch das Klima in der Region. In Afrika und in anderen Regionen wird die Landschaft aufgrund des Brennholzbedarfs der Menschen entwaldet, und die bloßgelegten Böden sind der Erosion durch Wind ausgesetzt; auch ihre Fruchtbarkeit verringert sich schließlich.

Die Menschen haben auch versucht, die nachteiligen Aspekte des Klimas zu bekämpfen. In manchen Ländern wurden Deiche und Dämme gebaut, um Siedlungen vor Überschwemmungen zu schützen.

In anderen Ländern wurden Mauern aus Bäumen errichtet, um heiße, trockene Winde zu besänftigen, oder es wurde die Verwendung von Chemikalien verboten, die die Ozonschicht zerstören.

Viele neuere Berichte aus der Forschung lassen darauf schließen, daß die Aktivitäten des Menschen die eigentliche Ursache für das Problem der Klimaveränderungen darstellen. Die Rodung von Wäldern für landwirtschaftliche Zwecke und die Überweidung verändern das Lokalklima, während die Emission von Treibhausgasen zu globalen Veränderungen führen können. Die Menschen spielen für das Klimasystem keine sekundäre Rolle, sie sind die Hauptakteure des Geschehens.

KLIMASCHWANKUNGEN

Unter Klima versteht man die durchschnittliche Witterung eines bestimmten Zeitabschnitts, beispielsweise einer Woche, eines Monats, einer Jahreszeit, eines Jahres, Jahrzehnts, Jahrhunderts oder Jahrtausends. Das globale Klima und das regionale Klima ändern sich innerhalb dieser Zeiträume.

In tropischen Gebieten sind Temperaturschwankungen nicht so sehr von Bedeutung; eine Ausnahme hierbei bilden Hochlandregionen, in denen Frost gelegentlich zum Problem werden kann. Wichtiger für die Landwirte in den Tropen sind die Niederschläge, da sie die Wachstumszeit bestimmen und wesentlich für die Ernteerzeugung und die Sicherung der Nahrungsversorgung sind.

Die Niederschlagsmenge ist in ariden und semiariden Gebieten stärkeren Schwankungen unterworfen, und in diesen Gebieten haben Niederschlag-Durchschnittswerte eine relativ geringe Aussagekraft. Beispielsweise entsprachen die Niederschlagsmengen in der Stadt Gao in Mali während eines Zeitraums von 35 Jahren nur in zwei Jahren ungefähr dem langfristigen Durchschnittswert für diesen Zeitraum. Einige wenige Jahre mit starken Regenfällen heben den jährlichen Durchschnitt zwar an, doch insgesamt ist das Klima in diesen Gebieten eher trocken.

Wenn der Regen bei einer langanhaltenden Dürre ausbleibt, kann es zu Nahrungsknappheit und Hungersnöten kommen – eine der Hauptsorgen für die Entwicklungsländer der Welt. Dürre allein führt jedoch selten direkt zu einer Hungersnot. Hungersnöte entstehen häufig erst dadurch, daß zu der Dürrekatastrophe noch gesellschaftliche Probleme hinzukommen, wie beispielsweise hohe Lebensmittelpreise, politische Korruption oder Krieg, doch meist wird die Dürre als die Ursache für Hungersnöte dargestellt, da sie den politischen Führern, in deren Land eine ernste Nahrungsknappheit herrscht, als ein willkommener Sündenbock dient.

Außerhalb der Tropen ist die Temperatur der Faktor, von dem die Länge der Wachstumszeit für verschiedene Arten von wichtigen Feldfrüchten im wesentlichen bestimmt wird. Für Landwirte ist die Länge der frostfreien Zeit außerordentlich wichtig. Beispielsweise kommt es bei einem späten Frühjahrsfrost zu einer Verzögerung der Aussaat, wodurch wiederum die Wachstumszeit verkürzt und die Wahrscheinlichkeit von Ernteschäden vergrößert wird, wenn der erste Herbstfrost bereits früh einsetzt.

Eine weitere bedeutende Facette der Klimaschwankungen stellt ein extremes Ereignis wie beispielsweise eine Dürre, eine Überschwemmung, ein harter Frost oder ein tropischer Sturm dar. Diese Erscheinungen sind den Menschen in den Vereinigten Staaten und in anderen Teilen der Erde wohlbekannt. Extreme meteorologische Ereignisse können Menschenleben fordern und Sachschäden verursachen. Berichte über diese Ereignisse werden allzu gerne von den Medien aufgegriffen.

Das El-Niño-Phänomen ist ein Beispiel für eine Klimaschwankung, die im Abstand von bis zu mehreren Jahren eintritt. Wenn das El-Niño-Phänomen im Pazifik auftritt, hat es häufig Wetterkatastrophen auf dem gesamten Globus zur Folge.

Auch Vulkanausbrüche bewirken willkürlich Klimaschwankungen, die je nach Ausmaß der Eruption mehrere Jahre andauern können. Gase und Aerosole, die bei Eruptionen bis in hohe Schichten der Atmosphäre geschossen werden, können ein langfristiges Absinken der globalen Temperaturen bewirken. Einige der größten und verheerendsten Vulkaneruptionen wurden zu Legenden in der Klimageschichte. Hierzu gehören der Ausbruch des Gunung Tambora (1815) und des Krakatau (1883) in Indonesien sowie des Pinatubo (1991) auf den Philippinen.

Der Pinatubo hat bei der wahrscheinlich weltweit größten Eruption seit der Explosion des Krakatau ungefähr 25 Tonnen Schwefeldioxidgas ausgestoßen, wobei Aerosolwolken entstanden, durch die ultraviolette Strahlung von der Oberfläche der Erde abgehalten wurde, so daß sich das globale Klimasystem einige Jahre lang abkühlte.

Meei
temp
Meei
temp
28°C
Meei
temp

In vielen Teilen Asiens ermöglichen es die Monsun-Regenfälle den Bauern, Reis anzubauen. Der Sommer-Monsun bringt manchmal die ersehnten ergiebigen Regenfälle im Juni – manchmal allerdings auch nicht–, und die jährlich unterschiedlichen Regenfälle sind häufig der Grund für Mißernten. Die Bauern in Myanmar sind dankbar für den Regen und hoffen darauf, eine Reisernte erzeugen zu können, die nicht nur für den Bedarf ihrer Familien ausreicht, sondern auch den Export nach Afrika ermöglicht.

LOREN McINTY

STEVE McCURRY

Obwohl sie von relativ kurzer Dauer sind, können solche natürlichen Einflüsse, die Klimaschwankungen auslösen, aufgrund ihres Ausmaßes die Veränderungen des Klimas überdecken, die von den Aktivitäten des Menschen hervorgerufen werden.

In Jahrzehnten wirkt sich die Aktivität der Sonne auf das Klimasystem der Erde aus. Von Interesse ist der Sonnenfleckenzyklus, ein elf Jahre dauernder Zyklus zwischen minimaler bis maximaler Sonnenaktivität, die durch das Zählen der Sonnenflecken ermittelt wird.

KLIMASCHWANKUNGEN / JETSTREAM

Der Jetstream ist ein Phänomen der Atmosphäre, von dem Fernsehmeteorologen häufig reden, das jedoch in der Öffentlichkeit nicht allgemein bekannt ist. Das Phänomen des Jetstreams hat eine große Bedeutung, da es häufig die regionalen Wetterbedingungen auf der ganzen Welt bestimmt und außerdem für den zivilen Flugverkehr und die militärische Luftfahrt von sehr großem Nutzen ist.

Der Jetstream ist ein schneller Luftstrom, der sich in ungefähr 9,5 Kilometer Höhe oder mehr über der Erdoberfläche befindet. Mit einer vertikalen Ausdehnung von mehreren Kilometern und einer horizontalen Breite von mehr als 160 Kilometern umspannt dieser Luftstrom den Globus. Der Jetstream entsteht, wenn warme Luft aus der äquatorialen Zone und kalte Luft von den Polen aufeinandertreffen. Er ist im Winter am stärksten, wenn der Temperaturunterschied zwischen dem Äquator und den Polen am größten ist.

Auf regionaler Ebene erstreckt sich der Luftstrom beispielsweise über Nordamerika, wo er die Bildung von Tiefdruck- und Hochdrucksystemen beeinflußt und den Weg dieser Systeme über den Kontinent bestimmt, während er von West nach Ost strömt. Der Jetstream hat entsprechend einen großen Einfluß auf lokale Wetterentwicklungen.

Im Winter schleppt der Jetstream kalte arktische Luft nach Süden in die mittleren und südlichen Regionen der Vereinigten Staaten. Im Sommer zieht er sich in Richtung Norden nach Kanada zurück, und die Vereinigten Staaten kommen in den Genuß von weitaus gemäßigterem Wetter. Wenn der Luftstrom im Frühling in die Mitte der USA eindringt, entstehen häufig starke Stürme, sogar Tornados. In diesem Fall treffen kalte, trockene arktische Luft und warme, feuchte Luft von der Küste des Golfs von Mexiko aufeinander, begleitet von starken Jetstream-Winden in großen Höhen.

Einer der wahrscheinlich schlimmsten nordamerikanischen Winter des 20. Jahrhunderts war der Winter 1976/77, der auch ein sehr gutes Beispiel für den enormen Einfluß des Jetstreams auf das Wetter ist. Ungewöhnlich warmes Wasser an der Küste, das aus Strömungsveränderungen im Pazifischen Ozean resultierte, verhinderte, daß der Hochdruckkeil seine übliche Wanderung nach Süden antrat. Der Hochdruckkeil befand sich in einer stabilen Lage über dem westlichen Rand des Kontinents und leitete den Jetstream nordwestwärts nach Alaska um und mit ihm auch die Stürme, die sich ansonsten über dem Westen abgeregnet hätten. Der Jetstream bog anschließend wieder nach Süden ab, jedoch nur halb so schnell wie sonst, und brachte eisige arktische Luft, die den Osten der USA erstarren ließ. Dürren in weiten Gebieten des Westens und Südostens der USA sowie strenge Winterwitterung über einem Großteil des Landes hatten beträchtliche Folgen für die Wirtschaft. Wegen Erdgasknappheit mußten Fabriken und Büros geschlossen werden, so daß 200 000 Menschen nicht ihrer Arbeit nachgehen konnten und eine drastisch höhere Brennstoffrechnung erhielten.

Viele Menschen, auch die meisten Fachleute, haben im Laufe der Jahre die Meinung vertreten, der Jetstream sei von Bomberpiloten während des Zweiten Weltkriegs »entdeckt« worden. Außergewöhnlich starke Gegenwinde haben Berichten zufolge die Piloten abgebremst, als diese bei Bombardierungsflügen über dem Pazifik unterwegs waren. Diese Geschichte gehört zwar anscheinend langsam zum Allgemeingut, andererseits wird sie jedoch mittlerweile in Frage gestellt.

Einige der Wetterhistoriker der Welt sind der Meinung, daß der Jetstream eigentlich bereits zu Beginn der 20er Jahre unseres Jahrhunderts bei einem Experiment mit einem unbemannten Ballon entdeckt wurde, der in Hampshire in England abhob und vier Stunden später in Leipzig landete. Man berechnete, daß dieser vom Wind weggetragene Ballon die Strecke mit einer Geschwindigkeit von 193 Kilometern pro Stunde zurückgelegt hatte, und aus dieser wichtigen Information schlossen die Wissenschaftler auf

Ein Jetstream mit einer Geschwindigkeit von 160 Stundenkilometern hat hohe Wolken aufgereiht, die über dem nördlichen Teil des Roten Meeres verlaufen. Auf dieser in Richtung Süden aufgenommenen Fotografie ist Ägypten rechts zu erkennen, und die Spitze der Sinai-Halbinsel ist links unten im Bild zu sehen. Sich verlagernde Jetstreams lenken Wettersysteme täglich in andere Richtungen. Längerfristige Verlagerungen dieser schnellen Luftströme können Dürren, Überschwemmungen und extreme Temperaturen in Regionen auf der ganzen Erde bringen.

die Existenz eines in großer Höhe befindlichen schnellen Luftstroms.

Heute nutzen Piloten diesen Luftstrom beim Flug nach Osten, um so eine kürzere Flugzeit zu erreichen und den Kraftstoffverbrauch der Flugzeuge zu senken. Auch beim Flug nach Westen berücksichtigen die Piloten ihre Kenntnisse des Jetstreams, um seinen Gegenwinden auszuweichen, da sie die Flugzeit erheblich verlängern können. Auch der Clear-Air-Turbulenz am Rand des Jetstreams, die von dem großen Gegensatz zwischen den Winden innerhalb und außerhalb des Jetstreams verursacht werden, gehen die meisten Piloten lieber aus dem Weg.

KLIMASCHWANKUNGEN / ÜBERSCHWEMMUNGEN

CHRIS STEWART/BLACK STAR

Kanufahrer, die im steigenden Hochwasser zu kämpfen haben, um den Bewohnern von Cedar Rapids im US-Bundesstaat Iowa zu helfen, brauchen plötzlich selbst Hilfe. Viele Menschen glaubten, die im letzten Jahrhundert gebauten Dämme könnten das tobende Wasser des Mississippi-Flußsystems in Schach halten. Doch im Sommer 1993 wurde dieser Glaube durch das schlimmste Hochwasser innerhalb eines Jahrhunderts zerstört, und die Menschen in tiefgelegenen Gebieten mußten ihre Häuser und ihre Farmen verlassen.

Hochwasserkatastrophen haben die Menschheit seit Jahrtausenden heimgesucht, von Noahs biblischem Martyrium bis zur heutigen Zeit. Und in den Vereinigten Staaten war der mächtige Mississippi für einige der spektakuläreren Überschwemmungen des Landes verantwortlich.

»In der Hitze, im Schlamm und im Miasma haben schuftende Menschen und schwitzende Tiere in jahrelanger Mühe über 4 000 Kilometer lange, riesige, festungsähnliche Dämme aufgeschüttet. Höher und höher haben sie die Dämme gebaut und immer gehofft, daß sie irgendwann irgendwie das Hochwasser vollkommen unter Kontrolle hätten… Die gebauten Dämme haben das, was einmal riesige leere Sümpfe gewesen waren, in fruchtbare dichtbesiedelte Gebiete verwandelt und enorm zu unserem nationalen Wohlstand beigetragen… doch wenn der Fluß hoch genug steigt, wird er sie durchbrechen… Während ich dies nun schreibe, bricht der Damm wieder. Heute wälzt sich die verheerendste Flut in den Annalen dieses habgierigen Flusses von Cairo [in Illinois] bis zum Meer.« Dies schrieb Frederick Simpich, während er das »Große Mississippi-Hochwasser« von 1927 beobachtete. Bei dieser Überschwemmungskatastrophe entstanden Sachschäden, die auf eine Milliarde US-Dollar (mehr als zehn Milliarden heutige US-Dollar) geschätzt wurden. Ungefähr 800 000 Menschen mußten ihre Häuser verlassen und konnten sich auf Dächer, Bäume, Deiche und Bahndämme retten. Der damalige Handelsminister Herbert Hoover sagte über das Hochwasser: »Es ist die größte nicht durch Kriege verursachte Katastrophe unserer Geschichte.« Ähnliches wurde über das große Hochwasser von 1993 im Mittleren Westen gesagt.

Wasser aus ungefähr 40 Prozent (über drei Millionen Quadratkilometer) der südlichen 48 US-Bundesstaaten und auch aus Teilen Kanadas fließt in das Flußbecken des Mississippi. Der Mississippi ist einer der am stärksten eingedämmten Flüsse der Welt, aber dennoch kommt es zu Überschwemmungen.

FRANK OBERLE/TONY STONE IMAGES

Das Hochwasser von 1993 war hinsichtlich der betroffenen Fläche das schlimmste Hochwasser dieses Jahrhunderts. Zwölf Bundesstaaten im Mittleren Westen der USA waren direkt von der Überschwemmung betroffen. Das Hochwasser forderte mehr als 50 Todesopfer, und es entstanden schwere Umweltschäden sowie Schäden am Ackerland. Nicht nur Pestizide und Dünger von landwirtschaftlichen Flächen, sondern auch Giftmüll aus früheren Industrieanlagen und Abfall aus städtischen Gebieten wurden in den Fluß gespült.

Erstaunlich war auch, daß es im Sommer auftrat und nicht bereits einige Wochen früher, in einer Zeit, in der die Nebenflüsse des Mississippi normalerweise infolge der Schneeschmelze anschwellen. 1993 verlagerte sich der Jetstream nach Süden und brachte kalte, trockene Luftmassen aus Kanada in Kontakt mit warmer, feuchter Luft aus dem Golf von Mexiko. Die hieraus entstandenen Gewitter wurden dann durch ein vor der Ostküste befindliches Hochdrucksystem am Abziehen gehindert.

Während des großen Hochwassers von 1993 strömte das Wasser durch gebrochene Dämme in Valmeyer im US-Bundesstaat Illinois (Bild gegenüberliegende Seite). Ackerland wurde überschwemmt, Straßen wurden weggespült, das Vieh ertrank und Häuser standen unter Wasser. Sandsäcke und Wasserpumpen werden zum Schutz eines Hauses vor dem Hochwasser in Ste. Genevieve in Missouri eingesetzt (Bild unten). Zur Rettung des historischen Viertels der Stadt kamen Freiwillige aus dem ganzen Land, um die Bürger bei ihrem Kampf zu unterstützen.

ANDREA BOOHER/FEMA

Das Hochwasser steigerte sich langsam von April bis zu einem Höhepunkt im Juli und verschlimmerte sich dann Ende August und im September wieder. Die Dämme hielten den Wassermassen lange Zeit stand, doch schließlich brachen mehr als tausend Dämme oder wurden von dem Hochwasser überschwemmt. Die enormen Kosten der Hochwasserschäden – zwischen 15 und 21 Milliarden US-Dollar – waren für die betroffenen Bürger und für die staatlichen Behörden, die für den Fluß zuständig sind, eine große Überraschung.

Die Menschen in dem Gebiet hatten schon längere Zeit nicht mehr mit der Möglichkeit einer Hochwasserkatastrophe gerechnet. Wenige Jahre zuvor waren einige Bereiche des Mississippi sogar mehrere Wochen lang ausgetrocknet gewesen. Und das letzte große Hochwasser lag bereits mehrere Jahre zurück.

Viele Gemeinden und Städte im Überschwemmungsgebiet wurden völlig zerstört. Nachdem das Hochwasser zurückgegangen war, entschieden die Einwohner von Valmeyer in Illinois, einem Ort 55 Kilometer südlich von St. Louis im US-Bundesstaat Missouri, durch eine Abstimmung, ihren Ort mit Hilfe des Bundes auf höheres Gelände zu verlegen.

Jeder Ort, jeder Bezirk und jeder Bundesstaat kann über den Kampf mit dem Hochwasser eine Geschichte erzählen. Die vielfältige moralische und materielle Unterstützung aus anderen Landesteilen sowie die tägliche Berichterstattung in den Medien machten aus diesem Hochwasser eine Sache, von der nicht nur die Region betroffen war, sondern die die ganze Nation anging. Das Army Corps of Engineers, das für einen Großteil der Bauarbeiten entlang des Mississippi zuständig ist, berichtete: »Von keiner anderen Naturkatastrophe in der Geschichte der Vereinigten Staaten waren so viele Menschen für eine so lange Zeit betroffen oder berührt wie von dem großen Hochwasser von 1993. Der Fleiß der Menschen in der Region zeigte sich darin, wie schnell sie ihr Leben und das Leben ihrer Gemeinden wieder in Gang brachten…«

KLIMASCHWANKUNGEN / DÜRRE

Dürren sind eine Klimaerscheinung, die Millionen von Menschen vertraut ist. Fast jedes Land – ob Industriestaat oder Agrarstaat, ob reich oder arm – wurde bereits irgendwann einmal von einer Dürre heimgesucht. Es gibt mindestens zwei verschiedene Arten von Dürren: meteorologische Dürren und landwirtschaftliche Dürren.

Eine meteorologische Dürre tritt ein, wenn die Menge an Regen und Schnee in einer Region während einer längeren Zeit weniger als die erwartete Niederschlagsmenge beträgt. Eine starke Verringerung der Niederschläge bedeutet jedoch nicht in jedem Fall eine Katastrophe für die Landwirte, die dennoch eine gute Ernte einbringen können, sofern der spärliche Regen zur richtigen Zeit während des Wachstums der Feldfrüchte fällt. Die Landwirte könnten eine Dürre auch überstehen, wenn der Marktwert ihrer verbliebenen Ernte stiege.

Zu einer landwirtschaftlichen Dürre kommt es unter zwei Bedingungen: Die Niederschlagsmenge ist entweder nicht ausreichend, oder die Niederschlagsmenge ist zwar ausreichend, doch der Regen fällt zu einem Zeitpunkt, der für das Wachstum und die Reife der jeweiligen Feldfrüchte ungünstig ist.

Auch die Städte sind gegen die Folgen von Dürreperioden nicht gefeit, da sie Wasser für kommunale Zwecke, für die privaten Haushalte und für die Industrie benötigen. Das Wasser für die Städte stammt zwar aus unterschiedlichen Quellen, doch viele Städte sind auf volle Seen und Flüsse angewiesen, um den Wasserbedarf für den Verbrauch durch die Menschen und für die Stromerzeugung zu decken. In den letzten Jahrzehnten waren manche amerikanische Städte gezwungen, Strategien für das Wassersparen zu entwickeln: Los Angeles zu Beginn der 90er Jahre, San Francisco Mitte der 70er Jahre und New York Mitte der 60er Jahre.

In Nordamerika, Europa und Japan können Dürren mit bedeutenden wirtschaftlichen Folgen verbunden sein, die für Landwirte wegen Einkommensverlusten und für die Verbraucher wegen höherer Preise für weniger landwirtschaftliche Erzeugnisse entstehen. In diesen Regionen können die negativen Folgen auf lokaler Ebene zwar schwerwiegend sein, doch auf nationaler Ebene sind die Folgen einer Dürre meist nicht so gravierend. Der wesentliche Punkt ist, daß Dürren in Industrieländern nicht lebensbedrohlich sind. In vielen Entwicklungsländern jedoch geht es bei einer Dürre häufig um Leben und Tod.

In Subsahara-Afrika ernten beispielsweise viele Bauern, die nur für den Eigenbedarf anbauen, kaum genug Nahrung, um ihre Familien zu ernähren. In guten Jahren verkaufen sie die Ernte, die sie nicht selbst brauchen, auf dem örtlichen Markt oder tauschen sie für benötigte Waren ein, beispielsweise für Speiseöl, Töpfe und Pfannen sowie für Brennholz. Wenn ihre Region von einer Dürre heimgesucht wird, ist es für sie schwer, überhaupt irgend etwas auf ihren Feldern anzubauen. Falls die Dürre länger anhält, müssen sie ihre Dörfer verlassen und anderswo nach Nahrung, nach Arbeit oder nach Flüchtlingslagern suchen, wo sie wahrscheinlich Nahrung finden können, die von internationalen Organisationen wie dem Roten Kreuz, dem Roten Halbmond, Save the Children, Oxfam, dem Welternährungsprogramm der Vereinten Nationen und der US-Behörde für Internationale Entwicklung (AID) gespendet wird.

Doch Dürrekatastrophen gibt es nicht nur in Afrika. Auch Nordostbrasilien wurde jahrhundertelang von Dürren heimgesucht. Mehrere brasilianische Regierungen haben versucht, Strategien zu entwickeln, um die nachteiligen Folgen für die Menschen und für die semiaride Landschaft der Region zu lindern. Dämme, Wasserreservoirs und Bewässerungssysteme waren die technischen Mittel der Wahl. Staatliche Entwicklungsbehörden, auch Banken, wurden gegründet, um zu verhindern, daß Dürre zwangsläufig zu Armut führt.

Trotz der Bemühungen um den Schutz des Nordosten haben Dürreperioden nach wie vor negative Folgen in dieser ärmsten Region

In Mexiko besieht sich ein Landwirt seine ausgetrockneten Felder. Ohne Wasser können auch auf den fruchtbarsten Böden keine Pflanzen wachsen. Da Landwirte, die sich zur Bewässerung ihrer Feldfrüchte ausschließlich auf den Regen verlassen, im Falle einer Dürre Ernteschäden riskieren, gehen viele von ihnen schließlich zur künstlichen Bewässerung über. Wenn der Regen jedoch längere Zeit ausbleibt, nehmen auch bewässerte Feldfrüchte Schaden, sobald die Bewässerungskanäle austrocknen.

ANNIE GRIFFITHS BELT

Brasiliens. Auf der Suche nach einer Überlebenschance ziehen die Menschen in die Elendsviertel der großen Städte oder in den Regenwald, wo sie Flächen roden, um sich niederzulassen.

Gegen Ende des 20. Jahrhunderts scheint es nun so, als würden die besten, mit Regen versorgten Ackerbauflächen bereits bebaut. Falls dies so ist, werden wachsende Bevölkerungszahlen und der steigende Bedarf an Nahrung dazu führen, daß vermehrt auf jetzt unbebautes Land ausgewichen wird. Wenn die Bevölkerung wächst, werden die Menschen gezwungen sein, in Gebieten zu siedeln, die bei normalen Niederschlagsbedingungen weniger für die Landwirtschaft geeignet sind. Die Geschichte hat gezeigt, daß die Menschen in diesen Gebieten die gleichen Feldfrüchte mit den gleichen Methoden anbauen werden, die sie auch in regenreicheren Gebieten angewendet haben.

Da jedes Jahr in irgendeinem Teil der Welt Dürre herrscht, werden viele Anstrengungen unternommen, um ihre Ursachen und Folgen zu erforschen. Dies kann bewirken, daß die Länder nicht mehr ständig internationale Notfallhilfe benötigen, sondern dazu übergehen werden, entsprechende Maßnahmen einzuleiten, um die Dürre zu bewältigen und ihre Folgen zu lindern. Wenn die Länder sich über ihre Erfahrungen und Lösungsmöglichkeiten austauschen, können die Dürreprobleme entschärft werden.

KLIMASCHWANKUNGEN / AFRIKANISCHER SAHEL

Vor Anfang der 70er Jahre dieses Jahrhunderts wußte außer vielleicht einigen Geographen niemand, wo der Sahel liegt. Diese aride Region befindet sich zwischen dem südlichen Rand der Sahara und einem humiden Gebiet südlich der Wüste. Der Sahel ist eine ökologische Zone, die sich von Westen nach Osten erstreckt und durch die Länder verläuft, die nun als Sahelstaaten bezeichnet werden: Senegal, Mali, Mauretanien, Niger, Burkina Faso (früher Obervolta) und der Tschad. Den Menschen in der Region waren Dürreperioden nicht unbekannt. Vor 1968 hatte der Sahel mindestens zwei schwere, langanhaltende Dürren erlebt – eine in den Jahren zwischen 1910 und 1920 und die andere zu Beginn der 40er Jahre dieses Jahrhunderts.

Die 50er und 60er Jahre waren verglichen mit den durchschnittlichen Bedingungen im Sahel relativ feucht. Das Weideland am Rande der Wüste, das normalerweise trocken und braun ist, wurde grün. Aufgrund der üppigen Vegetationsdecke schlugen die Politiker mit Unterstützung ihrer Fachleute vor, daß die Gebiete am Rande der Sahara, die bisher von Hirten und Nomaden als Weideflächen für ihre Tiere genutzt worden waren, als Ackerland bebaut werden sollten. Die Bauern wurden von Kolonialregierungen und später von unabhängigen Regierungen dazu angeregt, ihre Felder in Richtung Norden in das Weideland auszudehnen, so daß die Hirten mit ihren Herden weiter nach Norden zur Sahara hin ziehen mußten.

Im Jahre 1968 begann eine fünf Jahre andauernde Dürreperiode im Sahel. Nach mehreren Mißernten blieb den Bauern nichts anderes übrig, als ihre Felder aufzugeben und wieder in Gebiete mit größeren Niederschlagsmengen im Süden umzusiedeln. Die Hirten allerdings saßen mit ihren sterbenden Herden auf einem Land fest, das Teil der Saharalandschaft geworden war. Wissenschaftler und Politiker vertraten gleichermaßen die Ansicht, daß sich die Wüste mit einer Geschwindigkeit von bis zu 50 Kilometern pro Jahr nach Süden ausdehnte. Fotografien, die vom Boden aus gemacht wurden, sowie Aufnahmen von Satelliten stützten die Auffassung, daß sich große Teile des Sahel in Wüste verwandelten. Zunächst ging man davon aus, daß dieses Vordringen der Wüste in erster Linie durch eine Klimaveränderung verursacht wurde, doch bald zeigte sich deutlich, daß die Aktivitäten des Menschen der bedeutendste Faktor waren.

In der Mitte der Dürreperiode wurden Satellitenbilder gemacht, auf denen Wissenschaftler einen großen fünfeckigen Fleck in einer weiten Fläche zur Wüste gewordener Landschaft in Niger entdeckten. Flüge über der Region und spätere Besuche in der Gegend ergaben, daß es sich bei dem Fleck um Weideland handelte, das offensichtlich während der starken Dürre gut bewirtschaftet worden war: Das Gebiet war von Vegetation bedeckt. Satellitenbilder zeigten auch große Mengen von Sand aus der Sahara, der in großen Höhen über die Westküste Afrikas hinaus in Richtung auf die Inselstaaten in der Karibik geweht wurde. Der Wüstenstaub bewirkte, daß sich die Sonneneinstrahlung in diesen Staaten um ungefähr zehn Prozent verringerte.

STEVE McCURRY

Ungefähr 200 000 bis 400 000 Westafrikaner und ungefähr 12 Millionen Rinder starben. Die Notlage der Menschen und der Landschaft zog schließlich die Aufmerksamkeit der internationalen Medien, der nationalen Politiker, der humanitären Organisationen und der Öffentlichkeit auf sich.

LES STONE/SYGMA

Notleidende Kinder während der Hungersnöte in Subsahara-Afrika. Die Überlebenden schaffen es unter Umständen, bis zu Städten oder Flüchtlingslagern zu gelangen, und werden dabei häufig vom Rest ihrer Familie getrennt. Aus ihrem normalen Leben herausgerissen, werden Kinder wie dieser Junge (Bild gegenüberliegende Seite) aus Mali in Westafrika bereits in jungen Jahren mit Not konfrontiert. Äthiopische Kinder (Bild oben) kämpfen in einer trockenen, kahlen Landschaft ums Überleben. Sie warten auf ihre tägliche Ration im Flüchtlingslager Mekele in der Region Tigre in Äthiopien. Viele Kinder und Frauen verbringen im von Dürre heimgesuchten Afrika täglich mehrere Stunden damit, nach Wasser und Brennholz zu suchen.

Außerdem zeigten Fotos auch sehr viele Flüchtlinge, die ihre Dörfer auf der Suche nach Nahrung verlassen hatten. Die Nachrichtensendungen waren voll von Bildern des Todes und der Verzweiflung. Viele Menschen, die die Dürre überlebt hatten, landeten schließlich in Lagern, wo sie nur ein Minimum an Nahrung, Unterkunft und medizinischer Versorgung erhielten.

Von 1968 bis 1973 wurden die Kapazitäten für die Nahrungsmittelerzeugung im westafrikanischen Sahel durch die Dürre zerstört. Die Bauern versuchten, ihr Land trotz der schlechten Erfolgsaussichten zu bebauen. Sie mußten häufig mehrmals aussäen, bis genug Regen fiel, damit die Saat keimen konnte. Es gab keine Gewähr dafür, daß die Feldfrüchte nach der Aussaat auch überleben würden.

Die Nomaden waren mit ihren Rinder- und Kamelherden ständig auf der Suche nach Wasser und nach Grasland. Die Technik hatte es möglich gemacht, tiefe Brunnen zu graben, so daß Wasser nicht nur im Sommer, sondern das ganze Jahr über zur Verfügung stand. Während der Dürre blieben die Nomaden jedoch mit ihren Herden die ganze Zeit in der Nähe dieser ständigen Wasserquellen, so daß die Tiere schon bald die gesamte Vegetation im Umkreis von einigen Tagesmärschen um diese Wasserstellen überweidet hatten. Dies hatte zur Folge, daß das Vieh nicht verdurstete, sondern verhungerte!

Diese Dürre im Sahel führte dazu, daß die Wissenschaftler auf der ganzen Welt ein größeres Interesse daran entwickelten, nach Möglichkeiten zu suchen, um den Vorgang der Desertifikation zu stoppen, durch den Wüstenlandschaften dort entstehen, wo in der jüngsten Vergangenheit keine Wüste gewesen war. Als Ergebnis des Erdgipfels vom Juni 1992 in Rio de Janeiro in Brasilien bemühten sich afrikanische Regierungen um Unterstützung für eine internationale Konvention zur Bekämpfung der Desertifikation, die sie auch erhielten. Trotz der Hilfeversprechen, die bereits zwei Jahrzehnte zuvor bei einer UN-Konferenz abgegeben worden waren, ist bestenfalls ein sehr geringer Fortschritt erzielt worden.

SO LONG, IT'S BEEN GOOD TO KNOW YUH

■ Im Rahmen eines Projekts der amerikanischen Library of Congress (Kongreßbibliothek) über mündlich überlieferte Geschichte wurde 1940 ein Interview mit dem Sänger Woody Guthrie gemacht. Er erzählte dabei von einem Staubsturm, der sich am 14. April 1935 ereignete und bei dem die Menschen in einer Stadt in Oklahoma in ihren Häusern Schutz suchten. Da sie glaubten, das Ende der Welt sei gekommen, umarmten sie sich, um sich voneinander zu verabschieden. Guthrie sagte, die Inspiration zu seinem Lied »So Long, It's Been Good to Know Yuh« (Auf Wiedersehen. Es war schön, dich zu kennen.) habe er gehabt, als er dies damals selbst miterlebte.

»Ich habe dieses Lied gesungen, und ich werde es wieder singen, von dem Ort, an dem ich lebte, in der wilden, windigen Ebene. In einem Monat mit Namen April, in einem Bezirk mit Namen Gray, sagen alle Menschen:
Refrain: Auf Wiedersehen. Es war schön, dich zu kennen.
Auf Wiedersehen. Es war schön, dich zu kennen.
Auf Wiedersehen. Es war schön, dich zu kennen.
Doch dieser staubige alte Staub zerstört meine Heimat, und ich muß weiterziehen.
Der Staubsturm kam, und er kam wie Donner.
Er bedeckte uns mit Staub von oben und von unten;
Er blockierte den gesamten Verkehr und verdunkelte die Sonne,
und alle Menschen rannten geradewegs nach Hause:
(Und sangen …) *Refrain*
Die Liebenden saßen im Dunkeln, und die Funken sprühten,
sie umarmten und küßten sich in der staubigen alten Dunkelheit;
sie seufzten und weinten und umarmten und küßten sich,
doch sie redeten nicht von Heirat, sondern sagten:
(Liebling, …) *Refrain*
Das Telefon klingelte. Es fiel von der Wand.
Das war der Priester, der seinen Aufruf machte.
Er sagte: ›Liebe Freunde, dies könnte das Ende sein,
dies ist eure letzte Chance, aus der Sünde errettet zu werden!‹
Refrain
Nun, die Kirchen waren voll, in den Kirchen drängten sich die Menschen,
doch dieser staubige alte Staubsturm war so schwarz,
daß der Priester kein Wort seines Textes lesen konnte,
also nahm er seine Brille ab und machte eine Kollekte,
(und sagte …) *Refrain.*«

– Woody Guthrie, ©1940

Auch die Vegetation sollte die Böden davor bewahren, weggeweht zu werden. Die American Tree Association (Amerikanische Baumvereinigung) rief zur Pflanzung von 100 Schutzgürteln auf, die sich auf über 2000 Kilometer durch den Mittelwesten von Kanada bis Texas erstrekken sollten. Als Argument für das Baumgürtel-Projekt führten Fachleute an, daß die Winde der Ebenen, wenn sie nicht gebremst würden, aus dem fruchtbaren Ackerland eine »große amerikanische Sahara« machen könnten.

Die Tage der Dust Bowl, die auch die »Dirty Thirties« genannt wurden, fielen mit der großen Wirtschaftskrise zusammen. In einem Beitrag für die Zeitschrift der NATIONAL GEOGRAPHIC SOCIETY erinnert sich William Howarth 50 Jahre später an diese Zeit: »Die Bilder aus den Zeiten der Depression haben sich unserer Nation unvergeßlich eingeprägt: Banken setzten ihren Betrieb aus, Fabriken wurden geschlossen, Arbeiter standen nach kostenlosem Brot und Suppe Schlange. Die Okies zogen nach Westen, mit nichts, außer ihrer Hoffnung und ihren leeren Händen.«

Es ist nicht einfach, die Auswirkungen der nationalen Wirtschaftskrise von den regionalen Auswirkungen der Dürrekatastrophe zu unterscheiden. Sicher ist jedoch, daß das Land der Great Plains in vielen Fällen bewirtschaftet wurde, ohne daß hierbei die ökologischen Grenzen beachtet wurden, die aufgrund der unregelmäßigen Regenfälle und der trockenen, sandigen Böden in der Region bestanden. Im Jahre 1936 forderte der amerikanische Kongreß eine Prüfung der Dust-Bowl-Situation, damit Maßnahmen zur Verhinderung zukünftiger Katastrophen dieser Art entwickelt werden konnten.

Mit Beginn der 40er Jahre setzte der Regen wieder ein. Die Menschen kehrten in die Region zurück, um das Land wieder zu bebauen, und die Erinnerung an die Ära der Dust Bowl verblaßte mehr und mehr. Die Probleme, die in den 30er Jahren zur Verwüstung geführt hatten, waren gelöst worden. Oder vielleicht doch nicht?

Viele Farmer rodeten Bäume und Büsche, um mehr Land für den Anbau zu gewinnen. Als dann in der Mitte der 70er Jahre eine Dürre einsetzte, kam es örtlich zu Staubstürmen, und neue Geschichten über Ähnlichkeiten zu den Stürmen der 30er Jahre kursierten. Im Frühling 1996 rief eine ausgedehnte Trockenheit in den südlichen Great Plains Bilder von Staubstürmen und wüstenähnlichen Landschaften in Erinnerung, dort, wo eigentlich fruchtbare landwirtschaftliche Flächen sein sollten. Dennoch glauben einige Menschen immer noch, daß sich die Dust Bowl der 30er Jahre nicht wiederholen wird, denn – wie ein Einwohner Oklahomas vor kurzem sagte: »Unsere Anbaumethoden sind so perfekt wie irgend möglich.«

Wir müssen stets achtsam sein, wenn es um die Art und Weise der Nutzung des Ackerlands geht. Wir müssen die örtlich unterschiedlichen ökologischen Grenzen kennen und respektieren. Und dieses Wissen muß von einer Generation an die nächste weitergegeben werden, damit die harte Lektion aus den Dirty Thirties nicht in Vergessenheit gerät.

DER SCHUTZ DER BÖDEN WIRD WIEDER AKTUELL

■ Ein Staubsturm von 1977 im San Joaquin Valley in Kalifornien (Bild unten) erinnert an die mächtigen Stürme der Vergangenheit. Als die Great Plains in der Mitte der 50er Jahre von einer Dürre heimgesucht wurden, wogten Staubstürme über das Land und ließen befürchten, daß die Bedingungen der Dust Bowl der 30er Jahre wiederkehren könnten. Manche Menschen machten es sich zwar einfach und beschuldigten Mutter Natur wegen der vom Wind verursachten Verwüstung in den südlichen Great Plains, doch auch die Ackerbaumethoden haben zu der Katastrophe beigetragen. Die Maßnahmen zum Schutz der Böden, die nach der Dürre und Desertifikation während der 30er Jahre in der Region eingeführt wurden, waren offensichtlich wieder in Vergessenheit geraten. Die Tatsache, daß die 40er Jahre ein regenreiches Jahrzehnt waren und daß während des Zweiten Weltkriegs eine große Nachfrage nach Getreide bestand, bot den Farmern starke wirtschaftliche Gründe, um die Produktion auf ihrem Ackerland bis an die Grenzen des Möglichen und darüber hinaus zu treiben. Doch in den 50er Jahren wurden die Farmer durch das Einsetzen einer erneuten Dürre drastisch daran erinnert, daß sie es mit einer fragilen Umwelt zu tun haben. Wieder wurden neue Maßnahmen zum Schutz der Böden eingesetzt.

SAM CHASE

KLIMASCHWANKUNGEN / SCHWERE STÜRME

Über den Schaden, der 1992 durch den Hurrikan Andrew, den teuersten Sturm, der jemals die Vereinigten Staaten heimgesucht hat, verursacht wurde, sagte Nicholas Peake, der beim Roten Kreuz für die Schadenbewertung zuständig ist: »Wenn Sie den Hurrikan Hugo von 1989 und das Erdbeben in der Bucht von San Francisco von 1989 zusammen nehmen und das Ausmaß des Schadens noch verdoppeln, erhalten Sie den Schaden, den wir jetzt haben.«

Hurrikans sind tropische Wirbelstürme, die Taifunen und Zyklonen in anderen Teilen der Welt entsprechen. Am Golf von Mexiko und entlang der Ostküste der Vereinigten Staaten sind Hurrikans ein häufiges Phänomen. Ihr Name ist von einem Wort der Sprache der Westindischen Inseln abgeleitet und bedeutet »großer Wind«. Außer Wind bringen Hurrikans auch Sturmfluten, wobei Meerwasser auf das Land gedrückt wird und den normalen Wasserstand bei weitem übersteigt. Als beispielsweise der Hurrikan Camille 1969 vom Meer aufs Land raste, brachte er Winde mit einer Geschwindigkeit von maximal 360 Stundenkilometern und eine Flutwelle von mehr als 7,5 Meter Höhe. Diese Kombination aus Wind und Flutwelle kann noch mehrere Kilometer weit landeinwärts verheerende Schäden anrichten, insbesondere wenn der Hurrikan bei Flut kommt. Orkanartige Winde machen sich in der Tat noch mehrere hundert Kilometer vom Auge des Hurrikans entfernt bemerkbar.

Die Stürme ziehen häufig an der Ostküste der Vereinigten Staaten entlang nach Norden oder vom Ozean aus in den Golf von Mexiko. Der Hurrikan Andrew, der drittstärkste Hurrikan dieses Jahrhunderts im Atlantik, forderte 1992 im südlichen Florida Todesopfer und verursachte große Sachschäden, anschließend erstarkte er wieder über dem wärmeren Wasser des Golfs von Mexiko und zog dann landeinwärts bis in die Nähe von New Orleans.

In den 60er Jahren dieses Jahrhunderts bemühten sich amerikanische Wissenschaftler darum, Methoden zu entwickeln, mit denen die Stärke von Hurrikans verringert und die Bewegungsrichtung der Stürme vom Land weg abgelenkt werden sollte. Wenn sie Methoden zum »Säen« von Wolken entwickeln könnten, um den tropischen Stürmen ihre Winde zu nehmen, könnten sowohl Menschenleben als auch materielle Werte gerettet werden. Doch nicht alle Menschen möchten, daß diese Stürme von ihrem Land weggelenkt werden. Die im Zusammenhang mit Hurrikans auftretenden Regenfälle sind für die Landwirte und für die Wasserreservoirs in Mittelamerika von Bedeutung. Die Regierungen dieser Region beschuldigten die amerikanischen Wissenschaftler damals, ihnen den Regen nehmen zu wollen (manche sprachen von Wolkenklau). Daraufhin wurde die Forschung auf diesem Gebiet eingestellt.

Hurrikans sind jedoch nicht der einzige Grund für das Ausmaß der Zerstörung. Die Menschen sind für die Schäden mitverantwortlich. Sie möchten in Küstengebieten leben, von denen bekannt ist, daß dort häufig Hurrikanwinde und Flutwellen auftreten. Auch wenn offizielle Bauvorschriften für eine Bauweise bestehen, die der Kraft der Winde standhalten kann, kann es bei einer laschen Durchsetzung dieser Vorschriften dennoch dazu kommen, daß nicht sturmgerecht gebaut wird, so daß Gebäude und Menschenleben wiederum stärker durch Hurrikans gefährdet sind.

Hinzu kommt das Problem, daß viele Menschen auf Hurrikanwarnungen nicht entsprechend reagieren. Manche Menschen weigern sich trotz der Sorge der Behörden um ihre Sicherheit, bei einem Sturm ihr Haus zu verlassen. Andere warten mit der Evakuierung bis zur letzten Minute und hoffen, daß der Hurrikan seine Richtung ändern oder sich die Vorhersage als falsch erweisen wird.

Die Menschen haben sich genau dort angesiedelt, wo der übliche Weg der Stürme verläuft, und machen dennoch die Natur für die Zerstörung verantwortlich. Diese Tatsache ist

Dieses Satellitenbild von 1995 zeigt tropische Stürme, die Kurs auf Nordamerika genommen haben. Der Angriff von Hurrikanen, dem die Atlantikküste und die Küste des Golfs von Mexiko der Vereinigten Staaten 1995 ausgesetzt war, veranlaßte die Wissenschaftler zu Vermutungen darüber, ob diese Stürme ein Zeichen der globalen Erwärmung seien. Rückblickend kann man jedoch feststellen, daß im letzten Vierteljahrhundert zwar nur wenige Hurrikans jährlich auftraten, doch in den Jahren vor 1960 waren sie eine häufige Erscheinung. Vielleicht künden die Stürme von 1995 nur von einer Rückkehr zum Normalzustand?

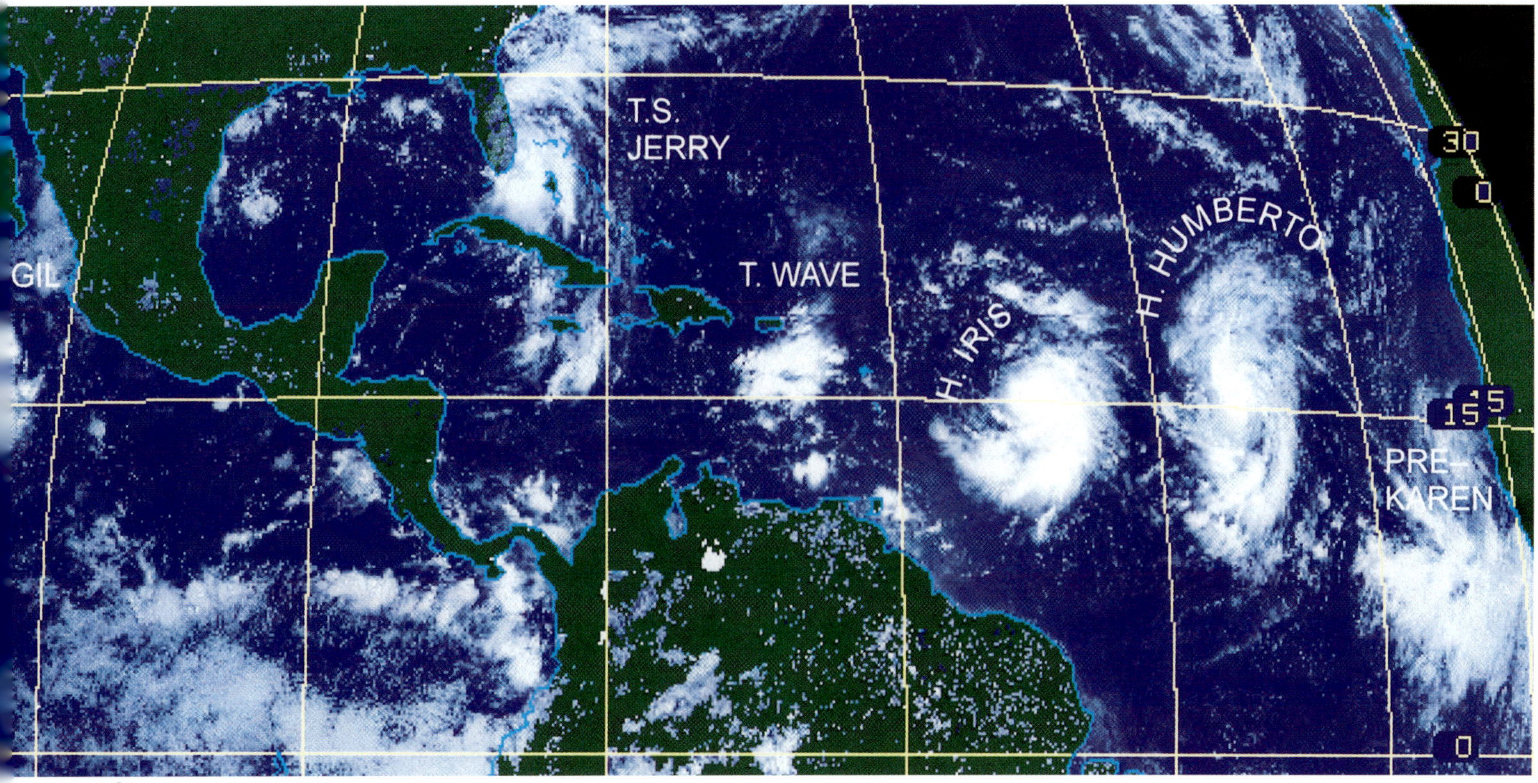

ZUR VERFÜGUNG GESTELLT VON WEATHERWISE

keine neue Erkenntnis aufgrund der Folgen von Andrew. Fred Ward, der für die Zeitschrift der NATIONAL GEOGRAPHIC SOCIETY schreibt, kommentierte diese besorgniserregende Situation bereits am Ende der Hurrikansaison von 1980 folgendermaßen: »Doch Makler, Urlauber und Besitzer von Wohnblocks drängen sich weiterhin an der Küste und weigern sich häufig, Kompromisse mit den riesigen Stürmen zu schließen. Wer im Recht ist, wird wahrscheinlich erst dann offensichtlich, wenn der nächste Killerhurrikan schließlich kommt.«

Die Hurrikansaison von 1995, die von Juni bis November dauerte, war die zweitaktivste innerhalb der hundert Jahre, für die Aufzeichnungen vorliegen. Die Jahre von 1960 bis zu Beginn der 90er Jahre waren hinsichtlich der Anzahl der sich ereignenden Hurrikans relativ ruhig, und die Zeit von 1991 bis 1994 war der ruhigste Vierjahreszeitraum dieses Jahrhunderts. William Gray, ein Professor an der Colorado State University, der sich mit der Hurrikanvorhersage beschäftigt, vertritt die Ansicht, daß derzeit eine Periode zahlreicherer Stürme beginnt. Seine Vorhersage mahnt uns, daß bei der Erschließung von Küstengebieten und beim Ersetzen alter Gebäude durch neue die Hurrikans der jüngsten Vergangenheit nicht vergessen werden sollten. Nur wenn wir unsere selbstgefällige Sorglosigkeit ablegen, können wir unsere Verletzlichkeit mindern, besser mit Hurrikans und ihren Folgen zurechtkommen und innerhalb der Grenzen leben, die uns die Natur in unserer Lebensumgebung setzt.

KLIMAVERÄNDERUNGEN

Klimaveränderungen kann man objektiv und subjektiv betrachten. Objektiv können sie als Schwankungen, Fluktuationen und Änderungen im engeren Sinne definiert werden. Eine Schwankung ist eine Veränderung innerhalb eines kurzen Zeitraums, auf die wieder eine Rückkehr zum Normalzustand folgt. Fluktuationen sind nichtpermanente Veränderungen, die über Jahrzehnte hinweg stattfinden. Im engeren Sinne werden Klimaveränderungen als längerfristige Veränderungen definiert, die sich über viele Jahrzehnte oder Jahrhunderte erstrecken, und auf die wieder eine Rückkehr zu einer erwarteten durchschnittlichen Bedingung folgt, oder als eine ständige Veränderung der durchschnittlichen Bedingungen, die eine bestimmte Zeit anhält. Die meisten Politiker meinen die letztere Definition einer Klimaveränderung, wenn sie von der globalen Erwärmung sprechen. Es wird befürchtet, daß sich das Klima nicht nur für eine relativ kurze Zeit ändert, sondern daß sich eine permanente Klimaänderung vollzieht.

Klimaveränderungen können auch ausgehend von der menschlichen Wahrnehmung definiert werden. Die Menschen neigen dazu, in kürzeren Zeiträumen zu denken, beispielsweise in Jahren und Jahrzehnten. Auch wenn das Klima nur wenige Jahre kühler oder wärmer ist als zuvor, kann es sein, daß die Menschen dies als eine permanente Veränderung des Klimas betrachten, und nicht als eine vorübergehende Klimaschwankung oder -fluktuation.

Bis zu den 60er Jahren konnte man das Studium der Klimatologie mit der Tätigkeit vergleichen, dem Gras beim Wachsen zuzusehen: Es war eine ziemlich langweilige Sache ohne Geheimnisse oder Überraschungen. Dieses Fachgebiet wurde als notwendig, aber wenig aufregend betrachtet. Zu Beginn der 70er Jahre änderte sich dies aufgrund der Furcht vor dem Auftreten einer neuen Eiszeit grundlegend. Nach einigen Jahrzehnten relativ milden Wetters und Klimas war der Zeitraum von 1940 bis zu den frühen 70er Jahren kühler als die vorausgegangenen Jahrzehnte. In den 70er Jahren bestanden weltweit extrem widrige Klimaanomalien, die in Verbindung mit sekundären und anekdotenhaften Informationen darauf schließen ließen, daß die Erde sich auf die nächste Eiszeit zu bewegte. Namhafte Wissenschaftler führten beispielsweise folgende Erscheinungen als Belege für diese These an: Die Wachstumszeit in England war zwei Wochen kürzer als in den vorausgegangenen Jahrzehnten; Fische, die gewöhnlich vor der Nordküste Islands gefangen wurden, fand man nun an der südlichen Küste des Landes; in Irland war die Heuernte aufgrund kühlerer Temperaturen um 25 Prozent zurückgegangen; Gürteltiere, die bis nach Kansas nordwärts gewandert waren, zogen nun nach Süden; und viele andere Erscheinungen mehr. Die Nahrungsproduktion ging zu Beginn der 70er Jahre drastisch zurück, ebenso wie der Fischfang. Wie groß die Angst vor der nächsten Eiszeit damals war, verdeutlichen einige Bücher, die in jener Zeit zu dem Thema veröffentlicht wurden: *Fire or Ice* (Feuer oder Eis), *The Cooling* (Die Abkühlung) und *The Weather Conspiracy* (Die Verschwörung des Wetters).

Die Angst vor der Eiszeit wich bald schon der Furcht vor einer globalen Erwärmung, die von Aktivitäten des Menschen verursacht werden könnte, welche die Atmosphäre aufheizen. In den letzten beiden Jahrzehnten haben Wissenschaftler Forschungen betrieben, um ein besseres Verständnis des Klimasystems zu erlangen und dadurch sowohl langfristige Klimaveränderungen als auch die natürlichen und vom Menschen erzeugten Ursachen für diese Veränderungen ermitteln zu können. Im Rückblick auf die letzten tausend Jahre haben Klimatologen Schwankungen, Fluktuationen und langfristige Trends des Klimas festgestellt. Bei der Erwärmung, die im 11. und 12. Jahrhundert stattfand, handelte es sich um eine Klimaveränderung, die sich auf Jahrhunderte erstreckte. Die kleine Eiszeit von 1600 bis ungefähr 1850 war ein langfristiger Klimatrend hin zu kühleren Temperaturen. Die Ursachen für diese mehrere Jahrhunderte andauernden Veränderungen (sogenannte Klimatrends)

NASA

DAVID NUNUK/SCIENCE PHOTO LIBRARY/PHOTO RESEARCHERS

Fossile Brennstoffe – Kohle, Öl und Erdgas – werden immer noch für viele industrielle Fertigungsverfahren eingesetzt, beispielsweise in diesem Asphaltwerk in Kanada. Die in der Debatte über die globale Erwärmung heiß diskutierte Verbrennung fossiler Brennstoffe setzt Kohlendioxid frei, das die Wärmeabstrahlung verhindert und dadurch die Atmosphäre aufheizt, so daß der natürliche Treibhauseffekt verstärkt wird.

konnten nicht eindeutig festgestellt werden. Im 20. Jahrhundert fanden Fluktuationen statt, die sich auf Jahrzehnte erstreckten: Der Zeitraum von 1900 bis 1920 war feucht und kühl; 1920 bis 1940 war warm und feucht; 1940 bis ungefähr 1970 war ein kühler Zeitraum; seit Mitte der 70er Jahre erwärmt sich die Atmosphäre.

Viele Sorgen bestehen, obwohl die Wissenschaft der Klimaveränderungen nicht eindeutig gesichert ist, der sich die politischen Führer der Welt bei der Klimakonvention verschrieben haben, die für den Erdgipfel im brasilianischen Rio de Janeiro im Juni 1992 erarbeitet worden war. Die wissenschaftlichen Beurteilungen des staatenübergreifenden Gremiums für Klimaveränderungen von 1990 und 1995 dienen als Grundlage, auf der die Unterzeichner der Konvention Vereinbarungen über die Eindämmung der globalen Erwärmung durch den vernünftigen Umgang mit Energie, mit Treibhausgasen, Wäldern und Böden aushandeln. Die Regierungsvertreter kommen jedes Jahr auf einer Konferenz der Unterzeichnerstaaten zusammen.

Nicht alle Regierungen sind der Meinung, daß die Aktivitäten des Menschen eine Auswirkung auf das Klima der Erde haben können, daß fossile Brennstoffe die Schuldigen sind und daß auch ihre Länder Opfer bringen müssen, um ein Umweltproblem zu lösen, das von den »reichen« Ländern geschaffen wurde, die die natürlichen Ressourcen aufgebraucht und die Umweltqualität gefährdet haben, um ihren hohen Lebensstandard zu erreichen. Viele Menschen sind der Meinung, daß die reichen Länder, die die Atmosphäre mit Treibhausgasen belastet haben, ihre Emissionen dieser Gase verringern sollten, um diese globale Umweltbedrohung abzuwenden.

KLIMAVERÄNDERUNGEN / ANTHROPOGENE URSACHEN

Die Aktivitäten des Menschen haben die natürliche Umwelt bereits seit Tausenden von Jahren verändert. Seit Beginn der Industrialisierung haben die Auswirkungen der Aktivitäten des Menschen jedoch dramatisch zugenommen, insbesondere hinsichtlich der chemischen Zusammensetzung der Atmosphäre. Länder auf der ganzen Welt haben Veränderungen erlebt und vielleicht auch mitverursacht, die durch Luftverschmutzung, sauren Regen und Abbau der Ozonschicht entstanden sind. Beispielsweise werden beim Verbrennen fossiler Brennstoffe (Kohle, Öl, Erdgas) große Mengen an Kohlendioxid (CO_2), einem Treibhausgas, an die Atmosphäre abgegeben. Treibhausgase absorbieren die von der Erdoberfläche ausgesandte langwellige Strahlung.

Kohlendioxid ist nicht das einzige Treibhausgas, das bei den Aktivitäten des Menschen entsteht. Methan (CH_4) wird von Feuchtgebieten, von Termiten und anderen Tieren sowie beim Reisanbau abgegeben. Auch Distickstoffoxid (N_2O), das als Dünger in der Landwirtschaft verwendet wird, gelangt in die Atmosphäre. Fluor-Chlor-Kohlenwasserstoffe (FCKW) werden seit ihrer Entwicklung in den 20er Jahren als Schaumbildner, Kühlmittel, Reinigungsmittel für elektronische Bauteile und als Inhaltsstoffe bei Aerosol-Sprays eingesetzt. Bei den FCKW handelt es sich zwar ebenfalls um Treibhausgase, dennoch ist ihre allgemeine Wirkung noch unklar.

Mit dem Bevölkerungswachstum und der zunehmenden Industrialisierung der Wirtschaft in allen Erdteilen steigt der Energieverbrauch der Länder. Viele nutzen vermehrt fossile Brennstoffe, da sauberere Technologien nicht zur Verfügung stehen. China beispielsweise verfügt über große Kohlevorkommen und plant, diese für seine angestrebte wirtschaftliche Entwicklung zu nutzen. Da China keine anderen natürlichen Energiequellen und auch keine Mittel besitzt, um saubere Energietechnologien zu importieren, muß das Land seine Kohle verwenden, anstelle kostspieliger Energiequellen, die kein Kohlendioxid produzieren, wie beispielsweise Solarenergie oder Kernkraft. Andere Länder stehen vor ähnlichen Problemen. Es wurden zahlreiche Szenarien entwickelt, um die effektivste und gerechteste Möglichkeit zu finden, die Emissionen der Treibhausgase weltweit zu reduzieren. Doch viele Menschen in Ländern der Dritten Welt sind davon überzeugt, daß das Problem der globalen Erwärmung von den industrialisierten Ländern verursacht wurde, und deshalb sind ihrer Meinung auch diese Länder für die Lösung des Problems verantwortlich.

Die Industrieländer haben seit Beginn der industriellen Revolution in der Mitte des 18. Jahrhunderts CO_2 in die Atmosphäre gepumpt. Der hohe Entwicklungsstand und der hohe Lebensstandard dieser Länder ist industriellen Verfahren zu verdanken. Die Verbrennung fossiler Brennstoffe und die Produktion von Treibhausgasen haben zwar viele Vorteile für die Menschen gebracht, doch sie haben die Umwelt lokal, regional und global geschädigt. Die Regierungen versuchen nun, die CO_2-Emissionen zu verringern, ohne den Lebensstandard zu senken, doch ihre Bemühungen sind mit schwerwiegenden politischen Problemen verbunden.

Ein weiterer Faktor, der zur Entstehung von Treibhausgasen beiträgt, ist die Abholzung der tropischen Wälder in Südamerika, Südostasien und Zentralafrika. Die Entwaldung ist für ungefähr 15 Prozent der vom Menschen herbeigeführten Zunahme von Treibhausgasen verantwortlich, die an die Atmosphäre abgegeben werden. Wenn Bäume abgeholzt werden, wird Vegetation zerstört, die Kohlenstoff aus der Luft absorbiert und speichert, und beim Verbrennen der Bäume wird der gespeicherte Kohlenstoff wieder freigesetzt. Für die Entwaldung sind zum größten Teil die Industrieländer verantwortlich: Japan beispielsweise ist der weltweit größte Importeur von tropischen Harthölzern.

Bei den gegensätzlichen Ansichten hinsichtlich der globalen Erwärmung kann man drei Kategorien unterscheiden. Eine Gruppe vertritt die Ansicht, daß die Menschen bereits jetzt die

JACQUES JANGOUX/PHOTO RESEARCHERS

Die Abholzung tropischer Wälder und das Verbrennen von Holz tragen bis zu 20 Prozent zu den von Menschen erzeugten Treibhausgasen bei, die an die Atmosphäre abgegeben werden (Bild oben). Die Verbraucher in den Industrieländern spielen eine maßgebliche Rolle bei der Entwaldung. Durch das Sammeln von Brennholz entsteht die »andere Energiekrise«. Viele Menschen, wie diese Frauen und Mädchen im afrikanischen Sahel (Bild unten), verbringen täglich mehrere Stunden mit der Suche nach Brennholz für das Kochen ihrer Mahlzeiten, wobei sie die Vegetation großer Gebiete um ihre Dörfer zerstören.

ALAIN NOGUES/SYGMA

Atmosphäre ändern und daß diese Veränderungen das Klima global und lokal ändern werden. Die Menschen, die diese Auffassung vertreten, sind der Meinung, daß extreme Ereignisse wie beispielsweise die Dürre- und Hochwasserkatastrophen in den 80er und 90er Jahren unseres Jahrhunderts nicht durch natürliche Klimaschwankungen bedingt waren, sondern durch vom Menschen hervorgerufenen Klimaveränderungen.

Andere hingegen sind nicht der Meinung, daß wir das globale Klima verändern können, indem wir »geringfügige« Mengen an Spurengasen in die Luft bringen. Sie weisen darauf hin, daß Pflanzen Kohlendioxid »mögen« (aus diesem Grund ist in Treibhäusern der Kohlendioxidgehalt der Luft erhöht) und argumentieren, daß die landwirtschaftliche Produktion bei einem höheren Anteil von CO_2 in der Atmosphäre noch gesteigert werden wird.

Eine dritte Gruppe von Menschen vertritt die Ansicht, daß in der Wissenschaft der Klimaveränderungen noch viele Unklarheiten bestehen.

Sie sind jedoch von dem Großteil der Indizienbeweise beeindruckt, die mit der globalen Erwärmung in Zusammenhang stehen, beispielsweise die Tatsache, daß die 80er Jahre dieses Jahrhunderts das wärmste Jahrzehnt innerhalb von mehr als hundert Jahren war. Einige der Jahre zu Beginn der 90er Jahre gehören ebenfalls zu den zehn Rekordhitzejahren, doch der Trend wurde durch die Abkühlung nach der Eruption des Pinatobu unterbrochen. Die Wissenschaftler konnten zwar einige wesentliche Fragen bisher nicht beantworten (beispielsweise ob die globale Erwärmung zu einer erhöhten Verdampfung des Wassers der Ozeane und dadurch zu vermehrter Wolkenbildung und zu einer Abkühlung des globalen Klimas führen wird), aber dennoch ist diese Gruppe der Meinung, daß unbedenkliche Vorsichtsmaßnahmen in jedem Fall ergriffen werden könnten. Maßnahmen wie beispielsweise das Energiesparen, die Nutzung alternativer Energiequellen und die Verringerung des Düngemittelverbrauchs wären in jedem Fall positiv, unabhängig davon, ob die globale Erwärmung nun kommt oder nicht.

Die meisten Politiker zeigen zwar ein Interesse an globalen Umweltveränderungen, vorwiegend interessieren sie sich jedoch für Klimaveränderungen, die ihren politischen Zuständigkeitsbereich betreffen. An vielen Orten auf der Welt haben Aktivitäten des Menschen das Klima lokal und regional verändert. Eines der offensichtlichsten Beispiele hierfür ist der Effekt der sogenannten städtischen Wärmeinsel.

Der Bau von Städten und die Konzentration der Energienutzung in den Städten haben unnatürliche Klimate in städtischen Umgebungen erzeugt. Einige Forscher haben festgestellt, daß eine Wärmeinsel eine Zunahme der Niederschläge innerhalb einer Stadt sowie in der Region in Windrichtung hinter der Stadt hervorruft. Diese Hypothese wurde anhand der Stadt St. Louis bestätigt. Der Wärmeinseleffekt hat bewirkt, daß die Temperaturaufzeichnungen aufgrund von Änderungen angepaßt werden müssen, die nach der Erwärmung der Städte folgten. Aufgrund dieses Effekts weisen manche Städte eine um 1,66 °C höhere Temperatur als ihre Umgebung auf.

Veränderungen bei der Bodennutzung – Abholzung, Rodung, landwirtschaftlicher Anbau – können ebenfalls das lokale und regionale Klima verändern. Russische Wissenschaftler vertreten die These, daß bestimmte Ackerbaumethoden die Niederschlagsmenge steigern. Sie glauben, daß bei großflächiger Bewässerung soviel Wasser verdunstet, daß hierdurch das lokale Klima günstig beeinflußt wird, indem die Luftfeuchtigkeit steigt.

Die Abholzung der tropischen Wälder, ob sie nun der Holzwirtschaft oder dem Bau von Siedlungen dient, trägt nicht nur zur globalen Erwärmung bei, sondern kann auch das lokale Klima verändern. Beispielsweise stammt die Hälfte des Regens im Amazonasbecken von Feuchtigkeit, die von der Vegetation des Amazonaswaldes selbst verdunstet wird. Wenn diese Vegetation gerodet wird, wird weniger Feuchtigkeit verdunstet und hierdurch verringert sich schließlich die Niederschlagsmenge in der Region. Die Aktivitäten des Menschen können tatsächlich aride Landschaften in tropischen Regenwäldern schaffen, da die Böden zu empfindlich sind, um Regen, Sonne und Wind standzuhalten, wenn die Vegetationsdecke einmal entfernt wurde. Hinzu kommt, daß der Regen die Tendenz besitzt, die Nährstoffe der Böden auszuwaschen. Das Ergebnis ist eine karge Landschaft, die den rauhen Elementen der Natur ausgesetzt ist.

Auch die Bemühungen um die Nahrungsproduktion können zur Zerstörung der lokalen und regionalen Umwelt führen, was wiederum Klimaveränderungen zur Folge haben kann. Wenn Flächen bebaut werden, die kaum für den nachhaltigen Anbau geeignet sind, werden die Böden ausgelaugt und das Klima wird auf lokaler und regionaler Ebene beeinflußt.

Und wenn die falschen Feldfrüchte an Stellen angebaut werden, die für sie völlig ungeeignet sind, können Dürren häufiger auftreten und ausgeprägter sein.

Beim Abbau von Kohle (im Vordergrund) und durch ein Kohlekraftwerk (im Hintergrund) in der Nähe von Rock Springs im US-Bundesstaat Wyoming werden Gase und Partikel an die Atmosphäre abgegeben. Dies hat zur Folge, daß sich die Luftqualität lokal und regional verschlechtert und es gelegentlich zu saurem Regen kommt. Die Auswirkungen industrieller Emissionen können bis weit über die jeweilige Region hinaus reichen – und wahrscheinlich auch die atmosphärischen Temperaturen auf der ganzen Erde verändern.

PAUL CHESLEY

BEEINFLUSSUNG DES KLIMAS

■ Während des gesamten 20. Jahrhunderts wurden den Regierungen zahlreiche Vorschläge zur Beeinflussung des Klimas unterbreitet. Vorgeschlagen wurden unter anderem Projekte wie die Eindämmung des Beringmeers, die Umlenkung großer Meeresströmungen, das Abschleppen von Eisbergen, die Flutung von Wüstensenken zur Schaffung von Binnenmeeren, die Umlenkung von Flüssen, die Bewässerung arider Landschaften in großem Maßstab sowie die Asphaltierung arider Küstengebiete. Jedes Projekt besitzt durchaus eine eigene Logik und scheint theoretisch funktionieren zu können. Interessanterweise haben wir, während wir versuchten, Möglichkeiten zu finden, um das regionale Klima zugunsten des Menschen zu verändern, Flächen zerstört, die für ihre Fruchtbarkeit bekannt waren. Der Unterschied zwischen den Versuchen, das regionale Klima zu ändern, und der aufgrund der Emission von Treibhausgasen möglicherweise stattfindenden globalen Erwärmung besteht darin, daß erstere geplant werden, während letztere ein ungesteuertes Experiment der Zivilisationen darstellt, dessen Ausgang nach wie vor ungewiß ist.

Das gleiche Problem stellt sich bei Weideland. Wenn zu viele Rinder, Kamele oder Ziegen auf dem Land gehalten werden, kann die Vegetationsdecke zerstört werden. Das Bevölkerungswachstum und politischer Druck führen dazu, daß mehr Menschen in den Gebieten siedeln, und wenn sie das Land nutzen, so erfolgt dies häufig ohne Kenntnis der natürlichen Gegebenheiten, und der Mißerfolg ist vorprogrammiert. Diese Situationen stellen Analogien zu Entwicklungen dar, die in einer anderen Größenordnung eintreten könnten, wenn es zu einer globalen Erwärmung kommt.

KLIMAVERÄNDERUNGEN / ENTWALDUNG

Die tropischen Wälder verschwinden mit alarmierender Geschwindigkeit. Die Medien berichten über die Entwaldung in Worten, die die Menschen verstehen können: Eine Fläche von der Größe eines American-Football-Feldes wird jede Minute im Amazonasgebiet zerstört; jede Woche werden 113 000 Fußballfelder gerodet; eine Fläche von der Größe der Beneluxländer wird auf der ganzen Welt pro Jahr abgeholzt.

Eine Fülle von Fotos zeigt inzwischen entwaldete Landschaften auf der nördlichen und der südlichen Erdhalbkugel. Die Medien haben ihre Aufmerksamkeit zwar auf die Abholzung im Amazonasbecken konzentriert, doch andere Regionen sind gleichermaßen oder sogar noch stärker gefährdet. Die Tieflandregenwälder Westafrikas wurden dezimiert. Haiti ist fast völlig zerstört. Die Hochlandregionen von Thailand wurden entwaldet.

Dem brasilianischen Amazonasgebiet wird zwar die meiste Aufmerksamkeit zuteil, wenn es um die Zerstörung tropischer Regenwälder geht, doch auch andere Regionen sind von Entwaldung betroffen. Im östlichen Borneo (Bild unten) werden tropische Hartholzbaumarten in großem Umfang gefällt, um die Nachfrage der Käufer in den Industrieländern zu decken. Wenn die bevorzugten Bäume in den Regionen alle abgeholzt wurden, sind auch die verbleibenden Wälder zunehmend von Abholzung bedroht.

NANCY SEFTON/PHOTO RESEARCHERS

Die Wälder von Madagaskar werden derzeit rapide zerstört. Das bewaldete Hochland der größten Flußbecken Indiens wurde ebenfalls zerstört. Erwähnenswert ist, daß die rasch fortschreitende Entwaldung Brasiliens während der 80er Jahre vorwiegend auf enormen Veränderungen im Bundesstaat Rondônia beruhten. Die von der Weltbank finanzierte Landstraße BR 364 wurde ohne Umweltverträglichkeitsanalyse gebaut. Das Ergebnis war, daß sie viele Menschen aus der Stadt in das Gebiet führte, die ihre Lebensqualität durch den Umzug in das neue Territorium verbessern wollten.

Lateinamerika besitzt 57 Prozent der tropischen Regenwälder der Welt. Asien verfügt über 25 Prozent und Afrika über 18 Prozent. Niemand bezweifelt, daß die bewaldete Fläche, die schätzungsweise ungefähr 13 Prozent der Landfläche der Erde einnimmt, schrumpft. Die Gründe hierfür sind jedoch von Region zu Region verschieden. In Lateinamerika werden Regenwälder derzeit in Weideland und landwirtschaftlich genutzte Flächen umgewandelt; in Subsahara-Afrika werden sie für den Holzexport und zur Deckung des Bedarfs an Ackerland und an Brennholz gerodet; in Südostasien liefern die Wälder die Hartholzerzeugnisse, die in die Industriestaaten exportiert werden. Weitere gesellschaftliche Faktoren sind ein Fehlen gerechter Bodenreformprogramme, chronische Armut, schlechte Forstwirtschaftsmethoden, Korruption des Staates und große staatliche Entwicklungsprojekte wie etwa der Bau von Staudämmen.

Obwohl die Gründe für die Abholzung in den einzelnen Regionen unterschiedlich waren, sind die Konsequenzen ähnlich: Überschwemmungen in flußabwärts gelegenen Gegenden, starke Bodenerosion und ein hoher Grad an Sedimentation in den Flüssen, ausgelaugte Böden und karge, erodierte Landschaften. Überschwemmungen in flußabwärts gelegenen Gegenden, die Todesopfer und Sachschäden fordern, sind in der Regel sogar in Jahren mit durchschnittlichen Regenfällen die Folge. Die Hauptursachen sind die Abholzung für den Holzhandel und Rodungen für die Ansiedlung von Landwirtschaft und für die Schaffung von Viehweiden. Einen ehrgeizigen Plan für die Neubesiedlung hat Indonesien vorgestellt. Die Umsiedlungspolitik dieses Landes bezweckt, die Überbevölkerung und Armut auf Java zu lindern, indem Millionen von Menschen in Urwäldern im Westen Guineas (Irian Jaya) angesiedelt werden.

Regenwälder sind ein wichtiger Bestandteil des globalen Klimasystems. Sie fungieren als bedeutende Kohlenstoffverbraucher, indem sie Kohlenstoff bei der Photosynthese aus der Atmosphäre entnehmen und ihn speichern. Wenn gefällte Bäume verbrannt werden oder verrotten, wird Kohlenstoff in Form von Kohlendioxid, einem bedeutenden Treibhausgas, wieder an die Atmosphäre abgegeben. Wissenschaftler schätzen, daß bis zu 15 Prozent des durch Aktivitäten des Menschen in die Atmosphäre eingebrachten Kohlendioxids aus den Folgen der weltweiten Entwaldung stammen.

Die Regierungen in den Tropen – wie auch viele andere auf der Welt – entwickeln Strategien, um den Lebensstandard ihrer Bürger zu verbessern. Häufig stehen diese Strategien im Konflikt mit den Interessen mancher internationaler Naturschützer. Regenwälder liegen denjenigen Menschen besonders am Herzen, die sich wegen eines Verlusts der Artenvielfalt sorgen.

Unternehmen der Pharmaindustrie sehen in der kommerziellen Nutzung der Artenvielfalt Möglichkeiten für medizinische Anwendungen. Die auf Madagaskar wachsende Pflanze *Catharanthus roseus* beispielsweise wird bei der Behandlung von Leukämie bei Kindern eingesetzt. Pyrethrin aus Gegenden südlich der Sahara wird bei der Herstellung von Insektiziden verwendet. Doch bisher haben die Entwicklungsländer nur wenig finanzielle Gewinne aus diesen Entdeckungen gezogen, daher ist der Anreiz für sie minimal, die Wälder zu schützen. Eine Möglichkeit dafür, diese Länder zum Schutz der Wälder zu veranlassen, bestünde vielleicht in der Schaffung wirtschaftlicher Anreize, die ihrer Bevölkerung allgemein zugute kämen.

KLIMAVERÄNDERUNGEN / AUSBREITUNG DER WÜSTEN

Auf dem Erdgipfel, der im Juni 1992 in Rio de Janeiro stattfand, riefen afrikanische Nationen die UN-Generalversammlung dazu auf, eine Konvention zur Bekämpfung der Desertifikation, d.h. der Ausbreitung der Wüsten, in den Ländern zu erarbeiten, die von schwerwiegender Dürre und/oder Desertifikation heimgesucht werden, insbesondere in Afrika. Eine Konvention wurde ausgearbeitet und am 17. Juni 1994 in Paris unterzeichnet. Sie trat Ende Dezember 1996 in Kraft. In dieser Konvention heißt es: »Desertifikation ist die Bodenverschlechterung in ariden, semiariden und zuwenig humiden Gebieten, die durch verschiedene Faktoren verursacht wird, darunter Klimaschwankungen und Aktivitäten des Menschen.« Dies ist die heutige offizielle Definition des Begriffs.

Desertifikation ist die Schaffung wüstenähnlicher Bedingungen in Gebieten, in denen in der jüngsten Vergangenheit keine solchen Bedingungen herrschten. Indem die Fruchtbarkeit der Böden verringert wird, trägt die Desertifikation zur Armut bei. Die Desertifikation wird besonders mit ariden Wüstenrandgebieten in Verbindung gebracht, doch sie tritt auch in Regionen mit hohen Niederschlagsmengen auf wie beispielsweise im südamerikanischen Amazonasbecken. Die Desertifikation könnte als ein Megabegriff bezeichnet werden, der mehrere Prozesse der Bodenverschlechterung umfaßt, darunter die Bodenerosion durch Wasser und Wind, die Versalzung, Überweidung, künstliche Bewässerung und übermäßige Abholzung.

Die Desertifikation kann natürliche Ursachen haben oder vom Menschen verursacht werden, es können aber auch beide Arten von Ursachen zusammenwirken. Das regionale Klima unterliegt Fluktuationen mit feuchten oder trockenen Perioden, die Jahrzehnte oder Jahrhunderte lang andauern können. In prähistorischer Zeit fand die Verschlechterung der Böden über einen Zeitraum von Jahrhunderten oder Jahrtausenden statt, doch die heutigen wüstenähnlichen Landschaften scheinen innerhalb von einigen Jahren oder Jahrzehnten geschaffen worden zu sein. Die Menschen mit ihrer Technik und ihren Bodennutzungsmethoden haben dies bewirkt.

Die Länder sind mittlerweile ziemlich aktiv, wenn es darum geht, die Desertifikation zu bekämpfen. In Nordamerika ist die Desertifikation in erster Linie ein wirtschaftliches Problem, und die dortigen Regierungen können finanzielle und technische Mittel einsetzen, um mit ihren Ursachen und Folgen fertig zu werden. Anders sieht die Situation in der Dritten Welt aus, wo der Verlust an landwirtschaftlichen Flächen durch das Vordringen der Wüste eine Hungersnot bedeuten kann.

Viele Menschen in ariden und semiariden Gebieten leben stets von einer Regenzeit zur nächsten. Nachdem sie ihre Schulden bezahlt haben, bleibt ihnen nur wenig, mit dem sie ihre Familien bis zur Ernte im nächsten Jahr ernähren könnten. Wenn die Fruchtbarkeit der Böden abnimmt, sinkt auch die Nahrungsproduktion, und wenn die nächste Wachstumszeit beginnt, sind die Menschen häufig so sehr unterernährt, daß sie nicht mehr in der Lage sind, ihre Felder effizient zu bewirtschaften. Dadurch nimmt die Produktion weiter ab. Schließlich suchen die Bauern in anderen Gegenden nach fruchtbaren Böden. Doch es ist unwahrscheinlich, daß neues Land mit guten Böden zur Verfügung steht, daher ziehen sie in Randgebiete, deren Bodenfruchtbarkeit nach nur wenigen Jahren bereits erschöpft ist. Als letzte Möglichkeit verlassen sie häufig ihr Land und suchen bei kommerziellen Landwirtschaftsbetrieben oder in städtischen Gebieten nach Arbeit.

Arme Länder benötigen Schulungsprogramme und Technologien, um die Desertifikationsprozesse stoppen zu können. Es ist billiger, die Menschen zu lehren, wie sie der Desertifikation vorbeugen können, als der Wüste das Land wieder abzuringen.

Die Desertifikation ist ein langfristiges, unauffälliges Problem, das erst mit der Zeit entsteht. Negative Veränderungen, die jeden Tag stattfinden, sind praktisch nicht wahrnehmbar und erfordern keine sofortige Aufmerksamkeit der

Hirten auf Wanderung mit ihren abgemagerten Rindern im westafrikanischen Sahel. Dies ist ein häufiger Anblick in einer ariden Landschaft mit unregelmäßigen Niederschlägen. Vor einigen Jahrzehnten brachten die Zeitungen Schlagzeilen über das Vordringen der Sahara nach Süden mit einer Geschwindigkeit von 30 bis 50 Kilometern im Jahr, wobei Weide- und Ackerland in Wüste verwandelt wurde. Überweidung und schlechte Anbaumethoden sowie geringe Niederschläge zerstörten das Land und schufen wüstenähnliche Bedingungen.

ALAIN NOGUES/SYGMA

Politiker. Nach mehreren Jahren ist der entstandene Schaden jedoch ziemlich offensichtlich. Dann hat sich die Situation bereits zu einer Krise entwickelt, und große Summen sind erforderlich, um das Land wieder zu kultivieren. In manchen Fällen muß es sogar ganz aufgegeben werden.

Die negativen Folgen der Desertifikation werden während regenreicher Perioden häufig überdeckt, doch schlechte Bodennutzungsmethoden werden während trockener Zeiten deutlich. Dürre wird zwar häufig für die Verarmung der Böden verantwortlich gemacht, doch meist verschlimmert sie nur eine bereits schlechte Situation. Wenn aufgrund von Klimaveränderungen häufigere und stärkere Dürren auftreten werden, werden sich die Desertifikationsprozesse wahrscheinlich beschleunigen und in mehr Regionen auftreten. Daher ist es wichtig, daß wir ein besseres Verständnis dieser Prozesse erlangen und Möglichkeiten finden, wie sie verhindert werden können, damit die Folgen zukünftiger Dürren so gering wie möglich gehalten werden können.

VERÄNDERUNG / ARALSEE

Der Aralsee trocknet aus. Bis 1960 betrugen seine Fläche noch 68 000 Quadratkilometer, sein Wasserinhalt 1 100 Kubikkilometer und seine Tiefe etwa 55 Meter. Heute hat der See eine Fläche von ungefähr 36 000 Quadratkilometern, einen Inhalt von 335 Kubikkilometern und eine Tiefe von 37 Metern.

Das Seebecken liegt mitten im Herzen der eurasischen Landmasse, und es befand sich innerhalb der Sowjetunion, bis deren politische Einheit 1991 aufgelöst wurde. Nun liegt er zu Teilen in fünf verschiedenen neuen, unabhängigen Republiken: Usbekistan, Kasachstan, Tadschikistan, Kirgisistan und Turkmenistan.

Hier herrscht Kontinentalklima mit heißen, trockenen Sommern und kalten Wintern. Über dem See ist die Verdunstung ziemlich stark, vor allem in den Sommermonaten. 70 Prozent der jährlichen Niederschläge fallen während des Winters und des Frühlings, die größten Mengen in den Vorgebirgen. Der See, der in eine aride Zone eingebettet liegt, beeinflußt das regionale Klima rundum noch viele Kilometer über seine Ufer hinaus.

Zwei größere Flüsse speisen den See: der Amudarja und der Syrdarja. Trotz seiner Größe ist er ein See, kein Meer, und »Endstation« von Gewässern, die in zwei der höchsten Gebirge der Erde entspringen: Pamir und Hindukusch im Südosten, Tian-shan und Altai im Osten. Im Süden grenzen zwei Wüsten an den See: Karakum und Kysylkum.

Die Flußläufe der Seezuflüsse waren lange Zeit von menschlichen Eingriffen unberührt geblieben. Jahrhundertelang hatte man das Wasser in geringen Mengen zur Bewässerung der trokkenen, aber fruchtbaren Wüstenböden abgeleitet. Die Abzweigungen nahmen bis 1960 langsam zu, doch dann traf die Sowjetführung die politische Entscheidung, den Baumwollanbau in Wüstengebieten deutlich zu steigern. Man brauchte größere Wasserumleitungen. Zudem bestimmten die Sowjetführer bereits Mitte der fünfziger Jahre, einen rekordverdächtigen Kanal durch die Wüste Karakum zu bauen, der Wasser vom Amudarja abzog.

GERD LUDWIG

Die neuen Republiken benötigen das Wasser aus dem Aralsee für ihre landwirtschaftliche Produktion: In Usbekistan stehen Baumwolle und Reis an erster Stelle; Kasachstan baut Baumwolle und Reis an, hat aber auch Viehzucht; Baumwolle, Wasserkraft und verarbeitende Industrien sind für Tadschikistan wichtig; in Turkmenistan hat Baumwolle, in Astrachan Schafzucht besondere Bedeutung; Kirgisistan konzentriert sich auf Futtermittelproduktion und Rinderzucht.

Von den späten siebziger bis zu den frühen neunziger Jahren erhielt der Aralsee kein Wasser mehr aus dem Syrdarja und in den späten achtziger Jahren keines aus dem Amudarja. So stirbt der See. Wenn nur noch wenig Flußwasser den See erreicht, kann der Zufluß nicht die Ver-

Fischerboote sind dort liegengeblieben, wo sie gelandet waren, als der Aralsee sich von seinen Ufern mehr und mehr zurückzog. Über 30 Jahre hin forderten die ehemaligen Sowjetführer die Ableitung des Wassers aus den beiden wichtigsten Zuflüssen des Sees, um es für die Bewässerung des Wüstensandes zum Anbau von Baumwolle und Reis zu nutzen. Und was wird das Ergebnis sein? Im frühen 21. Jahrhundert wird der Aralsee ein See ohne Wasser werden – »ein stilles Tschernobyl«, wie etliche Wissenschaftler vermuten.

luste durch Verdunstung ausgleichen. Das Ergebnis ist, daß der Wasserspiegel stetig absinkt.

Die Diskussion über den See hat das ganze 20. Jahrhundert hindurch die Gemüter erregt. Die einen Beobachter vertreten die Ansicht: das Wasser nicht für die wirtschaftliche Entwicklung zu nutzen, sei reine Wasserverschwendung. Es verdunstet letztendlich nur – wozu es einfach verpuffen lassen? Nur wenige – andere – widersetzten sich der Nutzung des Wassers; und niemand erkannte seinen eigentlichen Wert und versuchte, es deswegen zu erhalten: als ein Meer inmitten der Wüste, ein Meer, das den unterschiedlichsten Arten der Flora und Fauna die Lebensgrundlage gibt.

Eine Beurteilung unter Umweltaspekten war der Denkweise der Sowjets unzugänglich. Wenn die Sowjetregierung sich mit den Schätzen der Natur befaßte, dann nur unter dem Gesichtspunkt umfassender, raubbauartiger Ausbeutung. Die Gesellschaft hatte das Recht, die Ressourcen der Natur zu plündern, wenn die Bedürfnisse der Gesellschaft (oder der maroden Wirtschaft) es erforderten.

Industrieller Müll und die Abfälle aus den Städten fanden zudem noch ihren Weg in die Zuflüsse des Aral-Beckens. Grundwasser, das für den Gebrauch in den Städten, in der Industrie und als Trinkwasser dringend benötigt wurde, war in der gesamten Gegend schwer durch Schadstoffe belastet, und diese bedauerliche Tatsache ist weitgehend auch dafür verantwortlich, daß sich die Menschen dieser Region in so schlechtem Gesundheitszustand befinden.

VERÄNDERUNG / ANSTIEG DES MEERESSPIEGELS

Große Sorge im Zusammenhang der globalen Erwärmung bereitet deren Auswirkung auf den Meeresspiegel. Alle wissenschaftlichen Prognosen deuten darauf hin, daß die Meere ansteigen werden, wenn sich die Atmosphäre aufheizt. Gletscher werden schmelzen, und das Wasser in den Meeren wird sich ausdehnen, weil es aus der Atmosphäre Wärme zugeführt erhält. Die Schätzungen des Anstiegs des Meeresspiegels reichen von ein paar Zentimetern zu einem Meter bis zum Ende des 21. Jahrhunderts. Anstiege in dieser Größenordnung haben beachtliche Auswirkungen zur Folge. Beispielsweise würde das Steigen des Meeresspiegels um 30 Zentimeter die Strände und Küsten um 30 bis 60 Meter erodieren.

Der jährliche Anstieg des Meeresspiegels lag im 20. Jahrhundert bei zwei bis drei Millimetern. Doch würde eine Anhebung um 60 Zentimeter allein in den USA über 200 000 Quadratkilometer Feuchtgebiete und Tiefland überschwemmen.

MARIA STENZEL

DIE WESTANTARKTISCHE SCHELFEISPLATTE

■ Würde das Polareis schmelzen, stiege der Meeresspiegel der Ozeane der Erde nicht an. Der Vorgang ist ähnlich wie bei einem Eiswürfel in einem Glas Wasser: Wenn der Eiswürfel schmilzt, verändert sich der Wasserstand in dem Glas nicht. Anders verhält es sich aber bei der Westantarktischen Schelfeisplatte, die aus geschätzten 3,2 Millionen Kubikkilometern Eis besteht (zum Vergleich: drei Millionen Kubikkilometer umfaßt die Eisdecke auf Grönland). Die Westantarktische Schelfeisplatte ist am Meeresboden verankert, hat aber Eisvorsprünge, die bis zu 500 Meter dick sind und weit in den Ozean hinausragen. Wenn das Schelfeis infolge höherer Meerestemperaturen zu schmelzen beginnt, könnte ein großer Teil davon ins Wanken geraten, ins Meer stürzen, den Wasserspiegel der Ozeane um sechs Meter anheben und viele Küstenregionen der Erde, Flußmündungen und -deltas sowie etliche große Städte überschwemmen. Deshalb haben Wissenschaftler bereits seit Ende der siebziger Jahre die Möglichkeit diskutiert, die Westantarktische Schelfeisplatte zu zerlegen. Doch die heute vorherrschende Ansicht ist, daß mit dem Abbrechen der Schelfeisplatte wahrscheinlich noch nicht in den nächsten Jahrhunderten zu rechnen ist. Und auch danach sei die Wahrscheinlichkeit eines solchen Einbrechens ziemlich gering. Ob größer oder kleiner – die Gefahr ist trotzdem vorhanden. Die Wissenschaftler arbeiten mit Computermodellen, um sich einen optischen Eindruck zu verschaffen, was mit den Polargebieten während einer globalen Erwärmung passieren könnte. Forschung und historische Einschätzung kommen zu dem Ergebnis, daß eine Erwärmung um etwa 2 °C in den Vereinigten Staaten oder in Europa von einer Temperatursteigerung an den Polen um 6 bis 8 °C begleitet würde. Ansonsten sind die besonderen Auswirkungen der globalen Erwärmung auf die Polarregionen noch nicht ganz geklärt.

Viele Städte in Küstennähe oder an den Flüssen wären betroffen. Flußdeltas sind äußerst fruchtbare Gegenden für die Landwirtschaft und alles mit dem Meer verbundene Leben und Treiben. Hier würden unermeßliche Schäden entstehen. Kleine Inselstaaten sind besonders in Sorge wegen des Ansteigens des Meeresspiegels, weil sie damit den Überflutungen bei tropischen Stürmen viel stärker ausgeliefert wären.

Die Diskussion über die globale Erwärmung erzeugt besonders in tiefliegenden Gebieten Ängste vor dem steigenden Meeresspiegel. Im Mississippidelta (Bild unten) müssen die Menschen außerdem mit dem Problem steigenden Wassers wegen des sinkenden Landes kämpfen. Das Einsinken ist die Folge des Grundwasserentzuges und der Verdichtung der Sedimente.

ANNIE GRIFFITHS BELT

Ein Bericht der World Meteorological Organization stellt fest, daß es »eine Zunahme der Überflutungen infolge der Aufwärtsbewegung der Wasserfläche geben wird, zudem Veränderungen der Sedimentablagerung an den Küsten sowie der dortigen Vegetation. Es wird eine stärkere Bodenerosion geben, und die Wasserqualität dürfte sich verschlechtern. Vielleicht werden etliche Küstenbewohner ihre Siedlungsgebiete aufgeben und von den Küstenregionen abwandern.«

Länder wie Bangladesch werden unter Überschwemmungen durch den Anstieg des Meeresspiegels ebenso wie durch Sturmfluten leiden. Große Teile des Landes liegen kaum über Meereshöhe, und jahreszeitlich bedingte Überflutungen sind keine Seltenheit. Wenn die See steigt, wird das Land auf Dauer unter Wasser stehen.

Die Niederlande, die große Gebiete ihres Landes dem Meer abgerungen haben, leben seit Jahrhunderten unter der Bedrohung durch Fluten. Man sagt dort jedoch, man verfüge über die notwendigen technischen Mittel, einem Ansteigen des Meeresspiegels in vorstellbarerer Größenordnung zu begegnen. Man könne sogar anderen niedrig gelegenen Gebieten helfen, sich selbst zu schützen. Holländische Ingenieure und Planer vermitteln ihr Wissen und ihre Technologie an so entfernt gelegenen Orten wie den Malediven im Indischen Ozean und dem Mississippidelta im Golf von Mexiko.

In den Vereinigten Staaten steigt der Meeresspiegel bereits in einigen Gemeinden in Louisiana – nicht wegen der globalen Erwärmung, sondern weil diese Gebiete einsinken. Das kommt vom Entzug des Grundwassers, das für bestimmte Arbeitsvorgänge bei der Erdölförderung benötigt wird. Wie man in Louisiana darauf reagiert, das könnte anderen tief gelegenen Gegenden Einsichten vermitteln und ihnen helfen, mit Veränderungen des Meeresspiegels infolge der globalen Erwärmung umzugehen.

VERÄNDERUNG / KASPISCHES MEER

Das Kaspische Meer ist das größte inländische Gewässer der Erde. Die Wolga, die das Wasser aus etwa 40 Prozent des europäischen Gebietes von Rußland führt, mündet in das Kaspische Meer und ist sein wichtigster Zufluß. Bis 1991 waren die Sowjetunion und Iran seine beiden Anlieger.

In der Folge des Auseinanderbrechens der Sowjetunion entstanden drei neue Staaten am Kaspischen Meer: Kasachstan, Turkmenistan und Aserbaidschan. Diese Veränderung ist nicht ohne Bedeutung, denn jetzt müssen die Ressourcen des Meeres von fünf Ländern anstelle von zwei verwaltet werden. Das ist keine leichte Aufgabe, weil jedes der Länder seine eigenen wirtschaftlichen Ziele verfolgt.

Die Ressourcen des Kaspischen Meeres umfassen unter anderem Ölvorkommen und Stör-Populationen, deren Rogen man zur Kaviargewinnung verarbeitet. Die Störe des Kaspischen Meeres liefern weltweit 90 Prozent des Kaviars, und die Ölreserven sollen nach Meinung mancher Experten hier reicher als an manchen Stellen des Persischen Golfes sein.

Städtischer, industrieller und landwirtschaftlicher Müll gelangt auf den verschiedenen einmündenden Flüssen in das Kaspische Meer. Und auf direktem Wege erfolgt die Verschmutzung des Wassers durch abgelassenes Öl von Bohrinseln. Natürlich haben alle diese Schmutz- und Schadstoffe negative Auswirkungen auf die Umwelt und insbesondere die Stör-Populationen.

Der Wasserspiegel des Kaspischen Meeres sank von den dreißiger bis zu den siebziger Jahren um fast zwei Meter, und die Menschen besiedelten die freigelegten Strand- und Uferregionen, sie bauten Häuser, Straßen, Farmen und vieles andere mehr. Ein paar Jahrzehnte lang fürchteten die Fachleute, das Kaspische Meer könnte schließlich ganz verschwinden. Aber dann begann der Wasserstand 1978 wieder jäh zu steigen, und seither hat sich der See kontinuierlich gehoben. Dieses langsame, aber stetige Ansteigen erreichte Mitte der neunziger Jahre zweieinhalb Meter, und viele russische Wissenschaftler prognostizieren, daß es bis 2010 so weitergehen wird.

In den letzten 20 Jahren hat das Kaspische Meer niedrig liegende Küstengebiete in jedem der angrenzenden Länder überflutet. Farmen wurden überschwemmt; Gebäude wurden zerstört; Uferregionen wurden abgetragen; Straßen und Eisenbahnstrecken versanken; und die Menschen mußten evakuiert werden. Landeinwärts wehender starker Wind verursacht immer wieder Sturmfluten, die das aufgewühlte Seewasser weiter aufs Land werfen als gewöhnlich und dadurch größere Zerstörungen zur Folge haben. Mit dem Meer steigen die Schäden an menschlichen Siedlungen.

Es gibt vielfache Überlegungen, warum das Kaspische Meer ansteigt. Manche Fachleute sagen, daß wachsende Niederschläge im Wolgabekken die Ursache seien. Andere werfen ein, daß tektonische Plattenbewegungen in der Erdoberfläche dazu führen könnten. Solche Bewegungen heben den Boden des Meeres oder Sees an und erwecken den Eindruck eines steigenden Wasserspiegels. Wiederum andere Experten behaupten, die Ableitung des Wassers aus dem Aralsee-Becken zur Bewässerung der umliegenden zentralasiatischen Wüsten habe zu einem Durchsickern ins Grundwasser geführt, das dann ins Kaspische Meer abgeflossen sei.

GEORGE F. MOBLEY

Das ist eine einfache Erklärung für zwei Umweltveränderungen in dieser Region: das An-

Das Mondlicht enthüllt die große Dichte von Ölbohranlagen bei Baku in Aserbaidschan, einem der fünf Anrainerstaaten an der Küste des Kaspischen Meeres. Weil die Erdölvorkommen hier denen des ölreichen Persischen Golfs nicht nachstehen, hofieren internationale Ölgesellschaften die Länder am Kaspischen Meer, um Förderkonzessionen zu erhalten. Gleichzeitig stellt dieses Gewässer eine Bedrohung dar. In den letzten 20 Jahren stieg der Spiegel des Sees um 2,40 Meter und überschwemmte Ölförderanlagen, Straßen, Gebäude.

steigen des Kaspischen Meeres und das gleichzeitige Absinken des Wasserspiegels im Aralsee.

Die Situation am Kaspischen Meer liefert uns nicht nur ein realistisches Bild der Auswirkungen des steigenden Wasserspiegels auf die Gesellschaft, sondern sie ist auch ein Beispiel für die möglichen Wirkungen eines Ansteigens des Meeresspiegels auf tiefliegende Gebiete als Folge der globalen Erwärmung.

Mit anderen Worten: Man beobachte, was hier mit den Ökosystemen und der Gesellschaft passiert, und lerne daraus, was geschehen könnte, wenn die Erwärmung die Meere weltweit ansteigen ließe!

KLIMAÜBERWACHUNG / BEOBACHTUNGEN

Weil Modelle mit unvollkommenen Klimatheorien arbeiten müssen, benötigen sie viele Informationen über das Klimasystem und die Wechselwirkungen seiner Komponenten. Deshalb sind die an Computermodellen arbeitenden Forscher die »Hauptabnehmner« klimabezogener Beobachtungen.

Man unternimmt größte Anstrengungen, einfach überall Informationen über Lufttemperatur, Niederschlag, Wind, Luftdruck, Temperatur der Meeresoberfläche und andere meteorologische und ozeanographische Aspekte zu sammeln. Manche Daten erfaßt man routinemäßig, während andere Informationen innerhalb kurzer Feldexperimente in vielen Ländern erhoben werden. Oft sind wissenschaftliche Experimente zu kostspielig, um von einem Institut oder einem Land allein durchgeführt werden zu können. Und überdies gelten ja für die Atmosphäre keine politischen Grenzen.

Tagtäglich nehmen die Menschen Informationen über ihr örtliches Klima und Wetter auf, aber das geschieht auf eine eher zufällige Weise. Ohne die Grundlage schriftlicher Aufzeichnungen sind ihre Kenntnisse eher etwas verschwommen und von persönlichen Eindrücken verfälscht. Das eigene Erinnerungsvermögen kann einem seltsame Streiche spielen, wenn man sich bestimmte klimatische Ereignisse ins Gedächtnis rufen soll. So wird der jeweilige Winter »der schlimmste, den ich je erlebt habe«, der Orkan »der stärkste aller Zeiten« oder der Frosteinbruch in diesem Jahr »verfrüht wie nie zuvor«. Aber sind solche persönlichen Erinnerungen verläß-

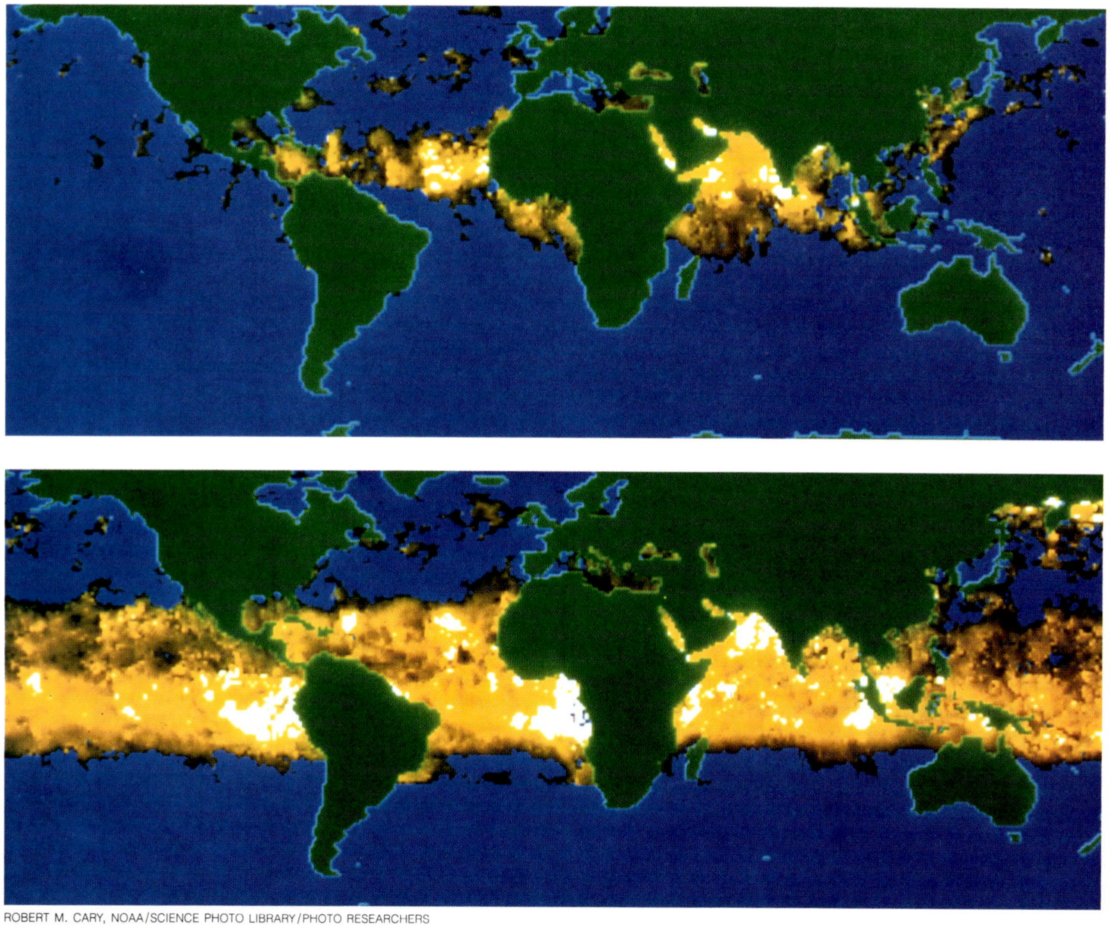

ROBERT M. CARY, NOAA/SCIENCE PHOTO LIBRARY/PHOTO RESEARCHERS

Satelliten liefern erdumspannende Berichterstattungen über die Atmosphäre, die Meere und die Länder unseres Planeten. 1991 konnten Wissenschaftler mit ihrer Hilfe die Eruption des philippinischen Vulkans Pinatuba überwachen, der über acht Kubikkilometer Ascheteilchen und 20 Millionen Tonnen Schwefeldioxid in die Atmosphäre schleuderte. Die Satellitenaufzeichnungen links zeigen eine Zunahme von Schwefel-Aerosolen vor allem über dem Indischen Ozean (oberes Bild). Zwei Monate später umkreist der Aerosolnebel die ganze Erde (unteres Bild). Die Schwefel-Aerosole reflektierten das Sonnenlicht zurück in den Weltraum und senkten dadurch die Temperaturen auf der Erdoberfläche um etwa 2 °C. Von bestimmten wichtigen Beobachtungsorten überall auf der Erde lassen Wissenschaftler regelmäßig Ballons mit Apparaturen aufsteigen, die Veränderungen in der chemischen Zusammensetzung der Atmosphäre messen (Bild gegenüber).

PHILIPPE PLAILLY/SCIENCE PHOTO LIBRARY/PHOTO RESEARCHERS

liche Aussagen über Stärke und Wirkung klimatischer Ereignisse?

Fachleute beobachten das Klimasystem Tag für Tag und Monat für Monat mit großer Genauigkeit. Sie überwachen ohne Unterbrechung natürliche und von Menschenhand geschaffene Lebensräume, und ihre Aufzeichnungen finden Aufnahme in einem globalen klimatologischen Beobachtungsbericht. Häufig nehmen die Wissenschaftler in diesem Zusammenhang auch Feldmessungen für ihre speziellen Forschungen vor, denn derartige Informationen und Daten wurden in der Vergangenheit weder zuverlässig noch systematisch gesammelt.

Von Schiffen aus, die von einem Hafen zu einem anderen unterwegs sind, werden Messungen auf dem Ozean vorgenommen. Diese »Gelegenheitsschiffe« beliefern die Überwachungs- und Forschungseinrichtungen mit wertvollen Informationen von Standorten aus, wo keine permanenten Beobachtungsstationen eingerichtet werden können. Die Weltmeere zeigen uns beispielhaft, wie schwierig es ist, an allen Punkten der Erde Informationen zu sammeln. Es dennoch zu versuchen, ist sehr kostenintensiv. Das trifft allerdings auch für die Klimaüberwachung vom Land aus zu. Die Geräte zur Datenaufzeichnung werden in unwegsamem Gelände und rauher Witterung oft genug beschädigt und können manchmal eine Zeitlang nicht repariert werden. Weil man diese Wetterstationen nicht besser schützen kann, werden sie an entlegenen Orten oft auch mutwillig beschädigt oder funktionsuntüchtig gemacht. Wenn sie aber nicht mehr arbeiten, gehen Informationen verloren, und die fortlaufende Aufzeichnung von Daten wird unterbrochen.

Satelliten liefern heute Klima- und Wetterinformationen auf stündlicher und täglicher Grundlage. Die Berichterstattungen sind – im Gegensatz zu den vom Boden aus durchgeführten Beobachtungen – erdumspannend. Aber sie müssen am Boden gegengeprüft werden (durch sogenanntes »ground truthing«), um sicherzustellen, daß sie das, wovon sie berichten, auch tatsächlich »sehen«. Beobachten sie wirklich Vegetationsflächen oder etwa große Viehherden? Hat eine Rauchentwicklung, die das Bild stört, bereits das Ausmaß von Waldbränden? Die Vorzüge, die der Einsatz von Satelliten bietet, sind vielfältig, aber es gibt auch Nachteile: Die Unterhaltung von Satellitensystemen ist teuer. Sie können nicht unter allen atmosphärischen Bedingungen gleich gut überwachen. Sie erfordern Kontrolle und Bestätigung von der Erde aus (ground truthing). Und sie liefern letztlich mehr Daten, als analysiert werden können.

Wissenschaftler kommen oft zusammen, um Daten auszutauschen, ihre Hypothesen zu überprüfen und teilzuhaben an großen internationalen Klimaexperimenten. Einige dieser großangelegten Versuchsreihen werden vom World Climate Research Program in Genf in der Schweiz koordiniert. Die Liste der Programme, die im Rahmen dieses Weltklimaforschungsunternehmens über Jahre hinweg durchgeführt werden, liest sich wie eine Buchstabensuppe: GARP, GATE, EPOCH; CUEA, TOGA, COARE, PAGES, GOALS, CLIVAR und so weiter. Um die Überwachungen zu verbessern und die Informationen zu koordinieren, organisiert die internationale Gemeinschaft ein umfassendes, globales Erdbeobachtungssystem, das sich auf das Klima, die Ozeane und die Landoberfläche konzentriert. Das kürzlich eingerichtete übergreifende System soll Schlüsselfaktoren beobachten, die das Erdklima beeinflussen. Solche beobachtenden Maßnahmen dienen auch dazu, frühzeitig einen Blick auf Veränderungen im Klimasystem und in der Umwelt zu erhaschen.

KLIMAÜBERWACHUNG / PALÄOKLIMATISCHE VERÄNDERUNGEN

»Um den vor dir liegenden Weg zu kennen, frage diejenigen, die auf ihm zurückkommen.« Dieses alte chinesische Sprichwort trifft auch auf das Studium der Klimaveränderungen zu. Bei ihren Versuchen, Klimaschwankungen der Vergangenheit zu verstehen, benützen Wissenschaftler eine Vielfalt von Forschungsinstrumenten, um jene Klimaverhältnisse zu rekonstruieren. Indirekte Beweise für Änderungen, die vor Jahrhunderten und Jahrtausenden erfolgten, werden »Stellvertreter«-Informationen genannt.

Einige Forscher verlassen sich auf die Bewertung und die Analysen der aus den Polarregionen und den Gletschern entnommenen Eiskerne, um das Klima vergangener Zeiten zu bestimmen. Die Datierung von Eisschichten liefert Informationen über Ablagerungen bestimmter Lebewesen im Meer und auf dem Land oder von vulkanischen Aerosolen und Staub.

Durch die Analyse der chemischen Zusammensetzung der in Blasen im Gletschereis eingefangenen Gase können die Forscher das atmosphärische Niveau von Treibhausgasen zur Zeit von deren Einschluß bestimmen. Der Vostok-Eiskern aus der Antarktis umfaßt eine Zeitspanne von 160 000 Jahren und bietet damit die Gelegenheit, die Wechselbeziehungen zwischen Kohlendioxidkonzentrationen und den Temperaturen der Atmosphäre zu bestimmen. Die daraus zu ziehenden Schlüsse beweisen, daß Klimaveränderungen in der Vergangenheit in einer bestimmten Relation zu dem atmosphärischen Niveau der Treibhausgase standen. Die Verhältnisse der Sauerstoffisotope in den Eisschichten liefern auch Informationen über die Temperaturen, die zu der Zeit herrschten, als sich die Schichten bildeten.

Andere Forscher verlassen sich auf das Studium von Pollen und Sedimenten in Seen und Meeren. Wieder andere, wie Gordon Jacoby vom Tree-Ring Laboratory am Lamont-Doherty Earth Observatory der Columbia University, studieren Baumringe. In den *Proceedings of the International Symposium on the Ecological Aspects of Tree-Ring Analysis* des US-Department of Energy von 1986 behauptet Jacoby, daß »Bäume nahezu einzigartige Träger absolut genau zu datierender Wachstumszunahmen sind, die den Umweltveränderungen entsprechen und diese aufzeichnen«. Änderungen der Breite der Baumringe stehen in enger Beziehung zur Veränderung von Umweltbedingungen, und klimatische Schwankungen sind für eine beträchtliche Menge dieser Änderungen verantwortlich. (Breite Ringe deuten auf feuchte Wachstumsperioden, und schmale Ringe sind Anzeichen trockener Zeiten.) In den Trockengebieten der Erde schränkt der Mangel an Niederschlägen das Baumwachstum ein, während in den kälteren und höher gelegenen Gebieten die Temperaturen der beschränkende Faktor sind.

Wissenschaftler, die als Palynologen (Pollen- und Sporenforscher) bezeichnet werden, nehmen Proben aus Sedimenten in Seen, um die Art der Vegetation zu bestimmen, die zu verschiedenen

PETER MENZEL

Zeugnisse wie fossile Fische (Bild oben) und Baumringe erzählen uns viel über prähistorische Klimaverhältnisse und gestatten oft auch Einblicke in Klimaveränderungen. Die Suche nach Anhaltspunkten für das Klima der Vergangenheit führt die Wissenschaftler in große Höhen und Tiefen. Um Eisproben zu entnehmen, steigt ein britischer Forscher in eine Gletscherspalte im Brunt-Schelfeis der Antarktis hinab (Bild gegenüber). Die Wände dieser tiefen Spalten enthalten ähnliche klimatologische Daten wie Eiskerne.

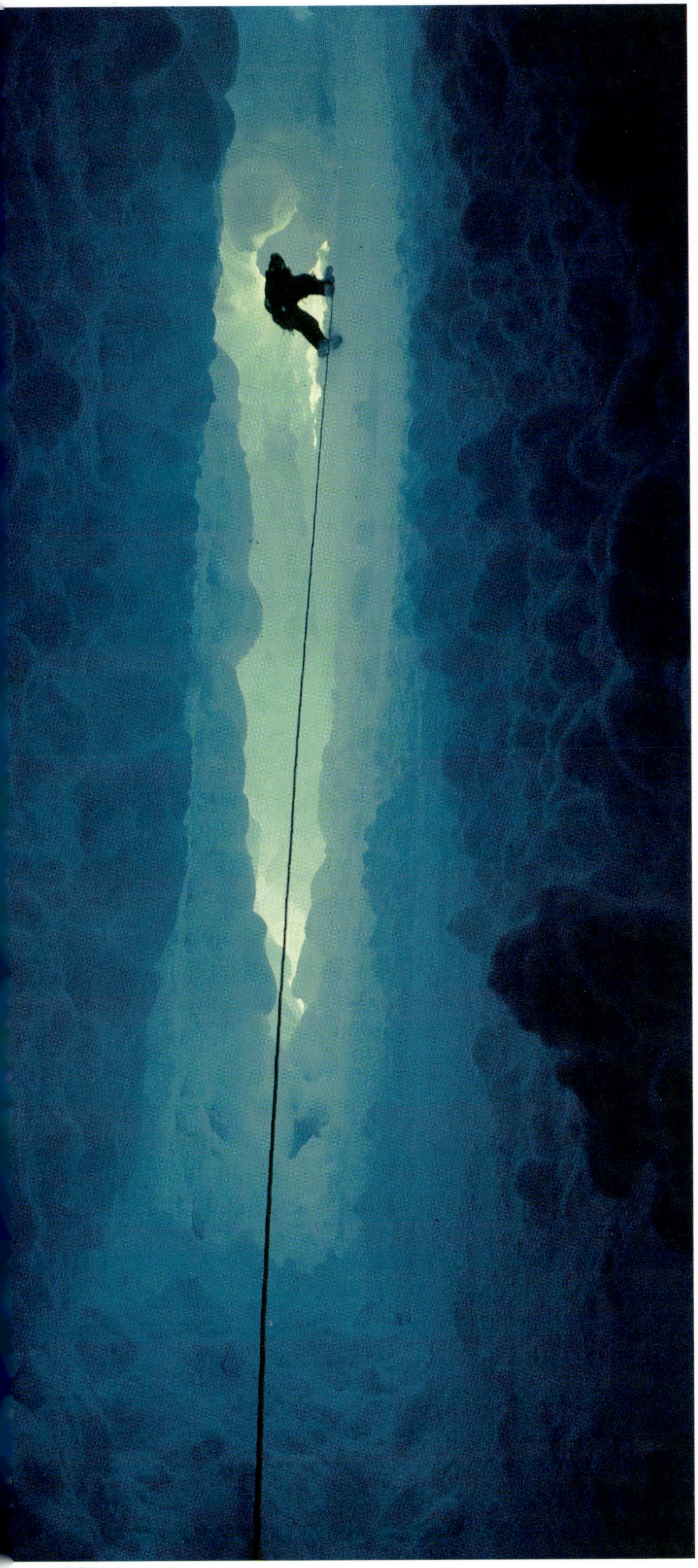

DOUG ALLAN

Zeiten in der Geschichte unseres Planeten vorhanden war. Ihre Forschungen ergaben, daß die Atmosphäre vor 4000 bis 8000 Jahren um 3 bis 4°C wärmer war.

Pollenanalysen von See-Sedimenten lassen darauf schließen, daß die Great Plains, heute das landwirtschaftliche Kernland Amerikas, erheblich arider und von Pflanzen bewachsen waren, die besser mit langen Zeiten geringer Regenmengen auskommen konnten.

Auch die Geologen tragen ihrerseits zur Rekonstruktion der Klimageschichte bei, indem sie nach Beweisen in Bodenformen und Landschaftsgestalten suchen. Überschwemmungen hinterlassen ihre Spuren auf der Erdoberfläche, nicht minder tun dies Vulkanausbrüche. Pflanzen wurden in Regenzeiten oder Trockenperioden oft unter Schlamm oder Staub begraben. Die Auswirkungen früher Überflutungen – wie etwa Schlammdecken – konnten genutzt werden, um die Häufigkeit und Stärke prähistorischer El-Niño-Ereignisse in Peru zu bestimmen.

Die Analyse von Sedimentkernen aus den Meeren, die Reste von Plankton und anderen für geringe Temperaturschwankungen empfindlichen Organismen enthalten, vermittelt Einblicke in die Temperaturen der Ozeane in der Vergangenheit. Wenn diese Organismen sterben, bilden sie Ablagerungen in verschiedenen Schichten auf dem Meeresboden.

J. Murray Mitchell, der hochangesehene, inzwischen verstorbene Klimatologe, der viele Jahre lang für die National Oceanic and Atmospheric Administration (NOAA) tätig war, legte großen Wert auf die paläoklimatische Forschung. In seinem Vorwort zu A.D. Hechts Buch von 1985, *Paleoclimatic Analysis and Modeling*, betonte er, daß »die Früchte paläoklimatischer Studien vielfältig und nicht ohne praktischen Wert für moderne Klimaprobleme sind. Sie helfen uns, die Kapazität des Klimas zur Veränderung in unterschiedlichen Schwankungen zu verstehen – und das Maß an Beständigkeit und Regelmäßigkeit. Sie erhellen zudem die Ursachen von Klimaveränderungen.«

KLIMAÜBERWACHUNG / ENTSPRECHUNGEN UND ANALOGIEN

Historische Berichte, Tagebücher, Reiseaufzeichnungen und Gemälde liefern Einblicke in die Klimageschichte. Dieses Material kann als »Stellvertreter«-Information betrachtet werden; man muß auch seine eher anekdotische Natur sehen und wissen, daß es weniger zuverlässig ist als die präzischen quantitativen Messungen von heute.

Historische Berichte sind nahezu überall herangezogen worden, wo man Einblick in frühere klimatische Verhältnisse gewinnen wollte. Emmanuel Ladurie bezieht sich zum Beispiel in seinem Buch, das das Klima seit dem Jahr 1 000 behandelt, auf die Lesedaten von Weintrauben – wie sie in den europäischen Klöstern aufgezeichnet wurden – und auf das Datum der Weizenernte. In den frühen Jahrhunderten unseres Jahrtausends waren Wein und Brot zwei außerordentlich wichtige Erzeugnisse.

Während der Kulturrevolution in den sechziger Jahren unseres Jahrhunderts waren die Universitäten in China geschlossen. Trotzdem konnte Professor Wang Shao-wu viele der historischen Aufzeichnungen seines Landes analysieren, um daraus detaillierte, Jahr für Jahr fortgeschriebene Landkarten der Dürren und Überschwemmungen in den letzten 500 Jahren zu erstellen.

Kanadische Klimastudien konzentrierten sich auf persönliche Tagebücher und Schiffsbordbücher, die die Eisverhältnisse in der Hudsonbai verzeichneten. Zeit und Stärke der Vereisung dienten als indirekter Anzeiger für die über Jahrzehnte und Jahrhunderte herrschenden Verhältnisse.

Ähnliche Informationen nutzte man, um El-Niño-Ereignisse zu rekonstruieren, von denen man weiß, daß sie mit Dürreperioden in Indonesien korrespondieren. Aufzeichnungen von Pflanzungen leicht verkäuflicher Landbauprodukte wurden sorgsam analysiert, damit man herausfinden konnte, wann Trockenheit die Ernte verringerte, wobei die Möglichkeit von El-Niño-Ereignissen in Betracht gezogen wurde. Anfang der neunziger Jahre des vorigen Jahrhunderts sammelte der Peruaner Victor Eiguguren Informationen über die Häufigkeit starker Regenfälle in normalerweise ariden Gegenden entlang der Küste von Peru, wobei ihm bewußt war, daß starke Regenfälle dort nur während solcher Ereignisse auftraten. Reisejournale, Kirchenbücher und Berichte von »abnormem« Wetter wurden herangezogen, um die Geschichte von El Niño zu rekonstruieren.

Etwa um dieselbe Zeit studierte der amerikanische Geologe Alfred Sears die Vegetation entland der Küste von Peru. Er vermittelte Einblicke in die Tätigkeiten des spanischen Conquistadors Francisco Pizarro, wobei er sich auf folgende historische Berichte stützte:

»An der nördlichen Küste von Peru regnet es alle sieben Jahre nur einmal. In den übrigen Jahren ist es äußerst trocken. Pizarro hätte zu keiner anderen Zeit als der Regenperiode von Tumbez aus, wo er nach seinem Kampf mit den Indios in Puna zunächst gelandet war, in das Tal von Tangarara ziehen und Futter für seine Tiere finden können, ebensowenig hätte er irgendwelche der kleinen Siedlungen angetroffen, von denen es hieß, daß sie entlang der Straße bestünden. Andererseits wäre er auch nicht aus dem Chira-Tal von Tangarara durch das Malariafieber vertrieben worden, da es in diesem Tal nur in den feuchten Jahren wütet.«

Sears Bericht deutet darauf hin, daß Pizarro während eines En-Niño-Ereignisses an Land ging. Hätte er dies nicht getan, wäre seine Landung vermutlich ein Fehlschlag geworden, und die Geschichte von Peru hätte eine gänzlich andere Wendung genommen.

Andere »Stellvertreter«-Informationen kommen von archäologischen Geländen, wo Anthropologen Material über die Nahrungsmittel, die seinerzeit gegessen wurden, die Arten des Ackerbaus, die angewendet wurden, und die verfügbaren Wasserquellen sammeln.

Auch Erwähnungen in Gedichten, Sprichwörtern, Prosa oder in der bildenden Kunst gestatten Einblicke in das Klima der Vergangenheit. So liefert ein Buch über die Geschichte der Meteorologie das folgende Beispiel aus dem

Wissenschaftler des Wüstenforschungsinstituts von Nevada nehmen Proben aus dem Wein von einem Weinberg im kalifornischen Napa Valley. Sie suchen nach Unterschieden im Verhältnis von leichten und schweren Wasserstoff- und Sauerstoffisotopen. Regen, Wind und andere klimabezogene Faktoren verändern dieses Verhältnis. Die daraus gewonnenen Informationen liefern detailliertere Daten als normale Wetteraufzeichnungen und können so Computermodelle bestätigen, die Temperaturen und Niederschläge vorhersagen.

STEVEN PUMPHREY

ägyptischen »Hymnus an die Sonne« des Pharaos Echnaton (1370 v. Chr.):

»Und du bringst Leben in ferne Länder, schenkst ihnen einen Nil am Himmel, läßt ihn zur Erde fallen und die Berge mit seinen Wellen durchnässen, wie ein riesiges grünes Meer, und die Felder bewässern.«

Dieser Hymnus bezieht sich auf Syrien, das damals unter ägyptischer Herrschaft stand und erheblich wasserreicher war als das aride Ägypten.

Historische Analogien

Sozialwissenschaftler haben damit begonnen, mögliche Vorbereitungen der Gesellschaft auf Klimaschwankungen für Jahrzehnte oder auf Klimaveränderungen über noch längere Zeiträume festzulegen. Einige Forscher entwickeln vorzugsweise Modelle, die Szenarien entwerfen, was bei verschiedenen Graden globaler Erwärmung geschehen könnte, wobei sie Projektionen verschiedener Stufen der Treibhausgasemission verwenden. Auch wenn die gegenwärtigen Modelle nur sehr grobe Bilder der regionalen Einwirkungen der globalen Erwärmung liefern, glauben die Forscher dennoch, daß sie viel daraus über die Größenordnung der Folgen für Bereiche wie Landwirtschaft, Viehzucht, Handel und Siedlungswesen erfahren können.

Wie können wir die menschliche Gesellschaft schützen? Wir können unsere geschichtlichen Erfahrungen und die Erfahrungen anderer heranziehen, wenn es darum geht, mit ähnlichen Klimaereignissen fertig zu werden. Wir können einen Blick in die Zukunft werfen, indem wir – nur zum Beispiel – rückblickend bewerten, wie gut wir den Hurrikan Hugo oder die große Überschwemmung im Mittelwesten bewältigten. Wir können uns vor Augen führen, wie die Praxis der Landnutzung Anfang dieses Jahrhunderts der Austrocknung in den dreißiger Jahren Vorschub leistete. Wir können uns die Umweltschäden durch die Entwaldung im brasilianischen Staat Rondônia in den achtziger Jahren unseres Jahrhunderts vor Augen führen.

Sozialwissenschaftler haben versucht, sich vom gesellschaftlichen Ende der Kette extremer Ereignisse, anstatt vom physikalischen Ende her, an die Probleme heranzuarbeiten. Sie haben historische Analogien mit dem, was einer globalen Erwärmung gleichkommen könnte, herzustellen versucht. Sie vertreten den Standpunkt, daß wir die Schwankungen des heute herrschenden globalen Klimas bewältigen können müssen, um erwarten zu dürfen, daß wir in kommenden Jahrzehnten mit veränderten Klimabedingungen besser zu Rande kommen.

Naturwissenschaftler sagen, daß dürregefährdete Gegenden bei wärmerem Klima noch trockener würden – und daß feuchte Regionen noch feuchter würden. Sozialwissenschaftler blicken auf vergangene Jahrzehnte zurück und stellen fest, welche potentiellen Schwächen und Stärken der Gesellschaft durch schwere Dürren oder Überschwemmungen zutage gebracht werden, wenn es um die Bewältigung der Folgen einer globalen Erwärmung geht. Solche Situationen können nur die möglichen Wirkungen einer Klimaveränderung und die Reaktion der Gesellschaft darauf simulieren. Aber sie sagen auch etwas darüber aus, wie gut wir heute mit extremen Geschehnissen zurechtkommen.

KLIMA-ÜBER-RASCHUNGEN

Dampf- und Gaswolken steigen aus dem Lenin-Stahlwerk in Polen auf. Der Einsatz fossiler Brennstoffe und Maßnahmen der Landnutzung wie die Abholzung tropischer Wälder setzen Treibhausgase frei und heizen dabei die Atmosphäre auf. Das Ergebnis sind unerwartete Wirbel und Wendungen im Klimasystem. Wissenschaftler, die kommen sehen, was die Zukunft uns bringt, sagen, daß sie einige unangenehme Überraschungen erwarten. Vielleicht aber auch ein paar angenehme.

JAMES L. STANFIELD

Jeder Ort auf der Erde hat Gründe, sich über klimabezogene Gefahren und Wetterlaunen Sorgen zu machen: Überschwemmungen, Dürre, Stürme, Brände, Tornados, Hurrikans, Flutwellen, Blizzards, Eisstürme, Hagel – und so weiter. Ortsansässige mögen im allgemeinen mit den lokalen Gefahren vertraut sein, aber sie wissen nicht, wann sie eintreffen und wie stark sie sein werden. Tatsächlich sind die Menschen zumeist doch überrascht, wenn das Ereignis eintritt.

Überraschung kann man als die Lücke zwischen Erwartung und dem, was tatsächlich geschieht, definieren. In gewisser Hinsicht gibt es erwartete Überraschungen ebenso wie unerwartete. Menschen, die beispielsweise in einer typischen Überschwemmungsgegend leben, wissen dies. Sagt ihnen jemand, daß eine Überschwemmung eintreten könnte, so akzeptieren sie diese Tatsache. Was sie aber nicht wissen, ist, wann die Überflutung kommt und wie schlimm sie sein wird. Diese Ereignisse sind bekannt und stehen zu erwarten, aber ihre Stärke und ihr Zeitpunkt bleiben eine Überraschung.

Unerwartete Überraschungen sind die beunruhigendsten. Das Dünnerwerden der Ozonschicht der Stratosphäre – in der Umgangssprache »Ozonloch« genannt – ist ein gutes

Beispiel für solch eine unerwartete Überraschung. Wissenschaftler konnten es nicht vorhersagen.

Unerwartete Turbulenzen im Regionalklima können von Schwankungen oder der globalen Erwärmung herrühren. Eine Überraschung war eine Serie schwerer Fröste in der Zitrusfrüchte-Anbauregion in Florida während des heißesten in den Aufzeichnungen erfaßten Jahrzehnts. Eine andere Überraschung mag sein, daß – während die Sommer heißer werden – die Winter immer kälter ausfallen, nicht wärmer, wie man annehmen könnte.

Überraschungen im Hinblick auf Klimaveränderungen sind ein beängstigender Faktor. Angesichts der Ungewißheit über die globale Erwärmung und ihre möglichen Wirkungen ist es eine schwierige Aufgabe, Politiker und Entscheidungsträger dazu zu bringen, die gegenwärtigen Verhältnisse in bezug auf die industrielle und landwirtschaftliche Produktion, die den Treibhauseffekt verursachen, zu ändern. Im Laufe der Jahre sind zahlreiche Überraschungen, die aus der globalen Erwärmung herrühren könnten, aufgetreten, und Wissenschaftler, die davon überzeugt sind, daß die Maßnahmen des Menschen bereits das Klima verändert haben, sind besonders besorgt wegen solcher Überraschungen, wie das Ozonloch eine ist.

Überraschungen können im möglichen Wegbrechen des Westantarktischen Schelfeis-Schilds, in einer drastischen Veränderung von Meeresströmungen, in plötzlichem Steigen oder Sinken des Meeresspiegels, in sommerlosen Jahren und unvermuteten Klimaanomalien wie Frösten in Florida zur falschen Jahreszeit bestehen.

Es ist sehr wichtig zu sehen, wie schnell sich das Weltklima verändert, und die Politiker der einzelnen Nationen werden immer nachdrücklicher vor abrupten Veränderungen infolge der globalen Erwärmung gewarnt. Jähe und ungewöhnliche Änderungen sind möglich.

Wissenschaftlichen Laien mag die Zunahme der Treibhausgase gering erscheinen – in der Größenordnung von einem Millionstel der jährlichen CO_2-Menge oder weniger als einem halben Prozent im Jahr. Die Zahl ist so klein, daß sie uns zu der Annahme verleiten könnte, die daraus resultierenden Klimaveränderungen würden auch so gering sein. Aber geologische Zeugnisse zeigen uns, daß sich in der Vergangenheit Klimaveränderungen nicht einfach langsam über Tausende von Jahren vollzogen. Wenn eine gewisse Schwelle überschritten ist, können sich jähe, starke Veränderungen ereignen. Während die Verdoppelung von CO_2 über das Niveau von 1750 hinaus von den Forschern als Maßstab für die Veränderungen angesetzt wurde, ist dies nicht eine eindeutige Schwelle, jenseits der eine gewaltige Umweltveränderung eintreten muß. Die Wissenschaftler kennen nicht die Schwellenwerte der Konzentrationen, die unter keinen Umständen überschritten werden dürfen.

Ein Grund zur Beunruhigung ist nicht so sehr das Ereignis selbst, sondern unser Wissen davon. Die Wissenschaftler sammeln erst seit verhältnismäßig kurzer Zeit Informationen. Für Teile der Sahelzone in Westafrika sind beispielsweise die Aufzeichnungen verläßlicher Informationen über Regenfälle erst seit 50 Jahren geführt worden. In den Vereinigten Staaten gibt es Aufzeichnungen über den Großen Salzsee erst seit 150 Jahren. Für einige europäische Städte bestehen Aufzeichnungen seit 250 bis 300 Jahren.

So sind zuverlässige Daten über Klimaschwankungen und -veränderungen nur für sehr kurze Zeitspannen vorhanden. Wir dürfen deshalb nicht annehmen, wir verfügten über Erfahrungen mit sämtlichen Möglichkeiten, die eine Region zu »bieten« hat. Trotzdem glauben die Menschen, daß die Klimaverhältnisse der jüngeren Vergangenheit auch in Zukunft bestehen bleiben.

Wenn Wissenschaftler neue Tatsachen über die Wirkungsweise des Klimasystems entdecken, fügt sich in dem großen Puzzle ein Stück zum anderen. Je mehr sie lernen, desto weniger werden die Menschen überrascht sein. Weil wir aber kein vollständiges Wissen darüber besitzen, wie das Klimasystem und seine Komponenten in Wechselwirkungen funktionieren, müssen wir die Möglichkeit von Überraschungen akzeptieren.

Mindestens seit den frühen siebziger Jahren macht den Wissenschaftlern die dünner werdende Ozonschicht (manche sagen: der Ozonschild) große Sorgen, weil die Ausdünnung des Stratosphären-Ozons dazu führt, daß mehr biologisch schädliche ultraviolette Strahlung (UV-B) die Erdoberfläche erreicht. Medizinische Experten haben festgestellt, daß eine Zunahme der UV-B-Exposition eine größere Erkrankungshäufigkeit an Hautkrebs und grauem Star zur Folge hat.

Mitte der siebziger Jahre wiesen die Erd-Atmosphärenchemiker F. Sherwood Rowland und Mario J. Molina von der Universität von Kalifornien in Irvine nach, daß Fluorchlorkohlenwasserstoffe (FCKWs) mit dem Ozon in der oberen Stratosphäre in eine katalytische Kettenreaktion eintreten können. Dabei wird die Ozonschicht beschädigt und in der Folge der Schutz für die Lebewesen auf der Erdoberfläche verringert. Nach dieser Entdeckung fand V. Ramanathan, ein Forscher bei der Nationalen Luftfahrt- und Weltraumbehörde heraus, daß FCKWs starke Treibhausgase sind. Später erkannte man, daß FCKWs mit etwa 20 Prozent an dem Wärmepotential beteiligt sind, das durch menschliche Aktivität erzeugt wird. Um diese Zeit jedoch beschäftigte man sich kaum mit der Aussicht, daß der natürliche Treibhauseffekt künftig zunehmen könnte. Das Interesse an den FCKWs konzentrierte sich tatsächlich auf die Möglichkeit, daß menschliche Aktivitäten zu einer Verarmung an Stratosphären-Ozon führen könnten.

Wegen ihrer Verwendung in Produkten wie Haarsprays und Deosprays nahmen die Umweltbedenken gegen FCKWs zu. FCKWs wurden außerdem als Kühlmittel, Aufschäumer und Reinigungsmittel für Computerchips verwendet. Ende der siebziger Jahre verzichteten mehrere Länder, unter ihnen die USA, freiwillig auf den Einsatz von FCKWs in Spraydosen. Während FCKWs in der erdnahen Atmosphäre reaktionsträge sind, können sie innerhalb weniger Jahre in

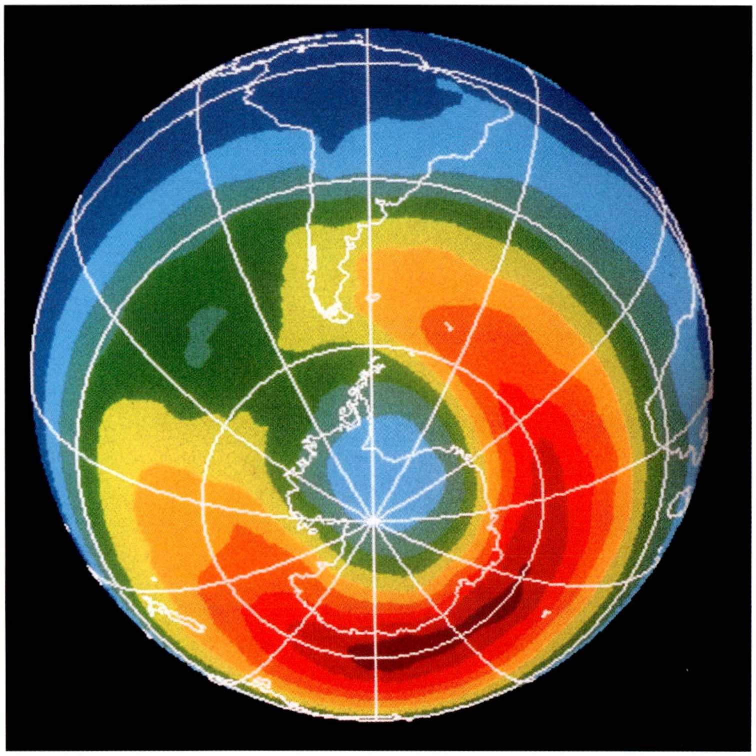

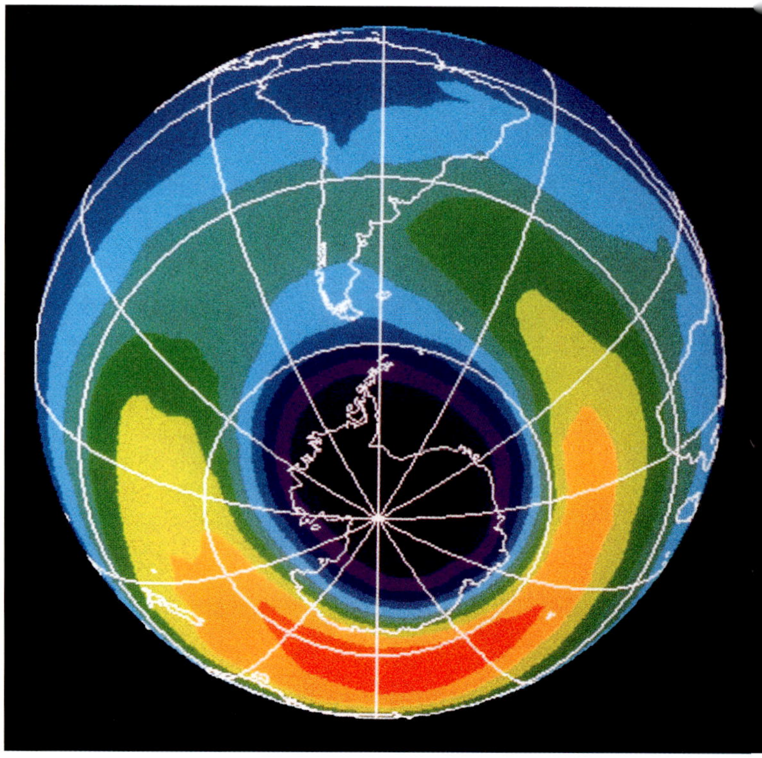

NASA (BOTH)

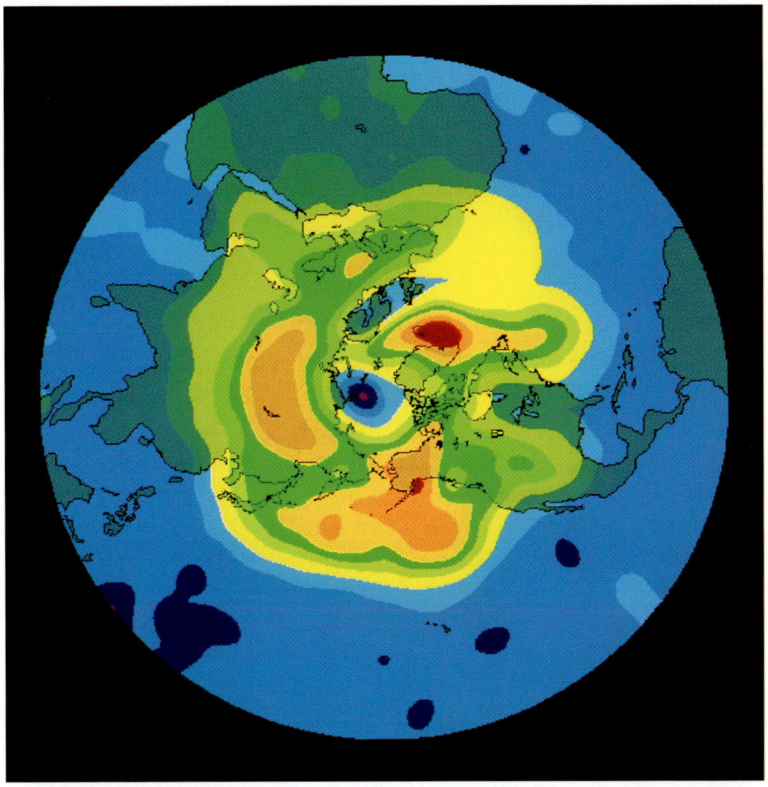

NOAA/SCIENCE PHOTO LIBRARY/PHOTO RESEARCHERS

Der verbreitete Einsatz von Fluorchlorkohlenwasserstoffen (FCKWs) hat die Ozonschicht der Atmosphäre ausgedünnt. Auf den farbverstärkten Satellitenbildern von 1979 (gegenüber, links) und 1989 (gegenüber, rechts) ist die Veränderung der Ozonkonzentration über der Antarktis schwarz hervorgehoben. Die Aufnahme von 1995 (oben) zeigt die Ausdünnung über einem kleineren Gebiet (zentrale Position) der nördlichen Hemisphäre.

die Stratosphäre aufsteigen, wo sie einige hundert Jahre überleben können. Jedoch zerfallen FCKW-Moleküle, wenn sie von ultravioletten Strahlen getroffen werden. Dabei wird das Chloratom freigesetzt, das Ozon in einer katalytischen Kettenreaktion angreift. Dieses Chloratom kann überleben und Tausende weitere Ozonmoleküle attackieren.

Mehrere Regierungen waren jedoch noch nicht überzeugt, daß FCKWs eine Gefahr darstellten oder daß ein mögliches Problem mit diesen Stoffen größer sein könnte als ihr Nutzen für die Gesellschaft. Infolgedessen stieg die FCKW-Produktion Anfang der achtziger Jahre wieder an, nachdem sie Ende der siebziger Jahre, als einige Länder beschlossen, FCKWs nicht mehr als Treibmittel für Spraydosen einzusetzen, stark gesunken war.

Die Regierungsvertreter trafen in der österreichischen Hauptstadt Wien zusammen, um ein Abkommen über die Kontrolle der FCKW-Produktion und -Verwendung zu entwerfen. Die Einstellung zu dem Problem änderte sich radikal, als 1985 das berüchtigte Ozonloch über der Antarktis entdeckt wurde.

1985 publizierten Joseph Farman und Kollegen von der British Antarctic Survey einen Artikel über Ozonmessungen in der Stratosphäre. Sie hatten entdeckt, daß die Ozonkonzentrationen über dem Gebiet der Antarktis im Oktober um ca. 40 Prozent niedriger waren als in den 1960er Jahren. Die Forschungsergebnisse, die einen klaren Zusammenhang zwischen FCKW und Zerstörung der Ozonschicht in der Polarregion aufzeigten, alarmierten die Wissenschaftsgemeinde. Wie aus einer Veröffentlichung der National Academy der 90er Jahre hervorgeht, wurde »die Neuigkeit von den meisten Wissenschaftlern mit Skepsis aufgenommen. Nach der derzeit gültigen Theorie war das nicht zu erwarten«. Tatsächlich waren während des Frühlings auf der südlichen Halbkugel mit Hilfe eines Satellitenmeßgeräts sehr niedrige Ozonwerte registriert worden, aber amerikanische und britische Wissenschaftler wollten die Werte bis in die frühen 80er Jahre nicht anerkennen, weil sie glaubten, diese seien das Ergebnis von Meßfehlern.

Diese »Zufalls«entdeckung überraschte die Politiker und veranlaßte sie, 1987 ein internationales Abkommen zu treffen – das Protokoll von Montreal zum Schutz der Ozonschicht –, um die industrielle Produktion und die Verwendung von FCKWs einzuschränken.

Da die FCKWs jahrzehntelang in der Atmosphäre überleben können, wird es mindestens ein paar Jahrzehnte dauern, bis sie hinreichend abgebaut sein werden, damit die Wiederherstellung der Ozonschicht bis zur früheren normalen Konzentration einsetzen kann. In der Zwischenzeit werden FCKWs weiterhin Stratosphären-Ozon zerstören. In der ersten Hälfte der neunziger Jahre ergaben sich erneut stark gesunkene Ozonkonzentrationen des Ozons über der Antarktis, wobei die Abnahme, verglichen mit den Konzentrationen vor 1980, etwa um 60 Prozent betrug.

ÜBERRASCHUNGEN / STRÖMUNGS-SALTOS

Professor Wallace Broecker zufolge, der an der Columbia Universität lehrt, bewegt sich eine breite Meeresströmung wie ein Förderband um den Globus. Den mit dem »Band« verbundenen Vorgang beschreibt er folgendermaßen:

Ein oberflächlicher, warmer Strom fließt vom Pazifik zum Nordatlantik. Dort angelangt, behauptet Broecker, kühlt sich das Wasser ab und wird dadurch relativ dichter. Das kühle, dichte Wasser beginnt zu sinken und mündet schließlich in eine tiefe Meeresströmung ein, die südwärts zum Pazifik fließt.

Im Bereich des Pazifik beginnt sich der Wasserstrom zu erwärmen und steigt an die Oberfläche, wo er sich weiter erwärmt und in einem oberflächlichen nordwärts gerichteten Strom wieder weiterzieht.

Nach Broecker fließt das Wasser, das auf den Boden des Nordatlantik sinkt, über die gesamte Länge des Atlantik, um Afrika herum, durch den südlichen Indischen Ozean und schließlich nordwärts in den Pazifik.

Die Auswirkungen der Bewegung des warmen Oberflächenwassers zum Nordatlantik sind klar. Es heizt die Atmosphäre über dem Ozean wie auch den küstennahen Gebieten auf, so daß zum Beispiel Paris die gleiche Durchschnittstemperatur bekommt wie die Stadt New York, obwohl Paris mehrere Breitengrade weiter nördlich liegt.

Die Strömung befördert eine beträchtliche Wärmemenge in die Gegend des Nordatlantik. Während Wasser im Atlantik verdunstet und sich abkühlt, wird das Meerwasser salziger und dichter und schiebt dadurch das ozeanische Strömungsband in Richtung Pazifik.

Das ist die Situation, wie wir sie derzeit verstehen. Die Wissenschaftler glauben, daß im Falle einer globalen Erwärmung die Oberflächenwasser des Nordatlantik, anstatt abzukühlen und zu sinken, warm bleiben würden.

Die Kontinuität des Strömungsbandes würde dann unterbrochen. Broecker hält es für »möglich, daß Oberflächenerwärmung und ständiges Schmelzen von Eis im Meer das Absinken verhindern und die tiefen Meerwasserschichten von den oberen Schichten und den Luftmassen darüber isolieren würden«.

Dieses Resultat könnte sich für das Leben im Meer katastrophal auswirken, denn es würde die Meeresströmungen und die regionalen Temperaturen drastisch verändern. Es würde auch die Fähigkeit der Weltmeere mindern, als uffer gegen Klimaveränderungen Hitze aus der Atmosphäre zu absorbieren.

Der Ozean dient als Sickergrube für Kohlendioxid (CO_2); das heißt, er entzieht der Atmosphäre CO_2 und begräbt es für einige hundert Jahre in seinen Tiefen.

Wenn das Strömungsband abrisse, nähme die Fähigkeit des Ozeans ab, CO_2 für ein Jahrtausend oder länger zu absorbieren und aus dem Verkehr zu ziehen, und die globale Erwärmung würde zunehmen. Auch auf dem Festland würden sich die regionalen Temperaturen und Klimaverhältnisse ändern.

Während diese ganze wissenschaftliche Diskussion von Vorgängen in den Meeren weit hergeholt erscheinen mag, sprechen geologische und andere indirekte Beweise – wie z. B. aus Eiskernen gewonnene historische Klimainformationen – dafür, daß die Fließbandströmung in der Vergangenheit aus dem einen oder anderen Grund abgelenkt wurde.

Indirekte Informationen weisen außerdem darauf hin, daß Änderungen im Strömungsverlauf von steilen Anstiegen des Kohlendioxidgehaltes der Atmosphäre begleitet waren. Solche katastrophalen Saltos könnten sich nicht nur in Jahrhunderten oder Jahrtausenden, sondern innerhalb weniger Jahrzehnte ereignen.

Angesichts der schwerwiegenden weltweiten Auswirkungen, die ein solcher plötzlich im 21. Jahrhundert auftretender Salto haben könnte, wird das ozeanische Strömungsband von den Klimaforschern sehr genau untersucht.

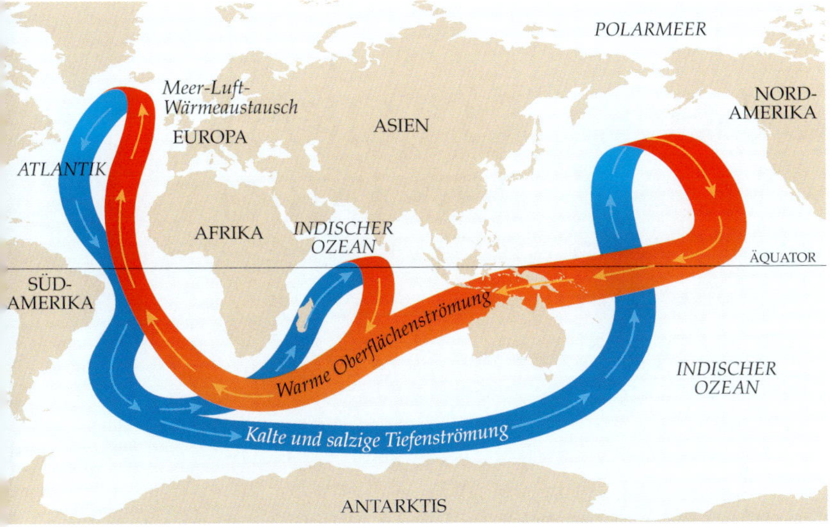

Wie ein Förderband bewegen sich Strömungen durch die Meere (Bild links). Ein plötzlicher Salto oder ein Abreißen könnte das infolge warmer Strömungen gemäßigte Klima tiefgreifend verändern. Veränderte Meeresströmungen könnten das natürliche Absinken von CO_2, wie es im Photo (unten) von der Little Bahama Bank als weiße Streifen erkennbar ist, unterbinden.

ÜBERRASCHUNGEN / FLORIDA IN FROST ERSTARRT

Der amerikanische Bundesstaat Florida ist bekannt für seine vielen Orangenhaine. Früher war der mittlere Teil der Halbinsel Florida von höchst ertragreichen Orangenhainen bedeckt, die im Besitz von Familien und großen Lebensmittelkonzernen betrieben wurden. In Kalifornien werden Orangen hauptsächlich für den Verzehr als Obst angebaut, in Florida hingegen werden sie meist kultiviert, um eines der beliebtesten Frühstücksgetränke in den Vereinigten Staaten zu produzieren. Der Schriftsteller John McPhee beschrieb 1966 das aufregende Leben der Zitrusfruchtanbauer in Florida in seinem Buch *Oranges*.

Die Orangen von Florida werden zu tiefgefrorenem Orangensaftkonzentrat (englisch: FCOJ) verarbeitet, ein Erzeugnis, das im Welthandel hohe Preise erzielt. Bis in die achtziger Jahre, als mehrfach verheerende Kälteeinbrüche zuschlugen, galt Zentralflorida als ideales Anbaugebiet für Zitrusfrüchte, während der südliche Teil des Bundesstaates für die Anbauer nicht so günstig war. Im Süden ist der Boden schwer und feucht und daher für die Wurzeln der Orangenbäume weniger zuträglich. Daher entwickelte sich der Schwerpunkt der Zitrusindustrie im zentralen Teil des Bundesstaates.

Das Wetter in Zentralflorida ist allerding nicht immer vollkommen. Die Zitrusanbauer wissen, daß in Florida Fröste und starke Kälteeinbrüche leider keine Seltenheit sind. Während ein Frost zur Unzeit die Früchte schädigen kann, während sie noch an den Bäumen hängen, kann ein auch nur kurz dauernder schwerer Kälteeinbruch (mit sehr tiefen Temperaturen) die Orangenbäume tatsächlich umbringen. Die Anbauer können durch Fröste so schwer getroffen werden, daß schon nach wenigen Stunden Frost oder Temperaturen weit unter dem Gefrierpunkt ihre Ernte teilweise oder vollständig verdorben ist. Sehr starke Kälteeinbrüche hingegen können die fruchttragenden Bäume zerstören und die wirtschaftliche Existenz der Plantagenbesitzer vernichten. Selbst wenn die Anbauer finanziell in der Lage sind, neue Orangenbäume in den Hainen zu pflanzen, brauchen die jungen Bäume meist vier bis fünf Jahre, bis sie Früchte zu tragen beginnen.

Vor einigen Jahrzehnten standen den Anbauern ein paar Möglichkeiten zu Gebote, um das schädliche Wirken der Natur zu bekämpfen. Erst einmal besaßen viele Anbauer mehr als einen Orangenhain und hatten somit die Chance, daß im Fall eines starken Frostes die Orangen in wenigstens einem der Haine unbeschädigt bleiben würden. Wenn der Frost eine Ernte beschädigte, stiegen die Preise für die geretteten Früchte gewöhnlich steil an, und der Farmer konnte dennoch wirtschaftlich überleben.

Während einer denkwürdigen Kälteperiode sah ich in einem Fernsehbericht, wie besorgte Anbauer Feuerpfannen unterhielten und Gummireifen verbrannten, um die eisigen Temperaturen fernzuhalten, die ihre Orangenernte oder die -bäume beschädigt hätten. Eine weitere Taktik, mit der die Pflanzer ihre Haine zu schützen versuchen, ist das Einsprühen der Bäume mit Wasser. Während das Wasser abkühlt, wird latente Wärme frei, die sowohl die Früchte als auch die Bäume wärmer hält, als wenn sie trocken wären.

1963 gab es im Zitrusanbaugebiet von Florida einen starken Kälteeinbruch, und der Preis für Orangensaft schoß nach oben. Diese Gelegenheit, in ein aussichtsreiches Geschäft einzusteigen, machten sich sogleich brasilianische Investoren zunutze und produzierten FCOJ, das sie für den Verkauf in die Vereinigten Staaten verschifften. Die Möglichkeit, Orangen aus Brasilien zu beziehen, bedeutete, daß die Preise in Zukunft nicht mehr so stark schwanken würden und daß Ernteverluste der amerikanischen Anbauer letzten Endes nicht mehr durch höhere Preise auf dem Markt aufgefangen werden konnten.

Heute ist Brasilien einer der größten Exporteure von FCOJ in die Vereinigten Staaten, nach Europa und in andere Länder. Dieser ökonomische Wandel hat Floridas Zitrusanbauer noch empfindlicher gegen die Launen des Wetters gemacht.

RICCARDO FERRO/BLACK STAR

In den 1980er Jahren überraschten Rekordkälteeinbrüche die Zitrusanbauer in Florida und überzogen ihre Orangenhaine oft mit winterlichen Eisschichten. Der gleiche Zeitraum ging als das heißeste Jahrzehnt der Erde, das je registriert wurde, in die Geschichte ein. Während die durchschnittliche globale Temperatur ansteigt, kann es regional und lokal wärmer oder kälter sein.

In den achtziger Jahren wurde Florida leider von mehreren schweren Kälteeinbrüchen heimgesucht, die zahlreiche Orangenhaine zerstörten. Tatsächlich war die Zahl der Kälteeinbrüche in Florida in diesen Jahren die höchste, die seit 130 Jahren während einer Dekade registriert wurde.

Trotz dieser Ereignisse entschied sich die amerikanische Umweltschutzbehörde (EPA) Mitte der achtziger Jahre gegen die finanzielle Förderung einer vorgeschlagenen Studie über die Auswirkungen eines Kälteeinbruchs in Florida auf Orangen, Zitrusanbauer und Verbraucher als Beispiel dafür, welche klimabedingten Überraschungen die Menschen eventuell zu erwarten hätten, wenn sich in den nächsten Jahrzehnten das Klima weltweit erwärmt. Die Behörde versagte ihre Unterstützung, weil ihre Vertreter – vielleicht irgendwie folgerichtig – glaubten, daß eine globale Erwärmung die Bedrohung durch weitere Kälteeinbrüche nachhaltig beseitigen würde.

Indessen zeigte der Schock der schweren Kälteeinbrüche (während eines Jahrzehnts, das sich immerhin als heißestes erwies, seit Temperaturen aufgezeichnet werden), daß während globaler Erwärmung unerwartet konträre Überraschungen wahrscheinlich sind. Gewiß werden in einer solchen Situation die Durchschnittstemperaturen ansteigen, aber die Anzahl extremer Wetterereignisse kann sowohl im Sommer wie auch im Winter ebenfalls zunehmen.

Die Erfahrung der häufigen Kälteeinbrüche während der achtziger Jahre in Florida spricht sehr dafür, daß mit der Veränderung des Weltklimasystems Überraschungen zu erwarten sind. Diese Überraschungen dürften nicht nur von der globalen Erwärmung (Klimaveränderung) ausgelöst werden, sondern könnten auch mit Aspekten der Klimavariabilität zusammenhängen, die wir noch nicht kennen oder auch nur ahnen. Die Aufzeichnung von Klimadaten wird noch nicht lange genug durchgeführt, als daß die Wissenschaftler ein klareres Verständnis dessen haben könnten, was in der Zukunft noch geschehen könnte.

ÜBERRASCHUNGEN / HOLLAND UNTER WASSER

Während meiner Kindheit in Rhode Island in den frühen fünfziger Jahren ging ich häufig ins Kino und sah mir die Wochenschauen über das Weltgeschehen an. Besonders gut erinnere ich mich an einen Film über die Hochwasserkatastrophe in den Niederlanden. 1953 wüteten Stürme entlang der Küste des Landes, und die Deiche, die über Jahrhunderte die Nordsee ferngehalten hatten, brachen. Die katastrophale Überflutung des Landes, die folgte, forderte mehr als 1800 Menschenleben und zerstörte annähernd 50000 Häuser und Wohnungen.

Das Hochwasser, das Holland überrascht hatte, war beispiellos – wie ein Bericht der niederländischen Regierung feststellte, »nicht nur, weil es so plötzlich hereinbrach, sondern auch, weil es so riesige Wassermassen mit so erschreckender Wucht heranführte«. Das System der Deiche hatte solange gut funktioniert, daß sich seit 1570 kein vergleichbares Hochwasser ereignet hatte. Die Menschen, die an der Küste oder auf Inseln direkt vor der Küste wohnten, hatten sicher hinter den Deichen gelebt, die ihnen und Generationen ihrer Familien Schutz gewährt hatten. Hin und wieder war etwas Wasser durch die Deiche gebrochen, aber stets waren die Pumpanlagen schnell damit fertig geworden.

Die Vorboten der Überschwemmung zeigten sich am Abend des 31. Januar 1953. In der Dämmerung, so erinnerten sich Überlebende später, konnten sie hören, wie die Winde heulten und die See wütend tobte. Mehr als zwanzig Schiffe entlang der Küste gerieten in Seenot, als sie dem Sturm zu entkommen suchten, aber es war praktisch unmöglich, sie zu retten. Als der Sturm einen Tag später nachließ, hatte er immense Verwüstungen angerichtet, und die Schäden gingen in die Milliarden. Ein Jahr sollte vergehen, bis die Menschen, die vor dem Hochwasser geflüchtet waren, in ihre Wohnungen zurückkehren konnten.

Etwa vierzig Prozent der Fläche Hollands liegen heute unter dem Meeresspiegel, wobei schätzungsweise 1,5 Millionen Acre (etwa sechs Millionen Quadratkilometer) dem Meer abgerungen wurden. Die Regierung gibt jährlich Hunderte Millionen Gulden aus, um das Land trocken zu halten, und weist oft darauf hin, daß »ohne die vom Menschen errichteten Deiche und Pumpstationen mehr als die Hälfte des Landes über Nacht verschwinden« würde.

Nach dem Hochwasser von 1953 war erneut die Kunst der Ingenieure gefordert. Im Rahmen eines Milliarden-Projekts zum Schutz des Landes vor den Flutwellen der Nordseestürme wurden die Deiche größer und besser als zuvor wiederaufgebaut. Die letzte Phase dieses Plans war die Fertigstellung einer beweglichen Barriere, um den südwestlichen Teil des Landes zu schützen. Im Frühjahr 1990 wurde das System durch die See getestet, doch die Barriere hielt den Naturgewalten stand. »Die Flutwellenbarriere hat ihre Probe glänzend bestanden und dürfte die Niederlande in den kommenden Jahrhunderten schützen«, äußerte sich ein Beobachter.

In den letzten Jahren hat die Möglichkeit einer globalen Erwärmung und des Anstiegs der Meeresspiegel holländische Wissenschaftler beschäftigt, die befürchten, daß die Hochwasserkatastrophe, von der man bis dahin angenommen hatte, sie werde sich vielleicht einmal in zehntausend Jahren ereignen, statt dessen alle tausend Jahre auftreten könnte.

1993 wurden die Niederlande erneut von einer schweren Überschwemmung heimgesucht, diesmal nicht von der Seeseite, sondern durch einen ihrer beiden großen Flüsse, der über die Uferdämme trat und einen großen Teil des Landes überflutete. Zwei Jahre lang hatte die Maas Hochwasser geführt, bis schließlich ihre Dämme versagten. Zum Glück hielten die Dämme des Rheins, aber die drohende Überflutung veranlaßte eine der größten Evakuierungen in der Geschichte des Stroms: eine Viertel Million Menschen verließen ihre Häuser und Wohnungen. Daß die Flüsse soviel Wasser führten, war Folge schwerer Regenfälle – und bautechnischer Flußbegradigungen, so wurde vermutet. Während das Augenmerk der Holländer den Deichen gegolten hatte, die den Ozean zurückhielten, waren sie blind für die Überschwemmung durch die Flüsse gewesen, eine Gefahr, die sie unter Kontrolle zu haben glaubten. In einer Nachrichtensendung hieß es: »Wir Holländer waren so sehr damit beschäftigt, vor unserer Haustür das Meer zu überwachen, daß wir die großen Flüsse an der Hintertür vergaßen.«

Ein kostspieliges Programm zur Verstärkung der Flußdämme, das jahrelang vom Parlament verschleppt worden war, wurde nun rasch genehmigt. Es ging einen Mittelweg zwischen dem Bau breiterer und höherer Dämme und der Erhaltung der alten Häuser und der Landschaften dahinter.

Erschöpfte Bewohner der Niederlande, bedrängt von den verheerenden Überschwemmungen 1993, führen einen ewigen Kampf gegen das Hochwasser. Diesmal jedoch kam die Bedrohung nicht vom Meer, das durch ausgedehnte Deiche in Schach gehalten wird. Gewaltige Wassermassen ergossen sich in die Maas, einen der großen Flüsse des Landes. Vom Regen angeschwollen, brach sie durch die Dämme und überflutete das Land.

REMCO BOHLE/SUNSHINE/SIPA PRESS

ÜBERRASCHUNGEN / DER GROSSE SALZSEE

In den Vereinigten Staaten ist der Große Salzsee in Utah der größte See westlich des Mississippi. Dieses bekannte stehende Gewässer bedeckt eine Fläche von der ungefähren Größe des Bundesstaates Delaware. Da es sich um einen Binnensee handelt, kann sich die gesamte Wassermasse, die dem See durch Schneeschmelze in den Bergen zufließt, auf natürliche Weise nur durch den Prozeß der Verdunstung während des Sommers verringern. Ist die Verdunstung größer als die Niederschlagsmenge und der Zufluß, dann fällt der Wasserspiegel.

In einem Registrierungszeitraum von mehr als 150 Jahren schwankte der Wasserspiegel um einen Bereich von weniger als 20 Fuß (ungefähr sechs Meter). Zwischen 1950 und 1970 war der Wasserspiegel sehr niedrig, und 1963 fiel der Pegel des Großen Salzsees auf den niedrigsten Stand seit 1840. Als der Wasserstand absank, glaubten viele Leute (die Wissenschaftler eingeschlossen), daß er nie wieder die höheren Pegel früherer Jahrzehnte erreichen würde.

In dem Glauben, daß der Wasserspiegel auf Dauer gesunken sei, da er über einige Jahrzehnte ziemlich gleich geblieben war, beantragten und erhielten Häusermakler die Genehmigung, auf dem frisch versandeten Bett des Sees zu bauen. Den Beginn der Probleme beschrieb der Schriftsteller Rick Gore 1985 kurz und bündig im Juni-Heft des NATIONAL GEOGRAPHIC: »Die Rekordniederschläge im September 1982 lösten den Alptraum aus. Der Winter brachte unerwartet heftige Schneefälle im Wasatch-Gebirge, die eine Höhe von 835 Fuß (um die 20 m) erreichten. Im Mai darauf löste eine plötzliche Hitzewelle eine sturzbachartige Flut von Schmelzwasser aus, das über die Berghänge zum See hinabschoß.«

Als Folge der Schneeschmelze nach den ungewöhnlich starken Schneefällen, die sich in den Wasatch Mountains aufgetürmt hatten, stieg der Wasserspiegel von 1982 bis 1986 um 12 Fuß (ca. 3,5 m). Die Wassermassen, die sich in den See ergossen, übertrafen in jedem einzelnen Jahr zwischen 1983 und 1986 die Normalwerte um mehr als 200 Prozent.

Für die Wissenschaftler, die Politiker und die Öffentlichkeit kam der steile Anstieg während dieser Jahre völlig unerwartet. Ihre Reaktionen hatten sich alljährlich auf den Glauben gegründet, daß die heftigen Schneefälle ungewöhnlich seien. Der ortsansässige Meteorologe Mark Eubank bemerkte damals: »Wir dachten, der erste Winter seit ein Jahrhundertereignis. Dann schlug die Natur um und tat dasselbe noch einmal. Kein Mensch hätte das jemals vorausgesagt, jemals erwartet.«

Fast jeder war überzeugt, daß sich der Wasserspiegel im folgenden Jahr normalisieren würde. Daher wurden die Gleislagen für die Schienenwege jedes Jahr etwa einen Meter höher gelegt, um sie dem steigenden Wasserspiegel anzupassen. Und während der Wasserstand ständig weiter stieg, verschlang der See jedes Jahr mehr Gebäude, Straßen und Schienenwege. Jedes Jahr dachten die Menschen, der Pegel würde nun endgültig zum letzten Mal zunehmen.

Um weiteren Zerstörungen in und um Salt Lake City zuvorzukommen, beschlossen die zuständigen Regierungsstellen, eine Pumpstation zu bauen, die das überschüssige Wasser von der Stadt weg in wasserarme Senken der Umgebung pumpen würde. Doch ein Jahr nachdem die Station fertiggestellt war, begann der Pegelstand zu sinken, und die Gefahr verschwand.

Diese Situation vermittelt interessante Einsichten, wie wir unsere natürliche Umgebung mitunter wahrnehmen. Das Klima ist variabel nach verschiedenen Zeitskalen, die sich nach Jahren bis Jahrzehnten bemessen. Als Reaktion auf die Klimaveränderungen schwankt auch der Wasserspiegel des Sees. Die Leute im Staat Utah, die im kurzen Zeitraum von ein paar Jahren keine derart großen Veränderungen erwarteten, waren überrascht, als der Große Salzsee Anfang der sechziger Jahre seinen tiefsten Wasserstand erreichte, und sie waren ebenfalls überrascht, als der Pegel Anfang der achtziger Jahre steil zunahm. Der verstorbene Historiker Dale Morgan scheint den See am

In den frühen achtziger Jahren wurden die Strände am Großen Salzsee von Utah geschlossen. Der Wasserstand erstaunte jeden, da er zwischen 1982 und 1986 um unerwartete 12 Fuß (gute 3,5 m) anstieg und Schienenstrecken, Straßen und Gebäude in Ufernähe überschwemmte – wie z. B. das hundert Jahre alte Hotel Saltair (Hintergrund), wo das steigende Wasser eindrang und viele Zimmer überschwemmte.

JIM RICHARDSON

besten verstanden zu haben, als er sagte: »Er ist unduldsam gegen die Menschen und widersetzt sich einer Nutzung durch sie.«

Heute sind sich die Planer bewußt, daß der See natürlicherweise in seiner Größe schwankt und daß sie dies bei der Stadtplanung berücksichtigen müssen. Obwohl es bei der Voraussage der künftigen Wasserstände des Sees viele Unsicherheiten gibt, können die Entscheidungsträger das Element der Überraschung durch vernünftige Planung der Uferbebauung des Großen Salzsees und den gebotenen Respekt vor den normalen Wasserstandsschwankungen des Sees verringern.

ÜBER DIE AUTOREN

H.J. de Blij ist Mitglied des Forschungskomitees der National Geographic Society und erscheint häufig in den NBC-Nachrichtensendungen als Geographie-Experte. Als Naturwissenschaftler arbeitet er an der University of South Florida in St. Petersburg. Unter seinen mehr als 30 Buchveröffentlichungen ist *Physical Geography of the Global Environment.*

Michael H. Glantz ist leitender Wissenschaftler am National Center for Atmospheric Research in Boulder, Colorado. Für seine Arbeit auf dem Gebiet der Klimaeinwirkungen erhielt er den Global-500-Preis des Umweltprogramms der Vereinten Nationen. Er hat 17 Bücher geschrieben oder herausgegeben, von denen das neueste *Currents of Change: El Niño's Impact on Climate and Society ist.*

Stephen L. Harris ist Lehrstuhlinhaber an der Geistes- und Religionswissenschaftlichen Fakultät der California State University in Sacramento und hat über geologische Gefahren in den Büchern *Agents of Chaos* und *Fire Mountains of the West* geschrieben. Andere Veröffentlichungen von ihm sind u. a. *Understanding the Bible* und *Classical Mythology: Images and Insights.*

Patrick Hughes ist freier Schriftsteller und war Chefredakteur der Zeitschrift *Weatherwise* von 1986 bis 1991. Er arbeitet außerdem als Meteorologe, Autor und Herausgeber für die National Oceanic and Amtospheric Administration. Seine Veröffentlichungen umfassen über 90 Artikel und zwei Bücher über Meteorologie und wetterbezogene Themen. 1995 trat er als Koautor des Buches *Meteorology and America, 1920–1995* hervor, einer erweiterten Buch-Sonderausgabe von *Weatherwise.*

Richard Lipkin erhielt 1997 den James-T.-Grady-James-H.-Stack-Preis der American Chemical Society. Er ist freier Wissenschaftsautor und lebt in New York City. Als Koautor der Bände *Nature on the Rampage* und *Mathematical Impressions* hat er auch als Redakteur und Verfasser von Beiträgen für *Science News, The Wilson Quartely, United Press International* und *The MacNeil-Lehrer Newshour* gearbeitet.

Jeff Rosenfeld ist seit über zehn Jahren Redakteur bei der Zeitschrift *Weatherwise.* Er ist Wissenschaftsjournalist und hat sich intensiv mit Geschichte befaßt. Er hat vielfach über die neueste Atmosphäreforschung und über die schlimmsten Unwetter der Vergangenheit geschrieben. Die Educational Press Association of America hat ihn mit mehreren Preisen ausgezeichnet.

Richard S. Williams, Jr., ist Forschungsgeologe beim US Geological Survey, dem geologischen Vermessungsamt, in Woods Hole, Massachusetts, und Stellvertretender Vorsitzender des Forschungskomitees der National Geographic Society. Er ist Spezialist für Satelliten-Fernbeobachtung dynamischer geologischer, glaziologischer und geomorphologischer Vorgänge und Verfasser von mehr als 150 Artikeln, Buchkapiteln und Karten. Als Redaktionsleiter und Autor von Beiträgen arbeitet er für die elfbändige Reihe *Satellite Image Atlas of Glaciers of The World.* Der Williams-Gletscher in der Antarktis wurde nach ihm benannt.

DANKSAGUNG

Die Buchredaktion möchte vielen Menschen für ihre Hilfe und ihren Rat danken, die in diesem Buch erwähnt oder zitiert sind. Außerdem bedanken wir uns bei den folgenden Personen für ihre Unterstützung: Dan Albritton, Neil W. Averitt, Johan Bouma, Mark Cane, Martha C. Christian, Jerry Eaton, Stanley Gedzelman, Thomas P. Grazulis, Patrick Hughes, Dale Jamieson, Arch Johnston, Marianne R. Koszorus, William Mass, Kathleen Miller, Jack Morris, Mikiyasu Nakayama, Neville Nicholls, Roger Pielke, Tom Potter, Thomas W. Schlatter, Jagadsih Shukla, Xiaodong Song, D. Jan Stewart, Will D. Swearing, Jim Titus, Joe Tribbia, Sergei Vinogradov, J. Michael Wallace, Don Wilhite, Richard S. Williams, Jr., and George Woodwell.

LITERATURHINWEISE

Weitere Veröffentlichungen zu den Themen dieses Buches können Sie über den bibliographischen Nachweis *The National Geographic Index* in Erfahrung bringen.
Hier einige der in deutschen Übersetzungen erschienenen Bücher

BOLT, BRUCE A.: *Erdbeben* Schlüssel zur Geodynamik. Spektrum AkademischerVerlag Heidelberg 1995
DECKER, ROBERT UND BARBARA: *Von Pompeji zum Pinatubo.* Die Urgewalt der Vulkane. Birkhäuser Verlag, Basel 1993
LAMB, H. H.: *Klima und Kulturgeschichte.* Der Einfluß des Wetters auf den Gang der Geschichte. Rowohlt Verlag, Reinbek 1989.
PRESS, FRANK, UND SIEVER, RAYMOND: *Allgemeine Geologie.* Spektrum Akademischer Verlag, Heidelberg 1995.

Die Deutsche Bibliothek – CIP-Einheitsaufnahme

Bebende Erde / hrsg. von der Buchredaktion der National Geographic Society. [Veröff. von The National Geographic Society. Autoren der Beitg: H. J. de Blij … Aus dem Amerikan. übers. von Frank Auerbach]. – Augsburg: Steiger, 1997
Einheitssacht.: Restless earth <dt.>
ISBN 3-89652-111-X

Besuchen Sie die Web Site der National Geographic Society: www.nationalgeographic.com.

REGISTER

Fettgedruckte Seitenzahlen verweisen auf Illustrationen.